MANUEL PRATIQUE POUR APPRENDRE EXCEL PAS À PAS

Exercices corrigés

Papa Moussa TOURÉ

MANUEL PRATIQUE POUR APPRENDRE EXCEL PAS À PAS

Exercices corrigés

L'Harmattan
Mali

Harmattan Mali
ACI 2000 Bamako - Immeuble Jean-Marie CISSE - Bureau 10
Tél.: +223 76 43 00 66 /+223 66 89 33 72
www.harmattanmali.com

L'Harmattan 2024
5-7, rue de l'École-Polytechnique ; 75005 Paris
http://www.librairieharmattan.com

Couverture et mise en page : Coco Joyce

ISBN : 978-2-336-49123-3
EAN : 9782336491233

SOMMAIRE

Chapitre 1 : Premiers pas avec Excel 25
Chapitre 2 : Comprendre la structure d'Excel 51
Chapitre 3 : Mise en forme des données 81
Chapitre 4 : Travailler avec les formules 111
Chapitre 5 : Gestion avancée des données 129
Chapitre 6 : Visualisation des données... 165
Chapitre 7 : Gestion des feuilles de calcul 197
Chapitre 8 : Impression et partage des documents.................................... 217
Chapitre 9 : Utilisation avancée des fonctions 239
Chapitre 10 : Analyse des données... 267
Chapitre 11 : Automatisation et personnalisation...................................... 291
Chapitre 12 : Sécurité et gestion des classeurs.. 327
Annexes 375
TABLE DES MATIÈRES 383

A. À qui s'adresse ce livre ?

Ce livre est conçu pour tous ceux qui souhaitent maîtriser Excel, quel que soit leur niveau de départ. Que vous soyez un novice total, un utilisateur intermédiaire cherchant à affiner ses compétences, ou un professionnel désirant exploiter pleinement les capacités d'Excel, ce manuel est fait pour vous.

Voici les profils qui tireront le plus grand bénéfice de ce livre :

Les débutants en Excel :

Vous n'avez jamais utilisé Excel ou seulement de manière occasionnelle ? Ce livre vous guidera pas à pas à travers les fonctionnalités de base, avec des explications claires et des exercices pratiques qui vous permettront de prendre confiance et de progresser rapidement.

Les utilisateurs intermédiaires :

Si vous avez déjà une certaine expérience avec Excel, mais que vous souhaitez aller plus loin dans l'utilisation des formules, la gestion des données, ou la création de graphiques, ce manuel vous apportera des connaissances approfondies. Vous apprendrez à automatiser vos tâches, à personnaliser vos tableaux, et à analyser vos données de manière plus efficace.

Les professionnels :

Que vous soyez dans le domaine de la finance, de la gestion de projets, des ressources humaines, ou tout autre secteur, Excel est un outil indispensable. Ce livre vous permettra de développer une maîtrise avancée d'Excel, en vous donnant les clés pour créer des tableaux croisés dynamiques, utiliser des fonctions complexes, et gérer vos données de manière optimale.

Les étudiants et enseignants :

Excel est un outil fondamental pour de nombreux cursus académiques. Ce livre est un excellent support pédagogique, tant pour les étudiants qui souhaitent approfondir leurs connaissances que pour les enseignants à la recherche de matériel didactique structuré et pratique.

Les autodidactes :

Si vous aimez apprendre par vous-même et à votre propre rythme, ce manuel est parfait pour vous. Chaque chapitre est conçu pour être abordé de manière autonome, avec des exercices corrigés qui vous permettent de vérifier vos progrès à chaque étape.

En somme, ce livre s'adresse à tous ceux qui veulent faire d'Excel un véritable atout dans leur vie professionnelle ou personnelle. Que vous souhaitiez améliorer votre productivité, simplifier la gestion de vos projets, ou simplement comprendre comment Excel peut vous aider à organiser vos données, ce manuel vous fournira les outils et les connaissances dont vous avez besoin.

B. Comment utiliser ce manuel ?

Ce manuel est conçu pour être un guide pratique et accessible, que vous pouvez utiliser à votre propre rythme, selon vos besoins et vos objectifs. Que vous préfériez suivre une progression linéaire ou sauter directement aux sections qui vous intéressent le plus, ce livre s'adapte à votre style d'apprentissage.

Voici quelques conseils pour tirer le meilleur parti de ce manuel :

- **Suivez les chapitres dans l'ordre pour une progression naturelle :**

Si vous débutez avec Excel ou si vous souhaitez consolider vos bases, il est recommandé de commencer par le début et de suivre les chapitres dans l'ordre proposé. Chaque chapitre est conçu pour bâtir sur les compétences acquises dans les sections précédentes, vous assurant ainsi une progression fluide et logique.

- **Pratiquez avec les exercices corrigés :**

Dans ce livre vous trouverez des exercices pratiques conçus pour renforcer les concepts abordés. Il est essentiel de les réaliser pour mettre en pratique ce que vous avez appris et pour identifier les points que vous maîtrisez ou que vous devez encore approfondir. Les solutions corrigées vous permettent de vérifier votre travail et de mieux comprendre les étapes à suivre.

- **Utilisez ce manuel comme une référence :**

Même après avoir parcouru l'ensemble du livre, vous pouvez le garder à portée de main comme une référence rapide. Les chapitres sont organisés de manière à faciliter l'accès à l'information dont vous avez besoin, que ce soit pour un rappel sur une formule spécifique, une technique de gestion des données, ou une méthode de visualisation.

- **Explorez les fonctionnalités avancées selon vos besoins :**

Si vous avez déjà des bases solides et que vous cherchez à approfondir des aspects spécifiques d'Excel, n'hésitez pas à sauter directement aux chapitres plus avancés. Les sections sur l'analyse des données, l'automatisation, et la personnalisation, par exemple, peuvent être abordées de manière indépendante pour répondre à vos besoins immédiats.

- **Testez vos connaissances en fin de parcours :**

Une fois que vous avez terminé le manuel, revisitez les exercices et les concepts pour tester vos connaissances. Cela vous permettra de mesurer vos progrès et d'identifier les domaines où vous pourriez encore vous perfectionner.

- **Revenez sur les points moins clairs :**

N'hésitez pas à relire les sections ou les exercices que vous trouvez plus difficiles. Excel est un outil puissant avec de nombreuses facettes, et il est normal de prendre le temps de bien comprendre certains aspects plus complexes.

En somme, ce manuel est votre compagnon d'apprentissage d'Excel. Prenez le temps de bien comprendre chaque étape, pratiquez régulièrement, et utilisez ce livre comme une ressource continue pour développer vos compétences avec Excel. Que vous l'utilisiez pour apprendre de nouvelles fonctionnalités ou pour approfondir vos connaissances existantes, ce manuel est conçu pour vous aider à maîtriser Excel de manière efficace et durable.

C. Présentation des outils nécessaires (version d'Excel, configuration système)

Pour tirer le meilleur parti de ce manuel et pratiquer efficacement les exercices proposés, il est important de vous assurer que vous disposez des outils adéquats. Ce livre a été conçu pour être compatible avec une large gamme de versions d'Excel, mais voici quelques précisions pour vous guider.

1. Version d'Excel utilisée : Excel 2021

Les exercices et les exemples présentés dans ce manuel ont été réalisés en utilisant **Excel 2021**. Cette version offre une interface moderne et des fonctionnalités optimisées qui facilitent l'apprentissage et l'exécution des tâches décrites dans ce livre. Si vous utilisez Excel 2021, vous retrouverez donc les mêmes options et commandes que celles illustrées dans les captures d'écran et les descriptions.

2. Compatibilité avec d'autres versions d'Excel

Même si ce manuel est basé sur Excel 2021, il a été conçu pour être adaptable à la plupart des versions d'Excel, allant de **Excel 2007, en passant par 2019 à Office 365**. La majorité des fonctionnalités présentées dans ce livre sont disponibles dans ces versions, bien que certaines différences d'interface ou de positionnement des commandes puissent exister. Si vous utilisez une version antérieure, vous pourrez suivre les exercices sans difficulté majeure, en prenant soin d'ajuster certaines actions en fonction de votre interface.

3. Configurations matérielles et logicielles recommandées

Système d'exploitation : Windows ou MacOS (Excel est compatible avec les deux plateformes).

Mémoire : Au moins 4 Go de RAM pour assurer une utilisation fluide, surtout si vous travaillez avec de grands ensembles de données ou des fonctionnalités avancées.

Connexion Internet : Bien qu'Excel fonctionne hors ligne, une connexion Internet est nécessaire pour accéder aux fichiers d'exercices en ligne et pour toute mise à jour du logiciel, en particulier pour les utilisateurs de Microsoft Office 365.

En résumé, ce manuel a été conçu pour être un outil de formation pratique et flexible, vous permettant de progresser à votre rythme, quel que soit le matériel à votre disposition. Assurez-vous simplement d'avoir la version d'Excel qui correspond le mieux à vos besoins, et téléchargez les fichiers d'exercices pour une pratique efficace. Ainsi, que vous utilisiez Excel 2021 ou une autre version, vous serez prêt à tirer le meilleur parti de ce livre.

D. Présentation des rubans Excel

Excel organise ses fonctionnalités principales en rubans, chacun étant dédié à un ensemble spécifique de tâches. Voici un aperçu des principaux rubans d'Excel :

1. Ruban Fichier

Fonction : Gérer les fichiers (ouvrir, enregistrer, imprimer) et accéder aux options d'Excel.

Caractéristiques : Accès à la vue Backstage, permettant de gérer les documents et leurs paramètres.

2. Ruban Accueil

Fonction : Contient les outils essentiels pour la gestion des données et la mise en forme.

Caractéristiques : Comprend des commandes pour copier, coller, formater les cellules, et organiser les données (tri, filtre).

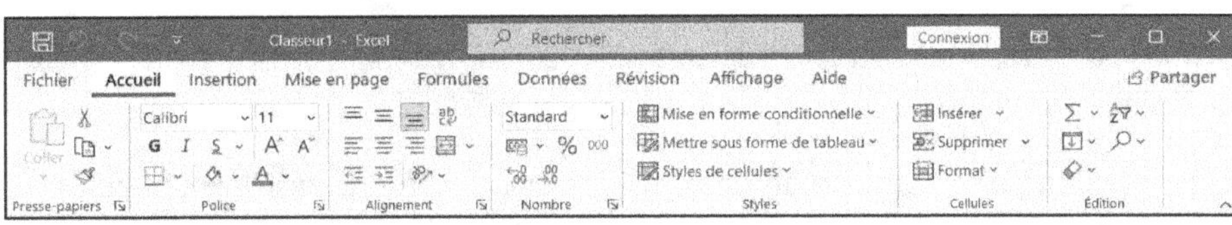

3. Ruban Insertion

Fonction : Ajouter des éléments visuels et interactifs à vos feuilles de calcul.

Caractéristiques : Permet d'insérer des tableaux, graphiques, images, et autres objets comme les zones de texte et les symboles.

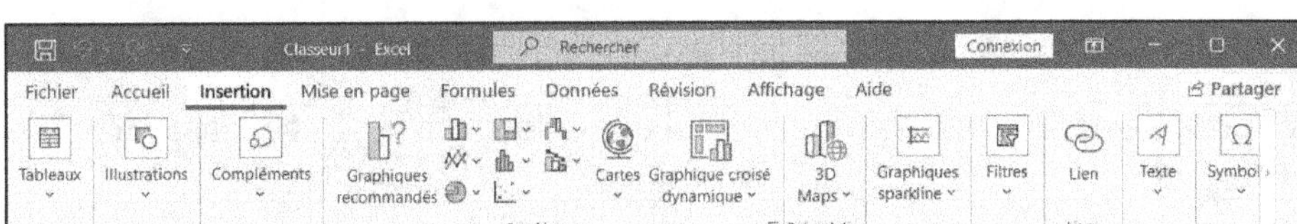

4. Ruban Mise en page

Fonction : Configurer l'apparence de vos feuilles pour l'impression.

Caractéristiques : Inclut des options pour ajuster les marges, l'orientation, la taille du papier, et ajouter des en-têtes ou pieds de page.

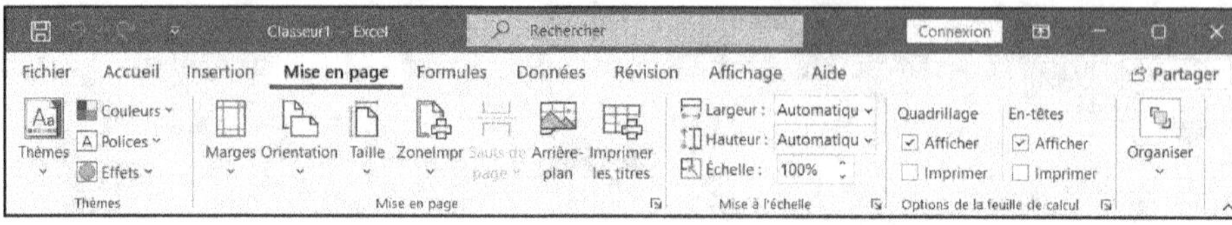

5. Ruban Formules

Fonction : Gérer les formules et fonctions utilisées dans vos calculs.

Caractéristiques : Propose une bibliothèque de fonctions, des outils pour la gestion des noms, et des options pour vérifier et évaluer les formules.

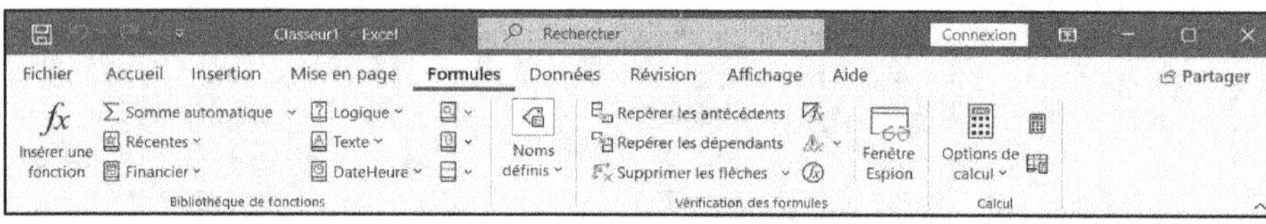

6. Ruban Données

Fonction : Travailler avec des sources de données et gérer l'analyse des données.

Caractéristiques : Comprend des outils pour importer, trier, filtrer, et analyser des données, ainsi que pour créer des tableaux croisés dynamiques.

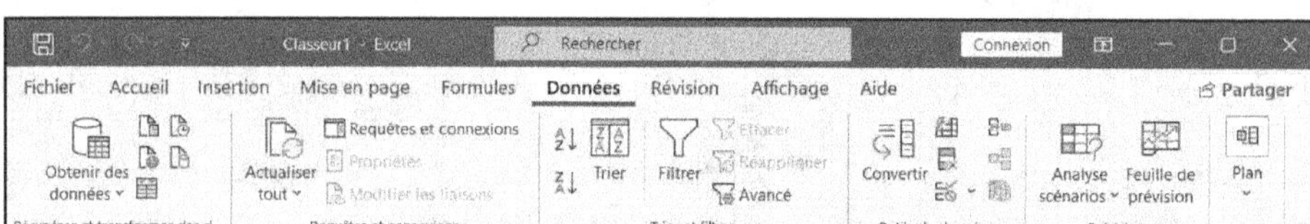

7. Ruban Révision

Fonction : Aider à la relecture, à la collaboration, et à la protection des feuilles de calcul.

Caractéristiques : Permet de vérifier l'orthographe, d'ajouter des commentaires, de protéger des feuilles, et de gérer les modifications.

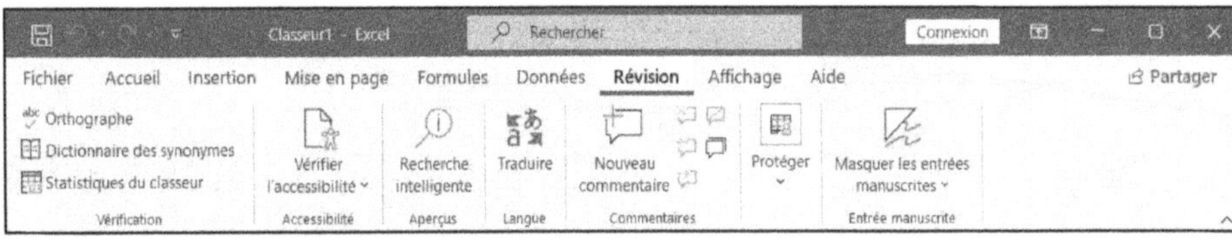

8. Ruban Affichage

Fonction : Ajuster la façon dont les feuilles de calcul sont affichées à l'écran.

Caractéristiques : Offre des options pour les modes d'affichage, le zoom, et la gestion des fenêtres.

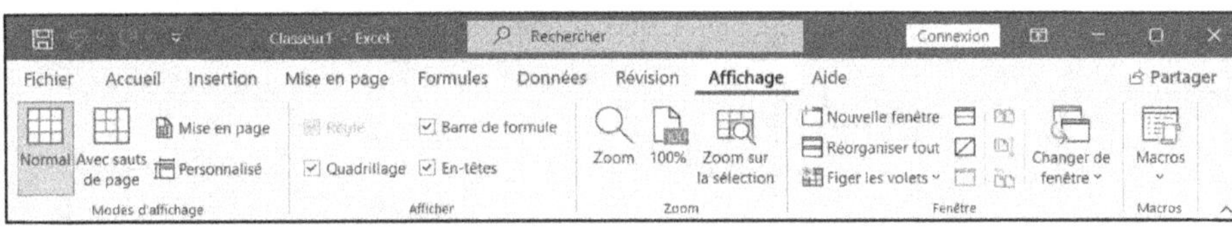

9. Ruban Aide

Fonction : Fournir de l'assistance et des ressources pour l'utilisation d'Excel.

Caractéristiques : Inclut l'accès à la recherche d'aide, aux guides de démarrage, aux tutoriels, et au contact avec le support technique. Ce ruban offre également des options pour obtenir des suggestions, des conseils et des formations sur Excel.

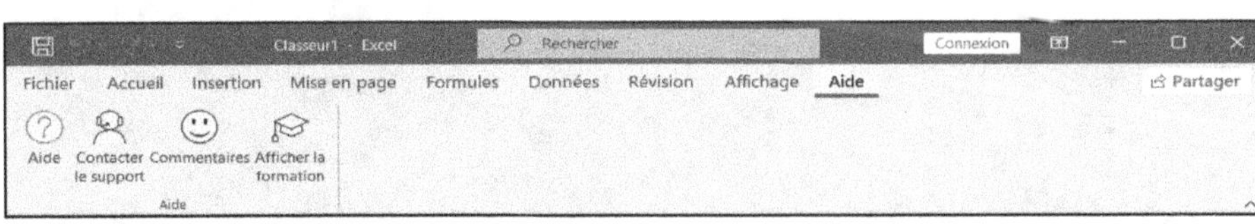

E. Description des différentes parties de l'interface Excel

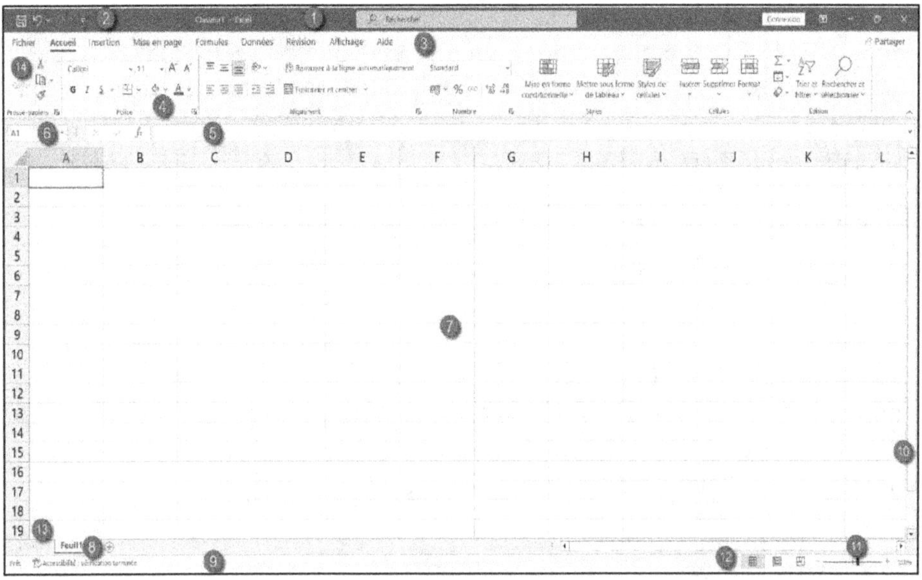

Voici une description détaillée des différentes parties de l'interface Excel, avec une explication de leurs fonctions et de leur utilité.

1. Barre de titre

- **Emplacement** : Située en haut de la fenêtre Excel.

- **Fonction** : La barre de titre affiche le nom du classeur actuellement ouvert, suivi de "Excel". Si le classeur n'a pas encore été enregistré, il est intitulé "Classeur1" (ou un autre numéro) par défaut. Cette barre comprend également les boutons de contrôle de la fenêtre (Minimiser, Maximiser/Rétablir, et Fermer) à droite.

2. Barre d'accès rapide

- **Emplacement** : Généralement située en haut à gauche de la fenêtre Excel, au-dessus du ruban. Elle peut être déplacée sous le ruban si souhaité.

- **Fonction** : La barre d'accès rapide offre un accès rapide à des commandes fréquemment utilisées, telles que "Enregistrer", "Annuler", et "Répéter". Les utilisateurs peuvent personnaliser cette barre en ajoutant d'autres commandes qu'ils utilisent souvent.

3. Ruban

- **Emplacement** : Juste en dessous de la barre de titre.

- **Fonction** : Le ruban est l'élément central de l'interface utilisateur, regroupant les commandes et outils en plusieurs onglets thématiques (Accueil, Insertion, Mise en page, Formules, etc.). Chaque onglet contient des groupes de commandes connexes pour des tâches spécifiques, facilitant la navigation et l'accès aux fonctionnalités d'Excel.

4. Groupes dans le ruban

- **Emplacement** : Chaque onglet du ruban est divisé en groupes.

- **Fonction** : Les groupes organisent les commandes similaires. Par exemple, dans l'onglet "Accueil", vous trouverez le groupe "Police" qui contient des commandes pour changer la police, la taille, la couleur, etc. Chaque groupe peut inclure une petite icône pour ouvrir des options supplémentaires (lanceur de boîte de dialogue).

5. Barre de formules

- **Emplacement** : Située juste en dessous du ruban.
- **Fonction** : La barre de formules est utilisée pour saisir ou éditer les données dans les cellules. Elle affiche le contenu de la cellule active, qu'il s'agisse de texte, de nombres, ou de formules. La partie gauche de la barre de formules montre l'adresse de la cellule active, tandis que la partie centrale affiche le contenu ou la formule de la cellule.

6. Zone de nom

- **Emplacement** : À gauche de la barre de formules.

- **Fonction** : La zone de nom affiche l'adresse de la cellule active (par exemple, A1) ou le nom d'une plage de cellules si elle a été nommée. Elle est également utilisée pour nommer des plages de cellules, ce qui facilite leur identification et leur utilisation dans les formules.

7. Zone de travail

- **Emplacement** : La plus grande partie de l'interface, sous la barre de formules.

- **Fonction** : La zone de travail est l'endroit où vous saisissez, modifiez, et analysez vos données. Elle est composée d'une grille de cellules, organisées en colonnes (A, B, C, etc.) et en lignes (1, 2, 3, etc.). C'est ici que vous travaillez directement sur les feuilles de calcul de votre classeur.

8. Feuilles de calcul

- **Emplacement** : En bas de la zone de travail, chaque classeur Excel peut contenir plusieurs feuilles de calcul.

- **Fonction** : Les onglets de feuilles de calcul permettent de naviguer entre les différentes feuilles au sein d'un même classeur. Chaque feuille est une page distincte sur laquelle vous pouvez travailler. Les utilisateurs peuvent ajouter, supprimer, renommer, et déplacer ces feuilles selon leurs besoins.

9. Barre d'état

- **Emplacement** : Tout en bas de la fenêtre Excel.

- **Fonction** : La barre d'état fournit des informations sur l'état actuel d'Excel, comme le mode d'édition, le statut de verrouillage des touches Caps Lock et Num Lock, et des résumés rapides comme la somme, la moyenne, ou le nombre de cellules sélectionnées. Elle offre également des outils de zoom et des boutons pour basculer entre les modes d'affichage (Normal, Mise en page, etc.).

10. Barres de défilement

- **Emplacement** : *Barre de défilement horizontale* : En bas de la fenêtre Excel, sous la zone de travail. *Barre de défilement verticale* : Sur le côté droit de la fenêtre Excel, le long de la zone de travail.

- **Fonction** : *Barre horizontale* : Permet de naviguer vers la gauche ou la droite pour afficher des colonnes qui ne sont pas visibles à l'écran. *Barre verticale* : Permet de naviguer vers le haut ou le bas pour afficher des lignes qui ne sont pas visibles à l'écran.

11. Curseur de zoom

- **Emplacement** : Dans la barre d'état, à l'extrémité droite.

- **Fonction** : Le curseur de zoom permet de régler le niveau de zoom de la feuille de calcul, facilitant ainsi la visualisation des données à différentes échelles.

12. Modes d'affichage

- **Emplacement** : À gauche du curseur de zoom, dans la barre d'état.

- **Fonction** : Ces boutons permettent de passer entre différents modes d'affichage : le mode "Normal", le mode "Mise en page" (pour voir comment la feuille sera imprimée), et le mode "Aperçu des sauts de page" (pour gérer les pages à imprimer).

13. Outils de navigation des feuilles

- **Emplacement** : À gauche des onglets de feuilles, en bas de la zone de travail.

- **Fonction** : Ces boutons permettent de naviguer rapidement entre les différentes feuilles d'un classeur, particulièrement utile lorsqu'un classeur contient un grand nombre de feuilles.

14. Fichier Backstage

- **Emplacement** : Accès via l'onglet "Fichier" du ruban.

- **Fonction** : Le Backstage est une vue spéciale où vous gérez vos fichiers : ouvrir, enregistrer, imprimer, partager, et accéder aux options d'Excel. Contrairement aux autres onglets, qui affectent le contenu du document, le Backstage est centré sur les paramètres du fichier lui-même.

Chacune de ces parties de l'interface Excel joue un rôle important dans votre capacité à travailler efficacement avec des données. En vous familiarisant avec ces éléments, vous pourrez naviguer plus facilement dans Excel, accéder rapidement aux fonctionnalités dont vous avez besoin, et tirer pleinement parti des capacités de ce logiciel puissant.

N.B : L'ensemble des ressources de cet ouvrage, fichiers d'exercices… sont disponibles en ligne sur le site

www.excelhorizon.com

CHAPITRE 1 :
PREMIERS PAS AVEC EXCEL

1.1 Introduction à Excel
1.2 Naviguer dans Excel
1.3 Créer un nouveau classeur
1.4 Sauvegarder un classeur
1.5 Ouvrir un classeur existant

Dans ce chapitre, nous allons découvrir les bases d'Excel. Vous apprendrez comment créer un nouveau classeur, naviguer dans l'interface du logiciel, et effectuer vos premières opérations de sauvegarde et d'ouverture de fichiers. C'est le point de départ idéal pour tout débutant souhaitant se familiariser avec Excel.

1.1 Introduction à Excel

Introduction : Microsoft Excel est un logiciel de tableur très puissant qui permet de créer et gérer des feuilles de calcul. C'est un outil essentiel pour organiser des données, réaliser des calculs, créer des graphiques et bien plus encore. Dans cette première leçon, vous allez découvrir les bases de l'interface d'Excel et apprendre à naviguer dans le logiciel.

Exemple Pratique : Pour vous familiariser avec Excel, nous allons explorer l'interface et comprendre les différents éléments qui la composent.

Étapes à réaliser :

1.1.1. Ouvrir Excel :

- Cliquez sur l'icône d'Excel pour ouvrir le programme.

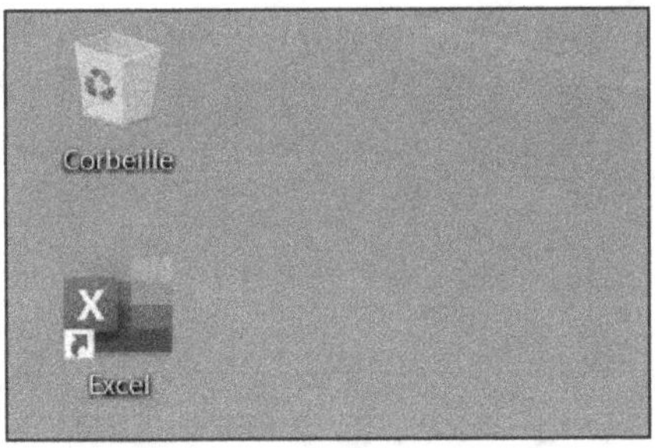

Si vous ne trouvez pas l'icône sur votre bureau, cherchez "Excel" dans le menu Démarrer.

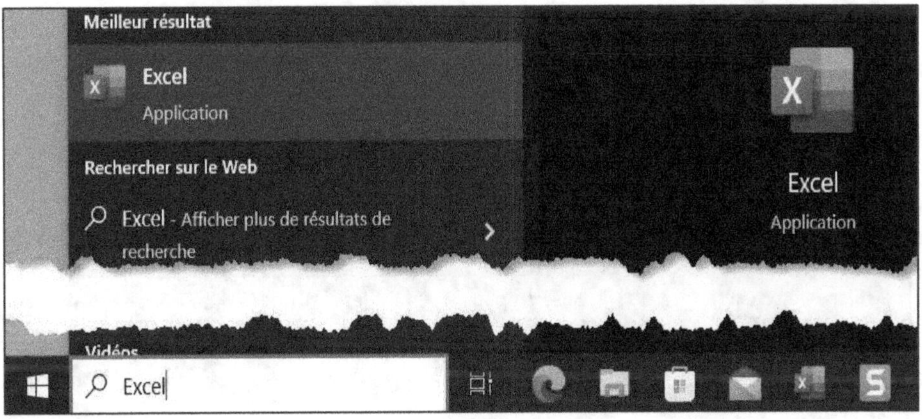

1.1.2. L'interface d'Excel :

- **Ruban :** En haut de l'écran, vous voyez un ensemble de menus et d'icônes. C'est le ruban, il contient tous les outils et options d'Excel.

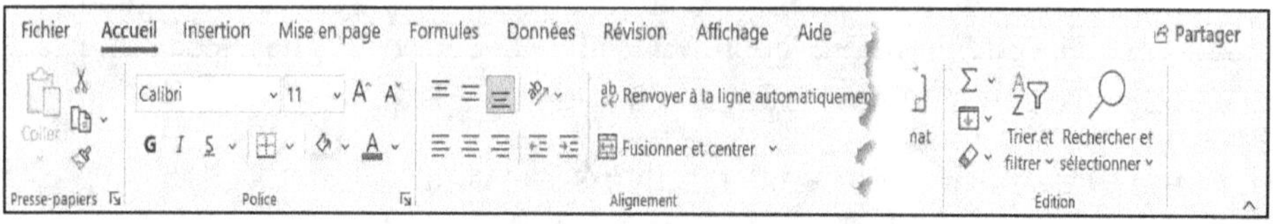

- **Feuille de calcul :** La grande zone avec des cellules (petits rectangles) est la feuille de calcul. Chaque cellule est identifiée par une lettre (colonne) et un numéro (ligne).

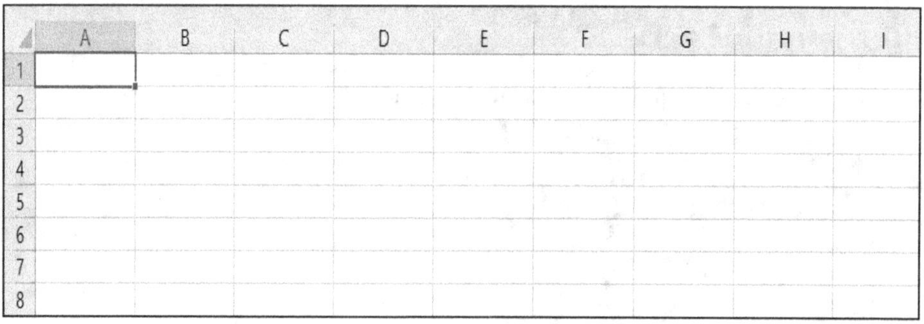

- **Barre de formule :** Au-dessus de la feuille de calcul, vous voyez une zone blanche appelée la barre de formule. C'est ici que vous pouvez entrer ou modifier les données et formules.

1.1.3. Créer un nouveau classeur :

- Cliquez sur "Fichier" dans le coin supérieur gauche, puis sélectionnez "Nouveau". Choisissez "Classeur vierge" pour créer une nouvelle feuille de calcul.

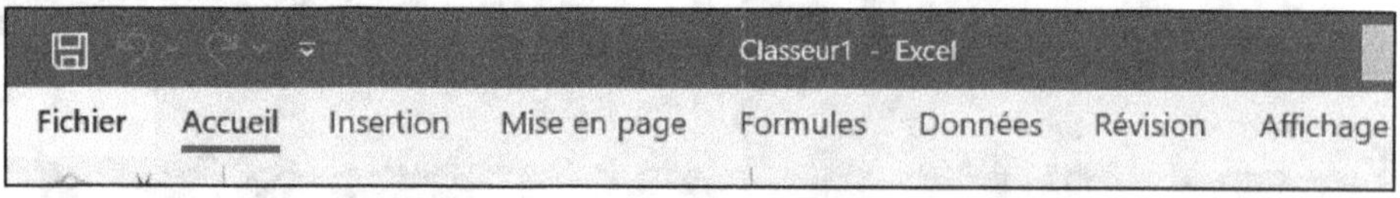

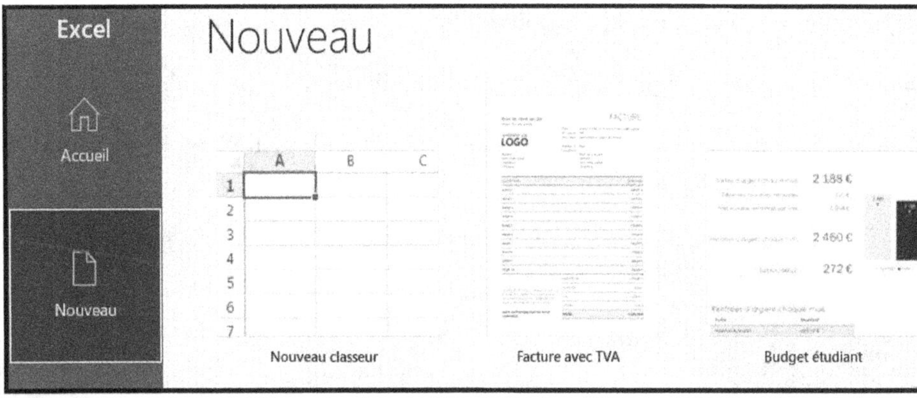

1.1.4. Naviguer dans la feuille de calcul :

- Utilisez les flèches du clavier pour vous déplacer entre les cellules.
- Cliquez sur une cellule pour la sélectionner. La cellule sélectionnée sera entourée d'une bordure verte.

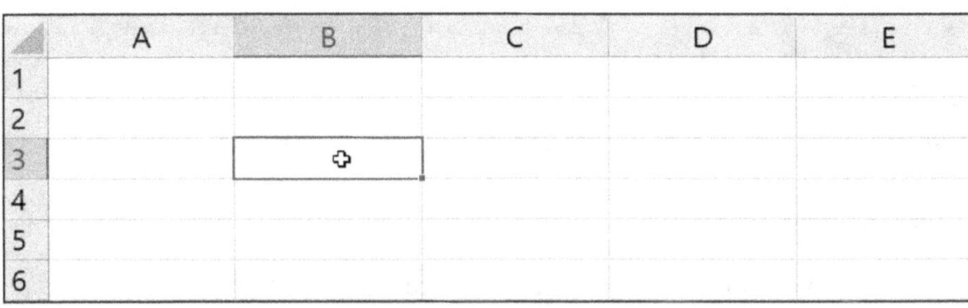

1.1.5. Saisir des données :

- Cliquez sur une cellule (par exemple, A1) et tapez votre prénom. Appuyez sur "Entrée" pour valider.
- Cliquez sur une autre cellule (par exemple, B1) et tapez votre âge. Appuyez sur "Entrée" pour valider.

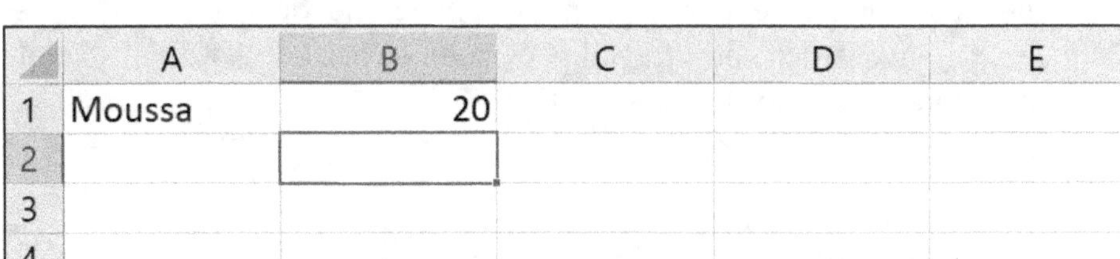

1.1.6. Sauvegarder votre classeur :

- Cliquez sur "Fichier" puis sur "Enregistrer sous".

- Choisissez l'emplacement où vous voulez enregistrer votre fichier (par exemple, le bureau).

- Donnez un nom à votre fichier (par exemple, "Exemple Introduction") et Cliquez sur "Enregistrer".

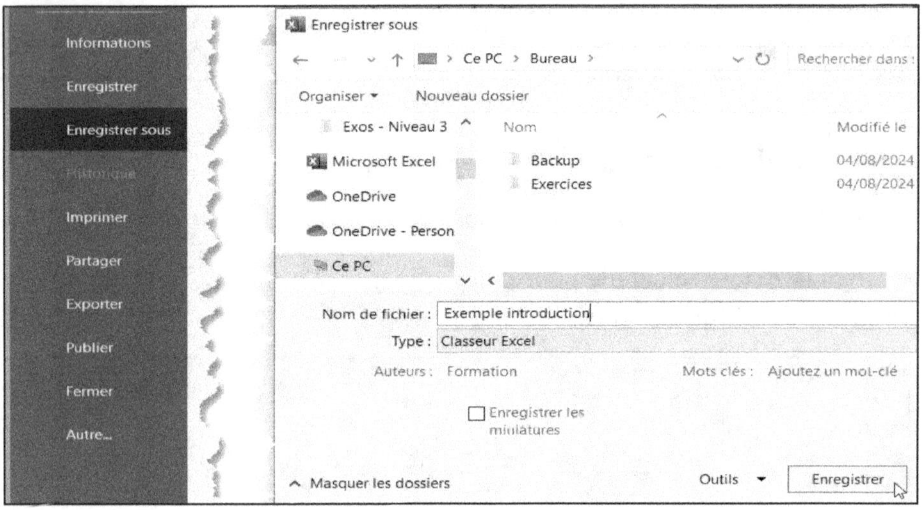

1.1.7. Fermer Excel :

- Cliquez sur la croix dans le coin supérieur droit de la fenêtre pour fermer Excel.

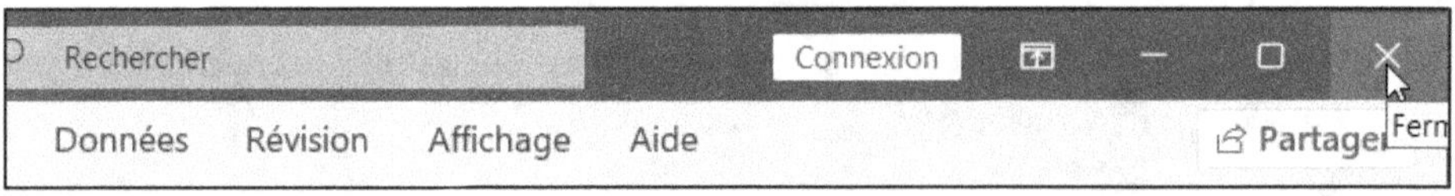

Résumé de la leçon : Vous avez appris à ouvrir Excel, explorer l'interface, créer un nouveau classeur, naviguer dans la feuille de calcul, saisir des données, et sauvegarder votre travail. Ces compétences de base vous seront utiles pour toutes les leçons à venir.

1.2 Naviguer dans Excel

Introduction : Savoir naviguer efficacement dans Excel est essentiel pour travailler rapidement et efficacement. Cette leçon vous montrera comment vous déplacer dans une feuille de calcul, sélectionner des cellules, des lignes et des colonnes, ainsi que quelques raccourcis utiles pour gagner du temps.

Exemple Pratique : Pour vous entraîner à naviguer dans Excel, nous allons explorer différentes méthodes pour sélectionner et déplacer des cellules.

Étapes à réaliser :

1.2.1. Ouvrir un classeur :

- Ouvrez Excel et créez un nouveau classeur en cliquant sur "Fichier" puis "Nouveau" et en sélectionnant "Classeur vierge".

1.2.2. Utiliser les flèches du clavier :

- Utilisez les flèches haut, bas, gauche et droite de votre clavier pour vous déplacer entre les cellules.

1.2.3. Cliquez sur les cellules :

- Cliquez directement sur une cellule avec votre souris pour la sélectionner. Par exemple, Cliquez sur la cellule C3.

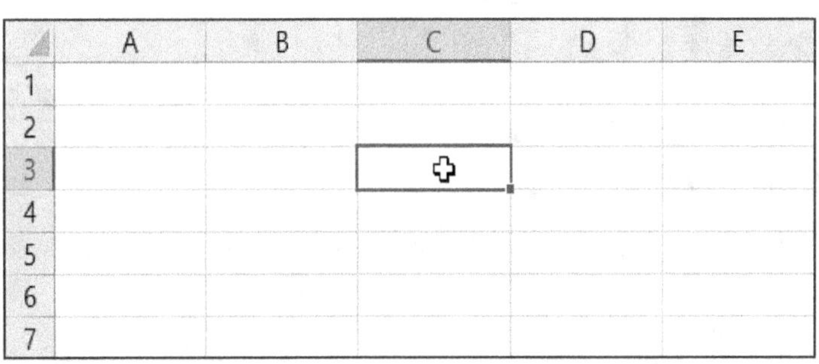

1.2.4. Sélectionner une plage de cellules :

- Cliquez sur la cellule A1, maintenez le bouton de la souris enfoncé et faites glisser jusqu'à la cellule C3. Relâchez le bouton de la souris pour sélectionner toutes les cellules entre A1 et C3.

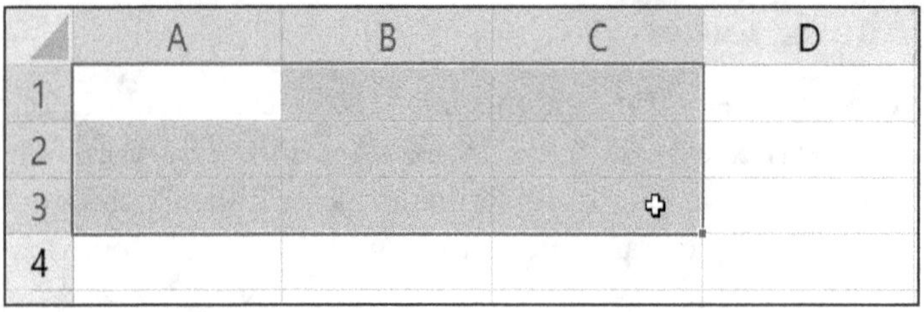

1.2.5. Sélectionner des lignes et des colonnes entières :

- Pour sélectionner une ligne entière, Cliquez sur le numéro de la ligne à gauche. Par exemple, Cliquez sur le numéro 4 pour sélectionner la ligne 4.

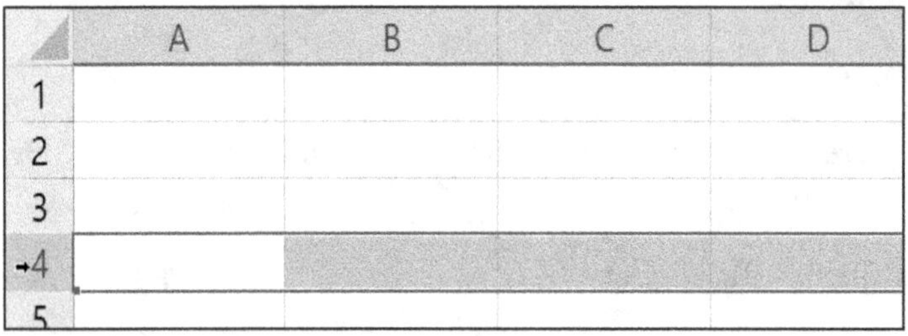

- Pour sélectionner une colonne entière, Cliquez sur la lettre de la colonne en haut. Par exemple, Cliquez sur la lettre B pour sélectionner la colonne B.

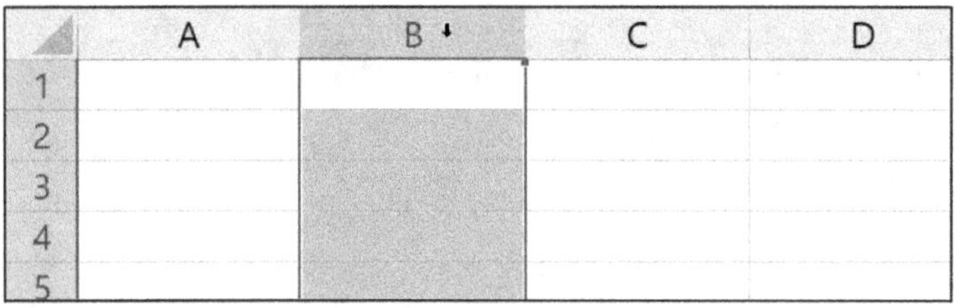

1.2.6. Utiliser les raccourcis clavier :

- **Ctrl + Flèche** : Pour se déplacer rapidement à la fin des données d'une ligne ou d'une colonne.
- **Shift + Flèche** : Pour sélectionner plusieurs cellules en même temps.
- **Ctrl + A** : Pour sélectionner toute la feuille de calcul.

	A	B	C	D	E
1		Planning de l'usine			
2		Atelier 1	Atelier 2	Atelier 3	Atelier 4
3	vendredi 29 septembre 2023	26,9	61	24,8	59,3
4	lundi 2 octobre 2023	32,1	47,1	31,4	69,3
5	mardi 3 octobre 2023	63,7	59	93,1	69,9
6	mercredi 4 octobre 2023	65,8	89,1	48,2	67,4
7	jeudi 5 octobre 2023	85,7	23,8	83,3	57,2

- **Ctrl + Barre d'espace** : Pour sélectionner une colonne entière.
- **Shift + Barre d'espace** : Pour sélectionner une ligne entière.

1.2.7. Aller à une cellule spécifique :

- Appuyez sur **Ctrl + G** pour ouvrir la boîte de dialogue "Atteindre".
- Tapez la référence de la cellule (par exemple, A1) et Cliquez sur "OK" pour vous déplacer directement à cette cellule.

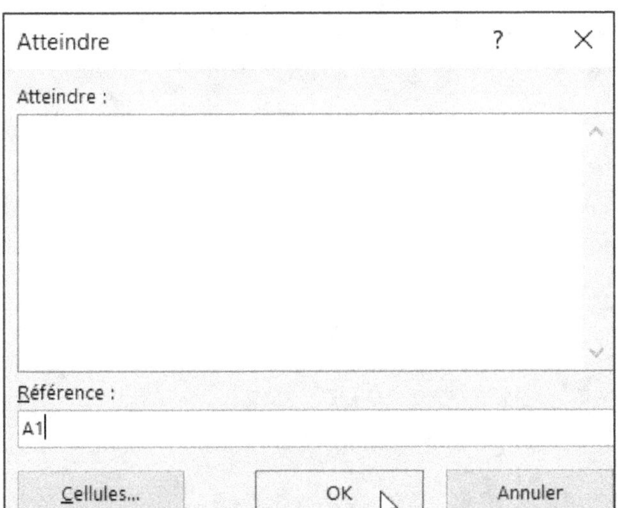

1.2.8. Utiliser le zoom :

- En bas à droite de l'écran, Utilisez le curseur de zoom pour agrandir ou réduire la vue de votre feuille de calcul.

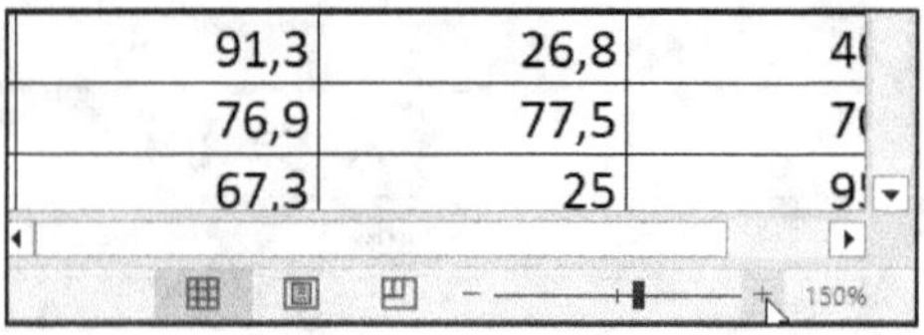

1.2.9. Utiliser les onglets de feuille :

- En bas de l'écran, Cliquez sur les onglets pour naviguer entre différentes feuilles de calcul dans votre classeur. Vous pouvez ajouter de nouvelles feuilles en cliquant sur le signe "+".

1.2.10. Sauvegarder et fermer :

- Sauvegardez votre travail en cliquant sur "Fichier" puis "Enregistrer sous". Donnez un nom à votre fichier et Cliquez sur "Enregistrer".

- Fermez Excel en cliquant sur la croix dans le coin supérieur droit de la fenêtre.

Résumé de la leçon : Vous savez maintenant comment vous déplacer dans Excel en utilisant le clavier et la souris, comment sélectionner des cellules, des lignes et des colonnes, et comment utiliser quelques raccourcis clavier utiles. Ces compétences vous permettront de naviguer plus facilement et rapidement dans vos feuilles de calcul.

1.3 Créer un nouveau classeur

Introduction : Créer un nouveau classeur dans Excel est la première étape pour commencer à travailler sur des données. Un classeur est comme un livre de feuilles de calcul, et savoir comment en créer un vous permettra de démarrer de nouveaux projets facilement. Cette leçon vous apprendra comment créer, nommer et organiser un nouveau classeur.

Exemple Pratique : Nous allons créer un nouveau classeur, lui Donner un nom et ajouter quelques feuilles de calcul pour l'organiser.

Étapes à réaliser :

1.3.1. Ouvrir Excel :

- Cliquez sur l'icône d'Excel pour ouvrir le programme.

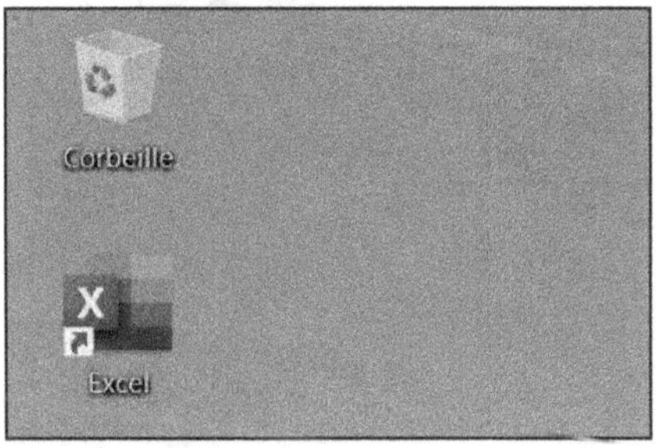

1.3.2. Créer un nouveau classeur :

- Lorsque Excel s'ouvre, Cliquez sur "Fichier" dans le coin supérieur gauche de l'écran.

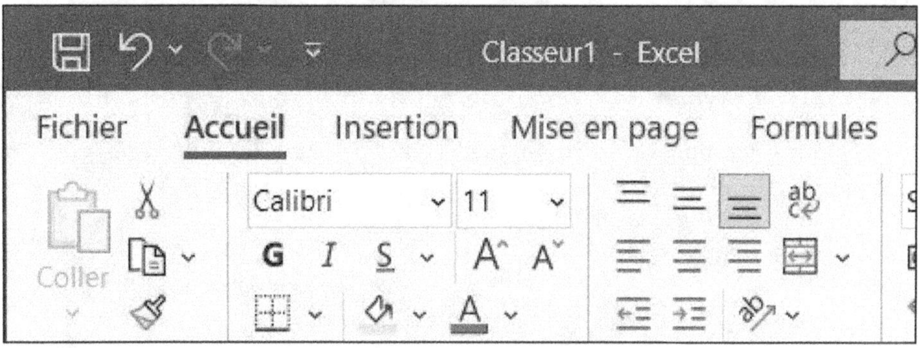

- Sélectionnez "Nouveau" dans le menu.

- Choisissez "Classeur vierge" pour créer une nouvelle feuille de calcul vide.

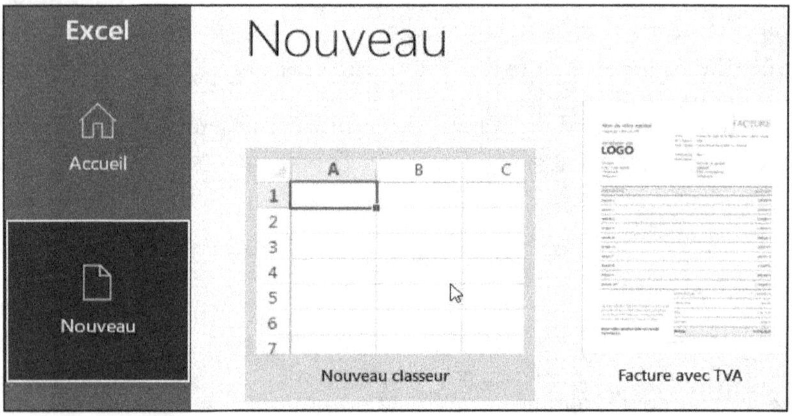

1.3.3. Nommer votre classeur :

- Cliquez sur "Fichier" puis "Enregistrer sous".

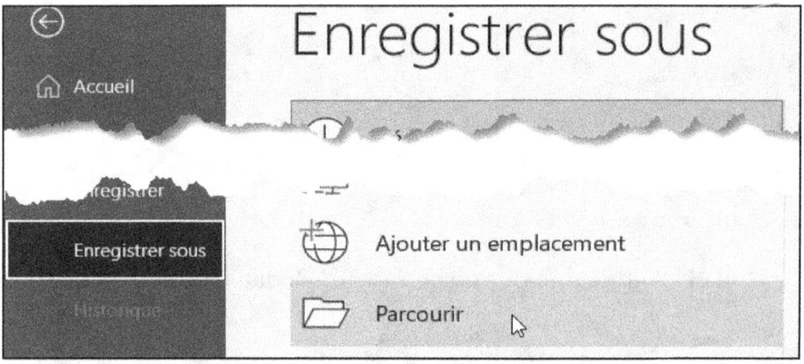

- Choisissez l'emplacement où vous voulez enregistrer votre fichier (par exemple, le bureau).

- Donnez un nom à votre fichier, comme "Mon Premier Classeur", et Cliquez sur "Enregistrer".

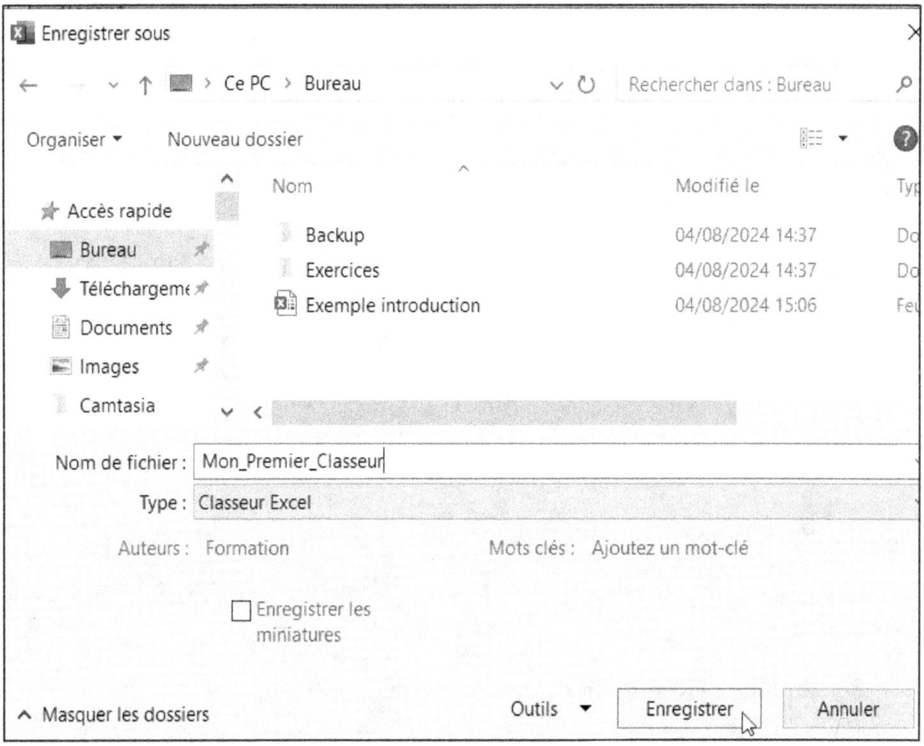

1.3.4. Ajouter des feuilles de calcul :

- Par défaut, un nouveau classeur contient une feuille de calcul nommée "Feuil1".

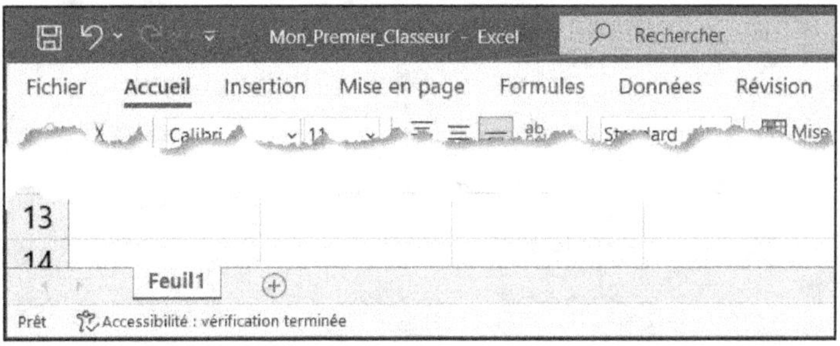

- Pour ajouter une nouvelle feuille de calcul, Cliquez sur le symbole "+" en bas de l'écran, à côté de "Feuil1".

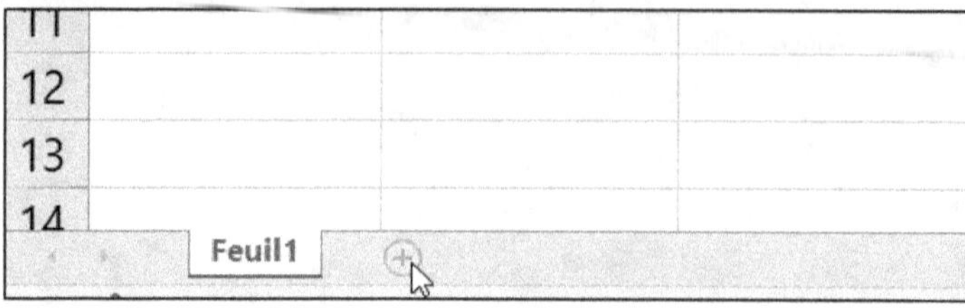

- Répétez cette étape pour ajouter autant de feuilles de calcul que vous souhaitez.

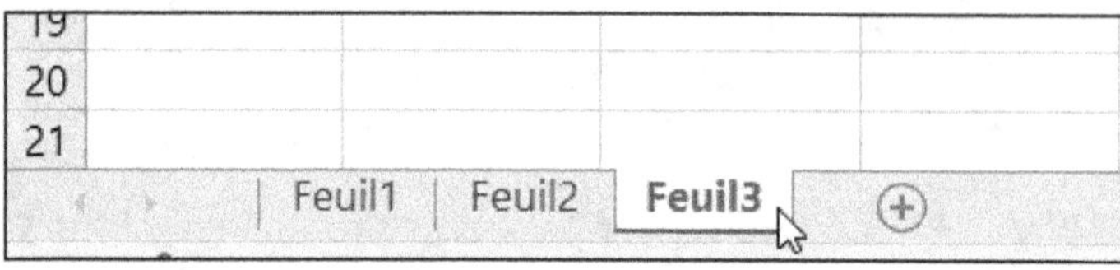

1.3.5. Renommer les feuilles de calcul :

- Cliquez avec le bouton droit de la souris sur l'onglet "Feuil1" en bas de l'écran.
- Sélectionnez "Renommer" dans le menu contextuel.

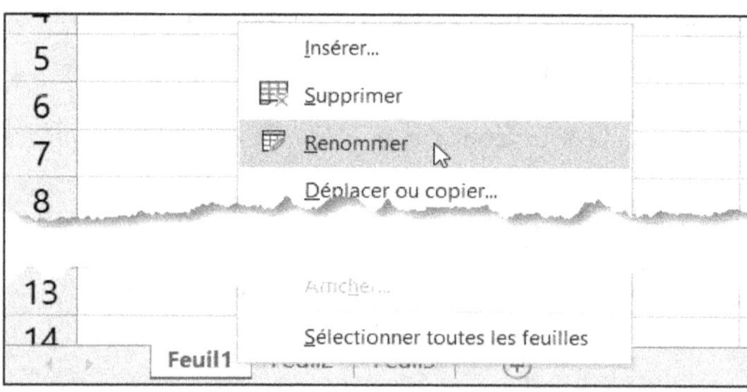

- Tapez un nouveau nom pour la feuille de calcul, comme "Données", et Appuyez sur "Entrée".

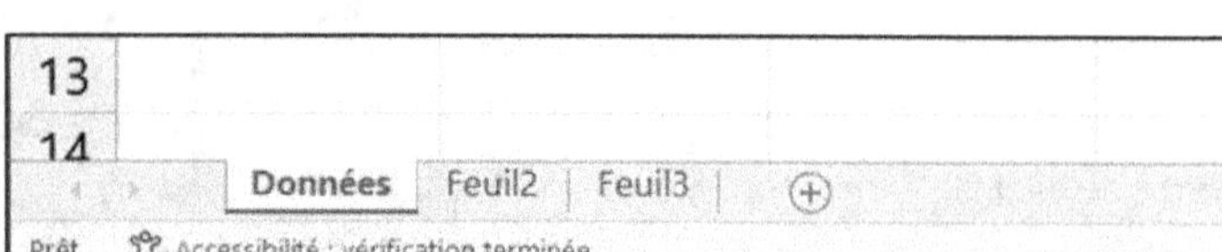

- Répétez cette étape pour les autres feuilles de calcul, par exemple, renommez "Feuil2" en "Analyse" et "Feuil3" en "Graphiques".

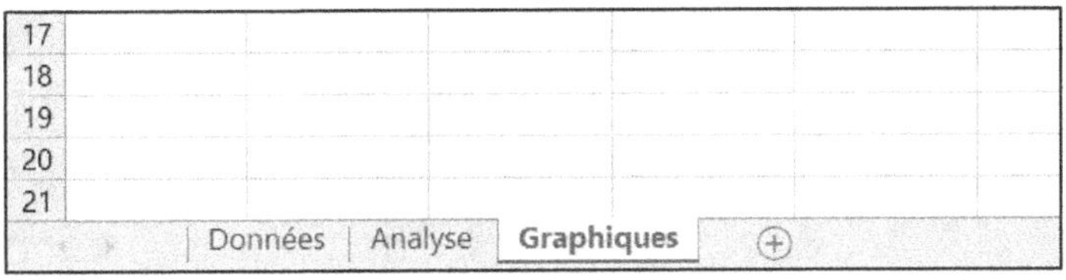

1.3.6. Organiser les feuilles de calcul :

- Cliquez et maintenez l'onglet d'une feuille de calcul, puis faites-le glisser vers la gauche ou la droite pour réorganiser l'ordre des feuilles de calcul.

1.3.7. Naviguer entre les feuilles de calcul :

- Cliquez sur les différents onglets en bas de l'écran pour naviguer entre les différentes feuilles de calcul de votre classeur.

1.3.8. Sauvegarder régulièrement :

- N'oubliez pas de sauvegarder régulièrement votre travail en cliquant sur l'icône de la disquette dans la barre d'outils ou en utilisant le raccourci clavier **Ctrl** + S.

1.3.9. Fermer Excel :

- Lorsque vous avez terminé, Fermez Excel en cliquant sur la croix dans le coin supérieur droit de la fenêtre.

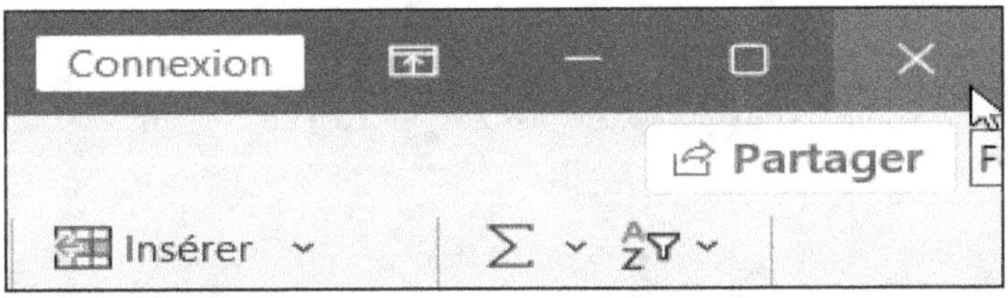

Résumé de la leçon : Vous avez appris à créer un nouveau classeur, à le nommer, à ajouter et renommer des feuilles de calcul, et à organiser votre travail. Ces compétences vous permettront de structurer vos projets et de naviguer facilement dans vos données.

1.4 Sauvegarder un classeur

Introduction : Sauvegarder régulièrement votre travail dans Excel est crucial pour éviter de perdre des données importantes. Cette leçon vous montrera comment sauvegarder un classeur pour la première fois et comment continuer à sauvegarder vos modifications. Nous apprendrons également à utiliser les options de sauvegarde automatique.

Exemple Pratique : Nous allons créer un nouveau classeur, y entrer quelques données, puis le sauvegarder.

Étapes à réaliser :

1.4.1. Ouvrir Excel :

- Cliquez sur l'icône d'Excel pour ouvrir le programme.

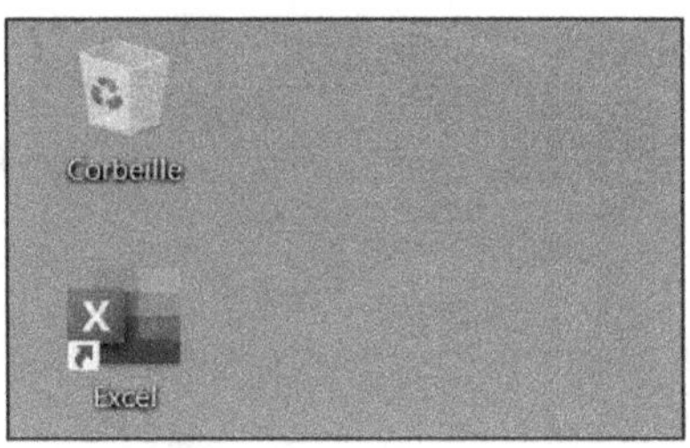

- Créez un nouveau classeur :

  "Fichier" > "Nouveau" > "Classeur vierge".

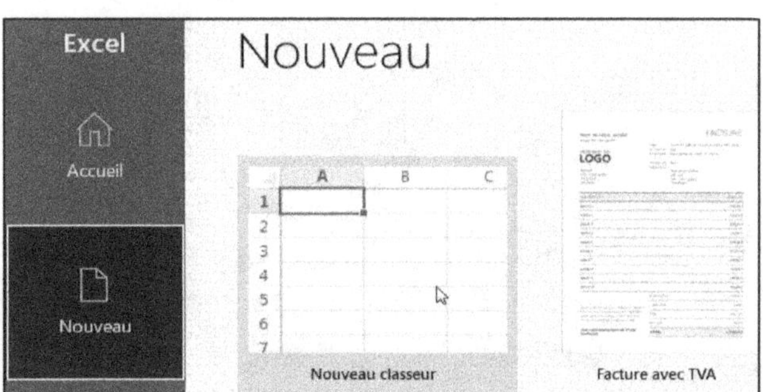

1.4.2. Entrer des données :

- Dans la cellule A1, tapez "Nom".

- Dans la cellule B1, tapez "Âge".
- Dans la cellule A2, tapez "Alice".
- Dans la cellule B2, tapez "12".
- Dans la cellule A3, tapez "Bob".
- Dans la cellule B3, tapez "13".

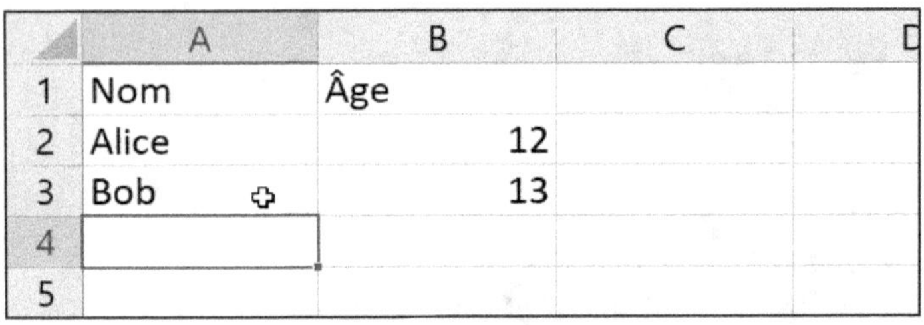

	A	B	C	D
1	Nom	Âge		
2	Alice	12		
3	Bob	13		
4				
5				

1.4.3. Sauvegarder pour la première fois :

- Cliquez sur "Fichier" dans le coin supérieur gauche de l'écran.
- Sélectionnez "Enregistrer sous".
- Choisissez l'emplacement où vous voulez enregistrer votre fichier (par exemple, le bureau).

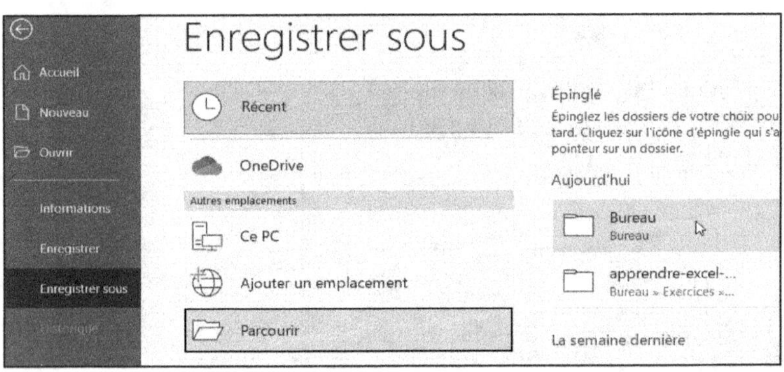

- Dans le champ "Nom de fichier", tapez "Classeur Exemple".
- Cliquez sur "Enregistrer".

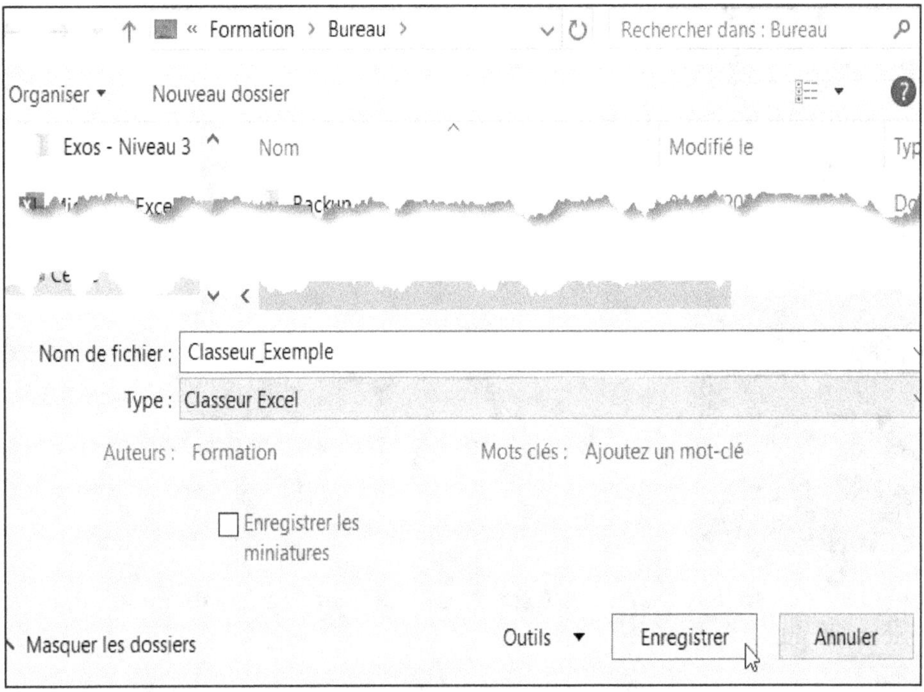

1.4.4. Sauvegarder les modifications :

- Après avoir effectué des modifications dans votre classeur (par exemple, ajouter des nouvelles données), Cliquez sur l'icône de la disquette dans la barre d'outils rapide en haut de l'écran.

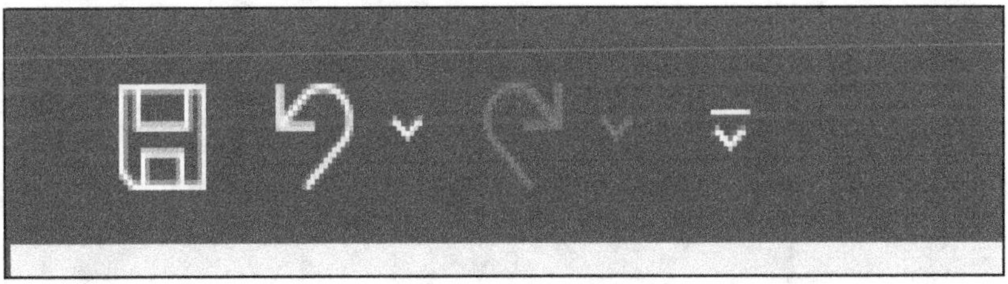

- Vous pouvez également utiliser le raccourci clavier **Ctrl + S** pour sauvegarder rapidement.

1.4.5. Utiliser la sauvegarde automatique :

- Pour activer la sauvegarde automatique, Cliquez sur "Fichier", puis "Options".

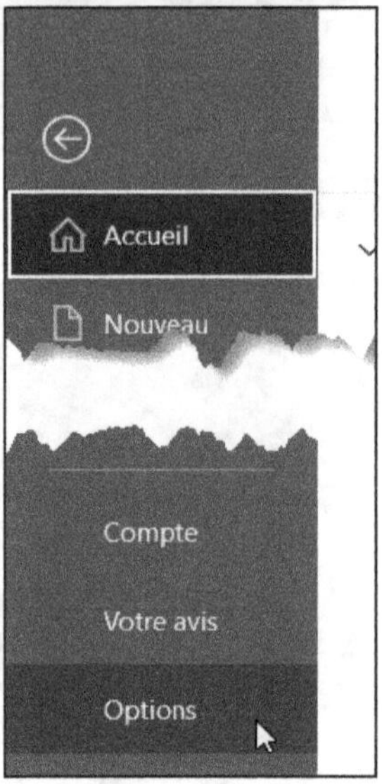

• Dans la fenêtre "Options Excel", Cliquez sur "Enregistrement" dans le menu de gauche.

• Cochez la case "Enregistrer automatiquement les informations de récupération toutes les X minutes" et ajustez le nombre de minutes selon vos préférences (par exemple, 5 minutes).

• Cliquez sur "OK" pour enregistrer les modifications.

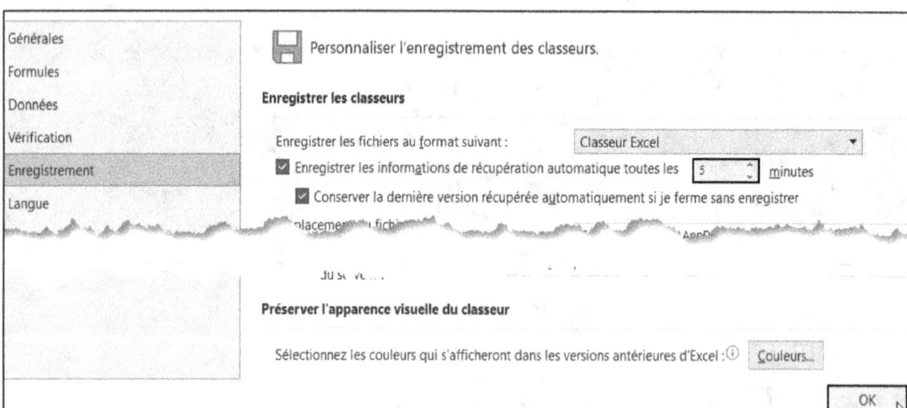

1.4.6. Fermer et rouvrir le classeur :

• Fermez Excel en cliquant sur la croix dans le coin supérieur droit de la fenêtre.

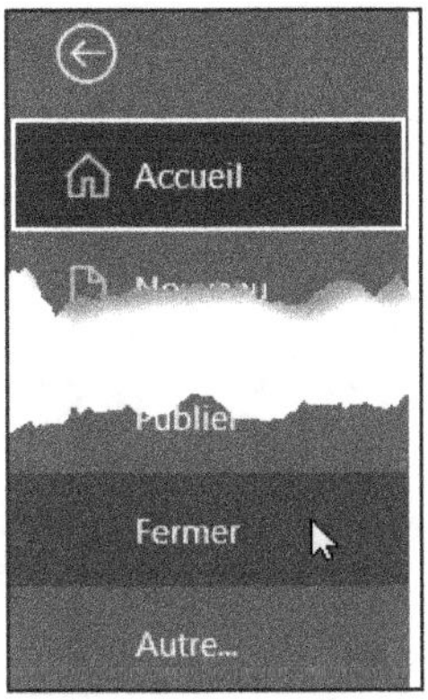

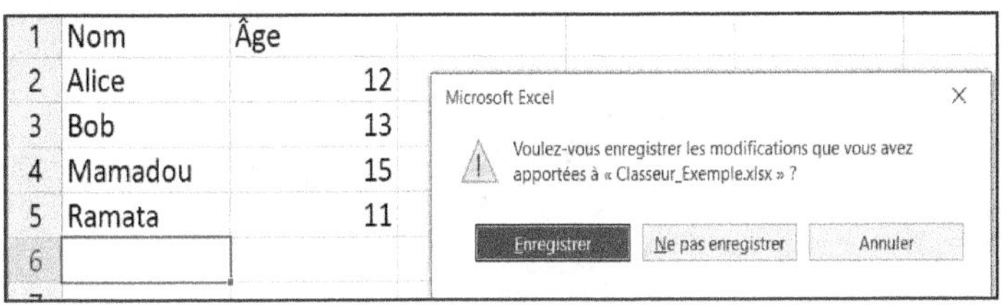

- Rouvrez Excel et Ouvrez votre classeur sauvegardé en cliquant sur "Fichier", puis "Ouvrir" et en sélectionnant "Classeur Exemple" dans l'emplacement où vous l'avez sauvegardé.

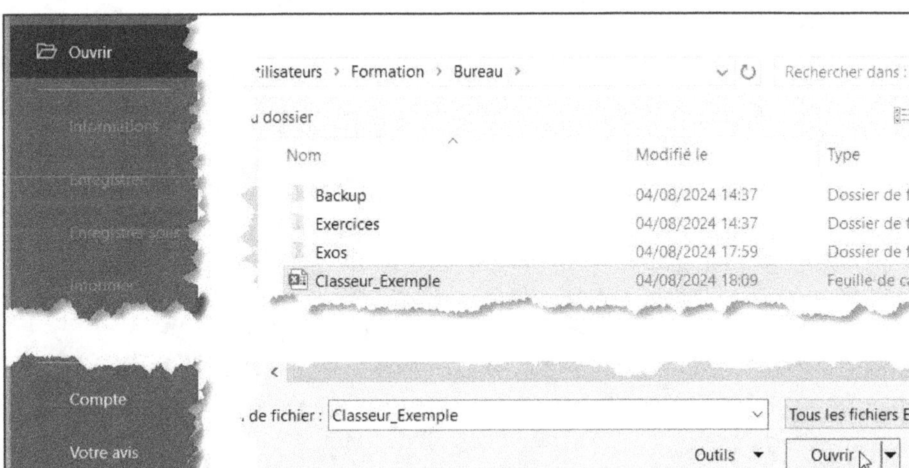

Résumé de la leçon : Vous savez maintenant comment sauvegarder un classeur pour la première fois, comment sauvegarder régulièrement vos modifications, et comment activer la sauvegarde automatique pour protéger votre travail. Ces compétences vous aideront à garder vos données en sécurité et à éviter les pertes d'information.

1.5 Ouvrir un classeur existant

Introduction : Savoir ouvrir un classeur existant est essentiel pour continuer à travailler sur vos projets. Cette leçon vous montrera comment localiser et ouvrir un fichier Excel que vous avez déjà créé ou que quelqu'un vous a envoyé. Cela vous permettra d'accéder rapidement à vos données et de reprendre votre travail là où vous l'aviez laissé.

Exemple Pratique : Nous allons ouvrir un classeur que vous avez déjà sauvegardé.

Étapes à réaliser :

1.5.1. Ouvrir Excel :

- Cliquez sur l'icône d'Excel pour ouvrir le programme.

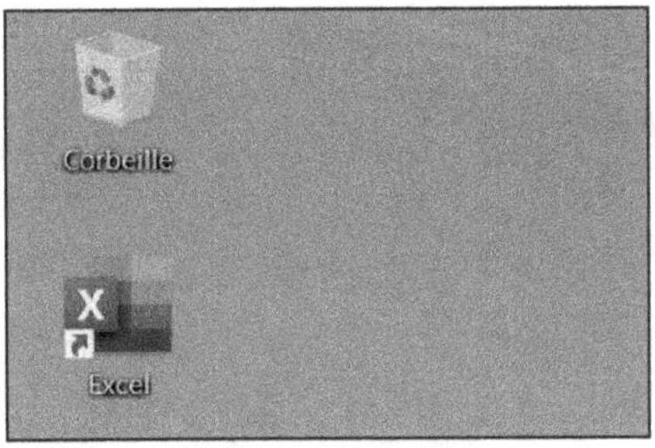

1.5.2. Accéder à l'option d'ouverture de fichier :

- Une fois Excel ouvert, Cliquez sur "Fichier" dans le coin supérieur gauche de l'écran.
- Sélectionnez "Ouvrir" dans le menu.

1.5.3. Localiser votre fichier :

- Dans la fenêtre "Ouvrir", vous verrez une liste des fichiers récents que vous avez ouverts. Si votre fichier s'y trouve, Cliquez dessus pour l'ouvrir.
- Si votre fichier n'apparaît pas dans la liste des fichiers récents, Cliquez sur "Parcourir" pour rechercher manuellement votre fichier.

1.5.4. Parcourir vos dossiers :

- Dans la fenêtre de navigation qui s'ouvre, accédez au dossier où vous avez sauvegardé votre fichier (par exemple, le bureau ou Documents).
- Cliquez sur le fichier que vous souhaitez ouvrir (par exemple, "Classeur Exemple.xlsx").

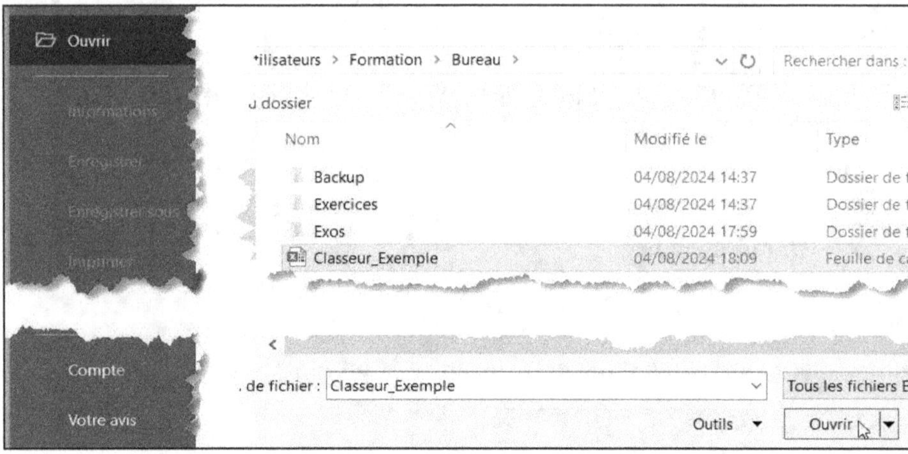

1.5.5. Ouvrir le fichier :

- Cliquez sur "Ouvrir" pour ouvrir le fichier sélectionné.

1.5.6. Vérifier les données :

- Une fois le classeur ouvert, vérifiez que les données sont correctes et que vous êtes bien sur le bon fichier.
- Par exemple, assurez-vous que les noms et âges que vous aviez entrés précédemment (Alice, 12 et Bob, 13) sont bien présents.

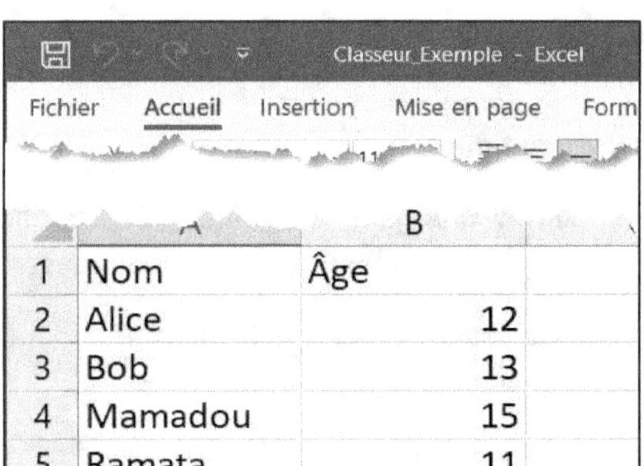

1.5.7. Utiliser les raccourcis pour ouvrir un fichier :

- Vous pouvez également utiliser le raccourci clavier **Ctrl + O** pour ouvrir rapidement la fenêtre de navigation et rechercher votre fichier.

1.5.8. Fermer le classeur :

- Lorsque vous avez terminé de vérifier ou de modifier votre fichier, fermez-le en cliquant sur la croix dans le coin supérieur droit de la fenêtre du classeur.
- Si vous avez fait des modifications, n'oubliez pas de les sauvegarder avant de fermer le fichier.

Résumé de la leçon : Vous savez maintenant comment ouvrir un classeur existant en utilisant les options d'Excel ou les raccourcis clavier. Cela vous permettra de reprendre rapidement votre travail sur des fichiers déjà créés et de gérer efficacement vos projets.

CHAPITRE 2 :
COMPRENDRE LA STRUCTURE D'EXCEL

2.1. Comprendre les cellules, lignes et colonnes
2.2. Saisir des données dans les cellules
2.3. Modifier et supprimer des données
2.4. Ajouter et supprimer des lignes et des colonnes

Excel est composé de cellules, de lignes et de colonnes qui forment l'ossature de vos données. Dans ce chapitre, vous comprendrez comment ces éléments fonctionnent ensemble et comment saisir, modifier, et organiser vos données efficacement dans ce cadre. Maîtriser cette structure est essentiel pour bien utiliser Excel.

2.1- Comprendre les cellules, lignes et colonnes

Introduction : Dans Excel, les données sont organisées en cellules, qui sont disposées en lignes et en colonnes. Comprendre comment ces éléments fonctionnent est essentiel pour utiliser Excel efficacement. Cette leçon vous apprendra à identifier et utiliser les cellules, lignes et colonnes dans une feuille de calcul.

Exemple Pratique : Nous allons explorer les cellules, lignes et colonnes en ajoutant des données et en les manipulant.

Étapes à réaliser :

2.1.1. Ouvrir Excel :

- Cliquez sur l'icône d'Excel pour ouvrir le programme.

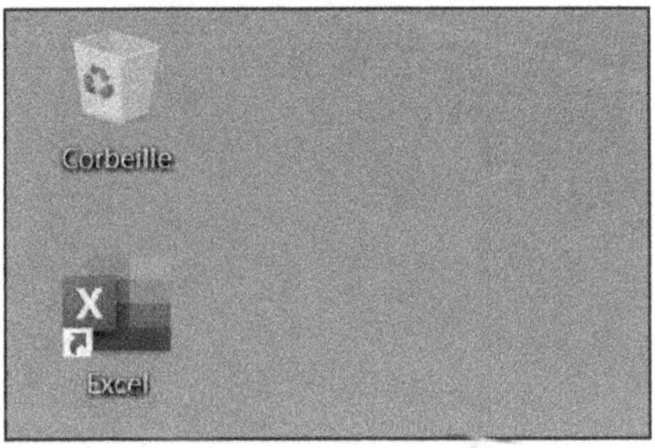

- Créez un nouveau classeur :

  "Fichier" > "Nouveau" > "Classeur vierge".

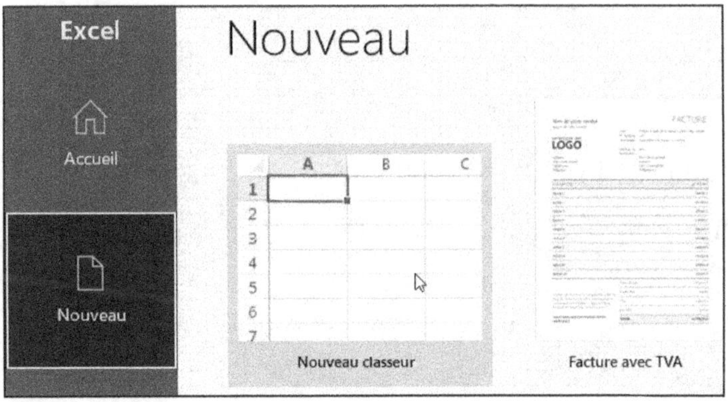

2.1.2. Comprendre les cellules :

- Une cellule est l'intersection d'une ligne et d'une colonne. Par exemple, la cellule en haut à gauche est A1 (colonne A, ligne 1).
- Cliquez sur la cellule A1 pour la sélectionner. La bordure verte autour de la cellule indique qu'elle est sélectionnée.

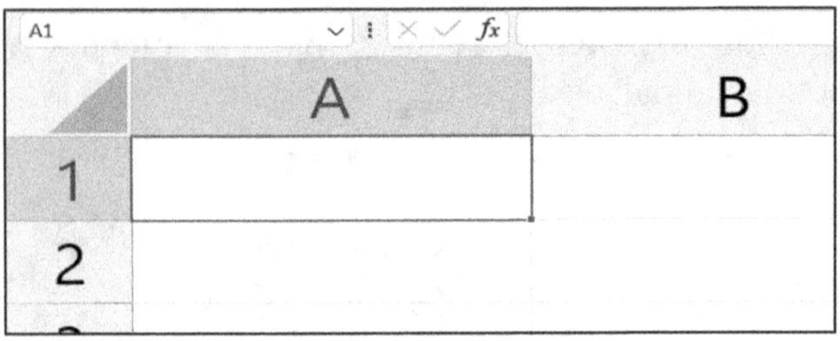

2.1.3. Saisir des données dans une cellule :

- Cliquez sur la cellule A1 et tapez "Nom".
- Appuyez sur "Entrée" pour valider.
- Cliquez sur la cellule B1 et tapez "Âge".
- Appuyez sur "Entrée" pour valider.

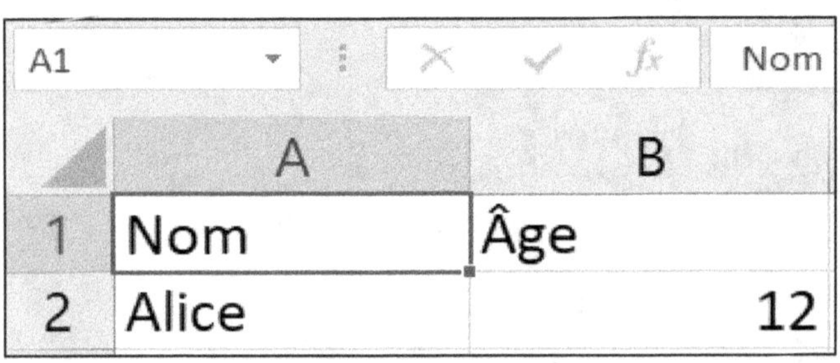

2.1.4. Comprendre les colonnes :

- Les colonnes sont identifiées par des lettres (A, B, C, etc.).
- Cliquez sur la lettre "A" en haut de la feuille de calcul pour sélectionner toute la colonne A.
- La colonne A sera surlignée, indiquant qu'elle est sélectionnée.

	A	B
1	Nom	Âge
2	Alice	12
3	Bob	13
4	Mamadou	15
5	Ramata	11
6		
7		

2.1.5. Comprendre les lignes :

- Les lignes sont identifiées par des numéros (1, 2, 3, etc.).
- Cliquez sur le numéro "1" à gauche de la feuille de calcul pour sélectionner toute la ligne 1.
- La ligne 1 sera surlignée, indiquant qu'elle est sélectionnée.

	A	B	C
1	Nom	Âge	
2	Alice	12	
3	Bob	13	
4	Mamadou	15	
5	Ramata	11	

2.1.6. Saisir des données dans plusieurs cellules :

- Cliquez sur la cellule A2 et tapez "Alice".
- Appuyez sur "Entrée" pour valider.
- Cliquez sur la cellule B2 et tapez "12".
- Appuyez sur "Entrée" pour valider.
- Répétez ces Étapes pour saisir "Bob" dans A3 et "13" dans B3.

2.1.7. Modifier la largeur des colonnes :

- Placez le curseur de la souris sur la ligne de séparation entre les lettres des colonnes A et B en haut de la feuille de calcul.

	A	B
1	Nom	Âge
2	Alice	12
3	Bob	13
4	Mamadou	15
5	Ramata	11

- Lorsque le curseur se transforme en double flèche, Cliquez et faites glisser vers la droite pour élargir la colonne A.

	A	B
1	Nom	Âge
2	Alice	12
3	Bob	13
4	Mamadou	15
5	Ramata	11

2.1.8. Modifier la hauteur des lignes :

- Placez le curseur de la souris sur la ligne de séparation entre les numéros des lignes 1 et 2 à gauche de la feuille de calcul.

	A	B
1	Nom	Âge
2	Alice	12
3	Bob	13
4	Mamadou	15
5	Ramata	11

- Lorsque le curseur se transforme en double flèche, Cliquez et faites glisser vers le bas pour augmenter la hauteur de la ligne 1.

	A	B
1	Nom	Âge
2	Alice	12
3	Bob	13
4	Mamadou	15
5	Ramata	11

	A	B
1	Nom	Âge
2	Alice	12
3	Bob	13
4	Mamadou	15
5	Ramata	11

2.1.9. Naviguer entre les cellules :

- Utilisez les flèches du clavier pour vous déplacer entre les cellules.
- Cliquez sur une cellule avec la souris pour la sélectionner directement.

2.1.10. Supprimer des données dans une cellule :

- Cliquez sur la cellule contenant les données que vous souhaitez supprimer (par exemple, B2).
- Appuyez sur la touche "Suppr" du clavier pour effacer les données.

	A	B
1	Nom	
2	Alice	12
3	Bob	13
4	Mamadou	15
5	Ramata	11

Résumé de la leçon : Vous savez maintenant comment identifier et utiliser les cellules, lignes et colonnes dans Excel. Vous avez appris à saisir, modifier et supprimer des données, ainsi qu'à ajuster la largeur des colonnes et la hauteur des lignes. Ces compétences vous permettront de mieux organiser et manipuler vos données dans Excel.

2.2- Saisir des données dans les cellules

Introduction : Saisir des données dans les cellules est une compétence de base essentielle pour utiliser Excel. Cette leçon vous montrera comment entrer différents types de données (texte, nombres, dates) dans les cellules et comment les modifier si nécessaire.

Exemple Pratique : Nous allons entrer des données variées dans une feuille de calcul pour vous entraîner à saisir et modifier des informations.

Étapes à réaliser :

2.2.1. Ouvrir Excel :

- Cliquez sur l'icône d'Excel pour ouvrir le programme.

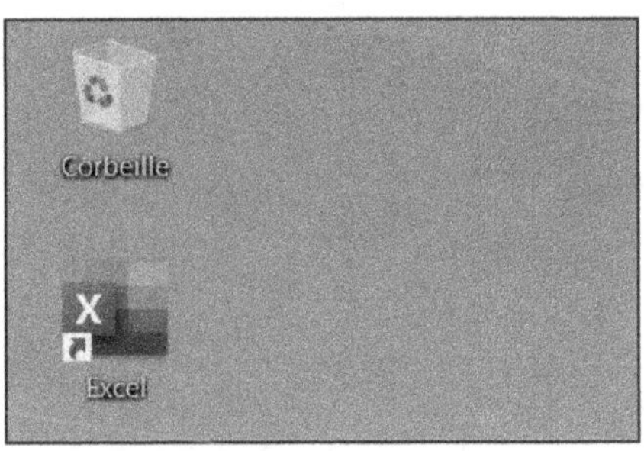

- Créez un nouveau classeur :

  "Fichier" > "Nouveau" > "Classeur vierge".

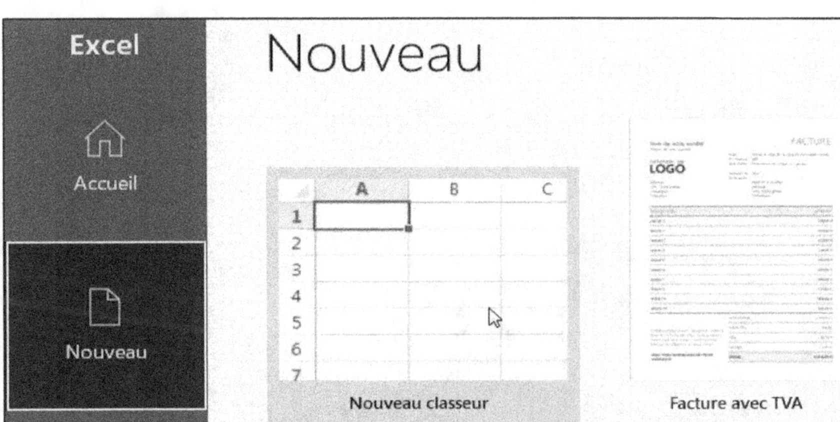

2.2.2. Saisir du texte :

- Cliquez sur la cellule A1.
- Tapez "Nom" et Appuyez sur "Entrée".
- Cliquez sur la cellule A2.
- Tapez "Alice" et Appuyez sur "Entrée".
- Cliquez sur la cellule A3.
- Tapez "Bob" et Appuyez sur "Entrée".

2.2.3. Saisir des nombres :

- Cliquez sur la cellule B1.
- Tapez "Âge" et Appuyez sur "Entrée".
- Cliquez sur la cellule B2.
- Tapez "12" et Appuyez sur "Entrée".
- Cliquez sur la cellule B3.
- Tapez "13" et Appuyez sur "Entrée".

2.2.4. Saisir des dates :

- Cliquez sur la cellule C1.
- Tapez "Date de naissance" et Appuyez sur "Entrée".
- Cliquez sur la cellule C2.
- Tapez "01/01/2012" et Appuyez sur "Entrée".
- Cliquez sur la cellule C3.
- Tapez "02/02/2011" et Appuyez sur "Entrée".

	A	B	C
1	Nom	Âge	Date de naissance
2	Alice	12	01/01/2012
3	Bob	13	01/02/2011
4			

2.2.5. Modifier des données :

- Cliquez sur la cellule A2 (qui contient "Alice").
- Cliquez dans la barre de formule en haut de l'écran, modifiez "Alice" en "Alicia" et Appuyez sur "Entrée".

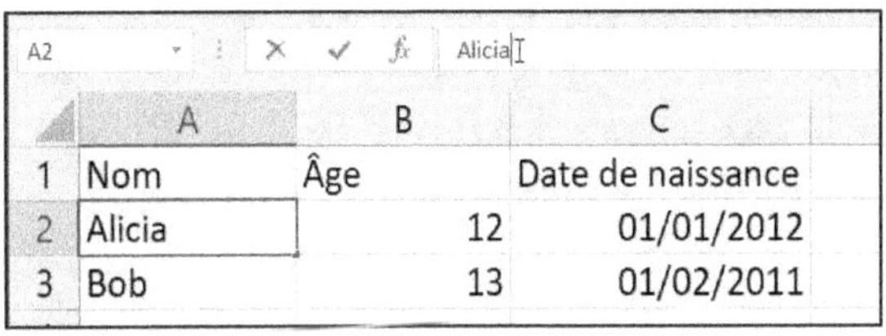

- Cliquez sur la cellule B3 (qui contient "13").

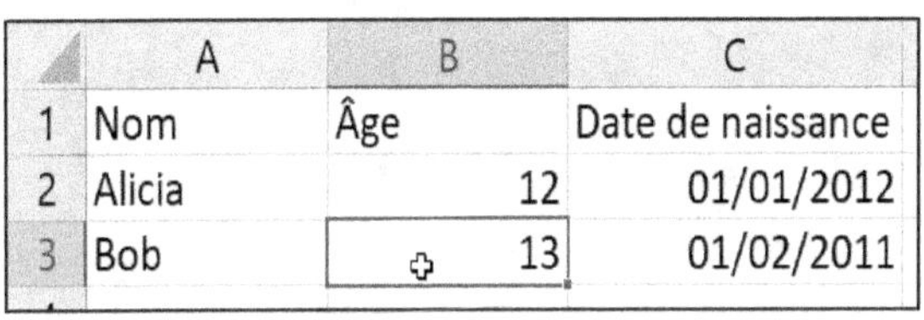

- Tapez directement "14" et Appuyez sur "Entrée" pour remplacer l'ancien contenu.

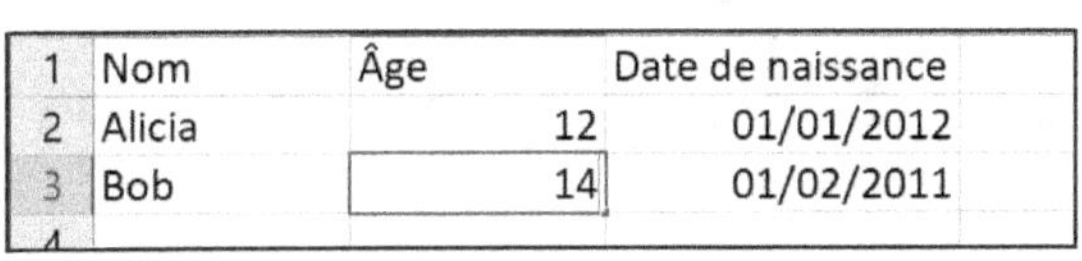

2.2.6. Supprimer des données :

- Cliquez sur la cellule C3.
- Appuyez sur la touche "Suppr" de votre clavier pour effacer les données de la cellule.

2.2.7. Annuler une modification :

- Si vous faites une erreur, Vous pouvez annuler votre dernière action en utilisant le raccourci clavier **Ctrl + Z** ou en cliquant sur l'icône "Annuler" dans la barre d'outils.

2.2.8. Utiliser le remplissage automatique :

- Cliquez sur la cellule A2 (qui contient "Alicia").

- Placez le curseur de la souris sur le coin inférieur droit de la cellule jusqu'à ce qu'il se transforme en une petite croix noire.

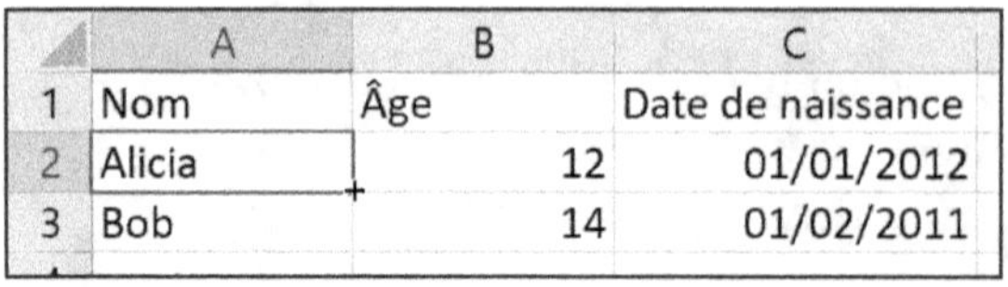

	A	B	C
1	Nom	Âge	Date de naissance
2	Alicia	12	01/01/2012
3	Bob	14	01/02/2011

- Cliquez et faites glisser vers le bas jusqu'à la cellule A5, puis Relâchez pour copier le contenu dans les cellules adjacentes.

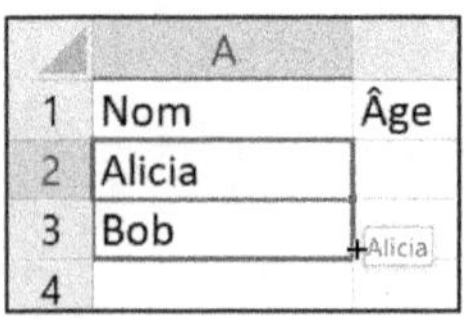

	A	
1	Nom	Âge
2	Alicia	
3	Bob	Alicia
4		

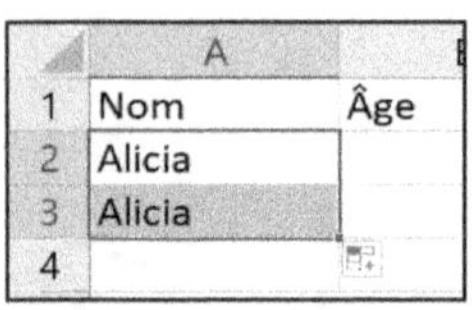

	A	
1	Nom	Âge
2	Alicia	
3	Alicia	
4		

2.2.9. Saisir des formules de base :

- Cliquez sur la cellule D1.
- Tapez "Somme des âges" et Appuyez sur "Entrée".

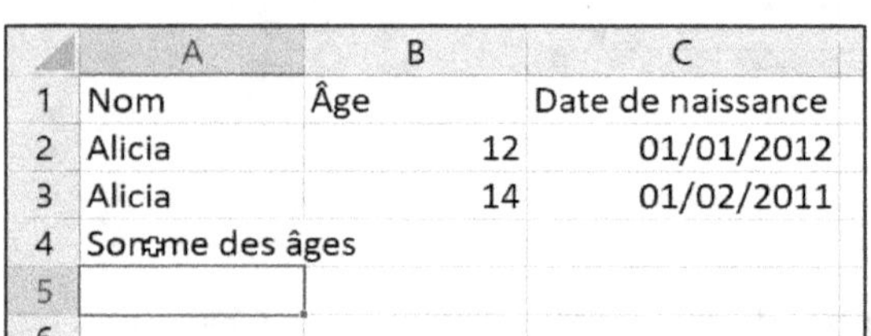

	A	B	C
1	Nom	Âge	Date de naissance
2	Alicia	12	01/01/2012
3	Alicia	14	01/02/2011
4	Somme des âges		
5			
6			

- Cliquez sur la cellule B4.
- Tapez "=SOMME(B2:B3)" et Appuyez sur "Entrée" pour calculer la somme des âges.

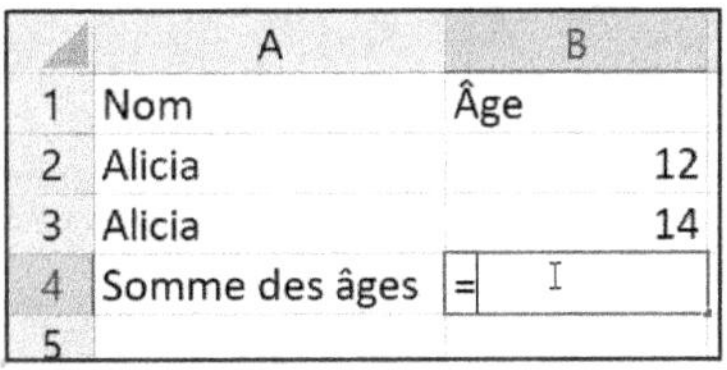

	A	B
1	Nom	Âge
2	Alicia	12
3	Alicia	14
4	Somme des âges	=
5		

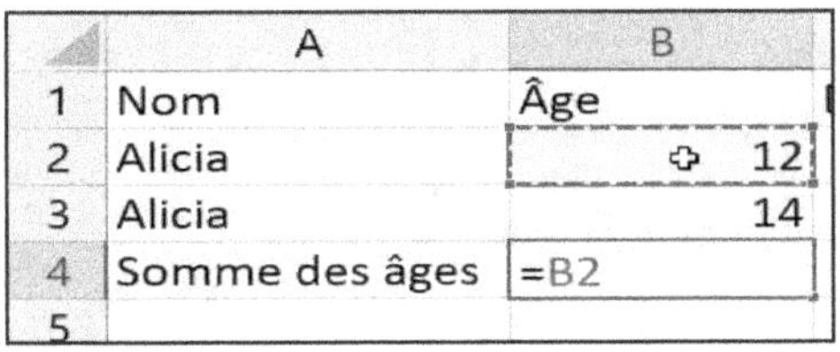

	A	B
1	Nom	Âge
2	Alicia	12
3	Alicia	14
4	Somme des âges	=B2
5		

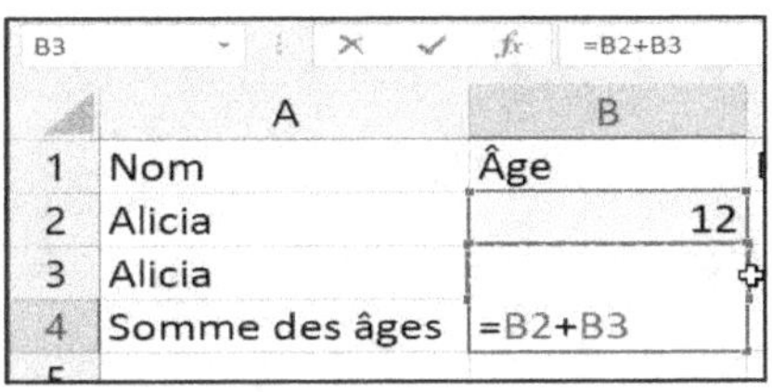

B3 =B2+B3

	A	B
1	Nom	Âge
2	Alicia	12
3	Alicia	
4	Somme des âges	=B2+B3

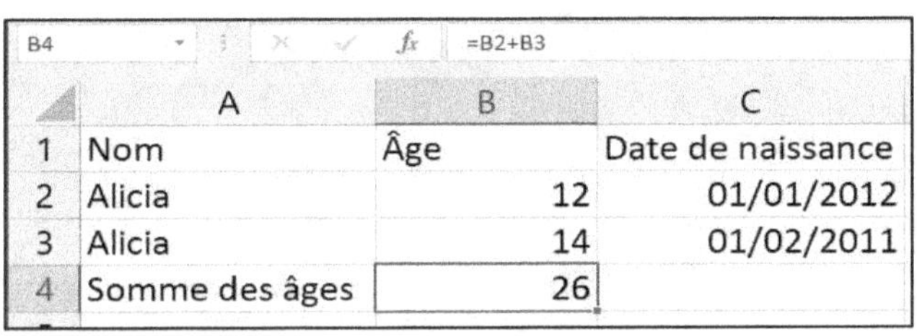

B4 =B2+B3

	A	B	C
1	Nom	Âge	Date de naissance
2	Alicia	12	01/01/2012
3	Alicia	14	01/02/2011
4	Somme des âges	26	

Résumé de la leçon : Vous savez maintenant comment saisir et modifier du texte, des nombres et des dates dans les cellules d'Excel. Vous avez également appris à supprimer des données, annuler des modifications et utiliser le remplissage automatique pour copier des informations. Ces compétences vous permettront de gérer efficacement les données dans vos feuilles de calcul.

2.3- Modifier et supprimer des données

Introduction : Savoir modifier et supprimer des données dans Excel est essentiel pour maintenir vos feuilles de calcul à jour et précises. Cette leçon vous montrera comment modifier des informations existantes et supprimer des données que vous n'avez plus besoin de conserver.

Exemple Pratique : Nous allons entrer des données, puis les modifier et les supprimer.

Étapes à réaliser :

2.3.1. Ouvrir Excel :

- Cliquez sur l'icône d'Excel pour ouvrir le programme.

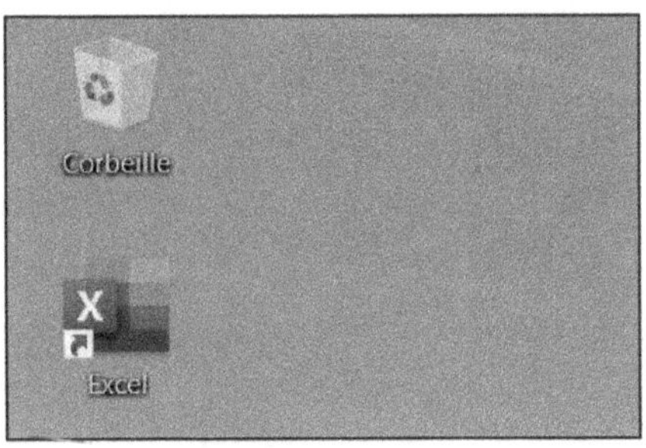

- Créez un nouveau classeur :

  "Fichier" > "Nouveau" > "Classeur vierge".

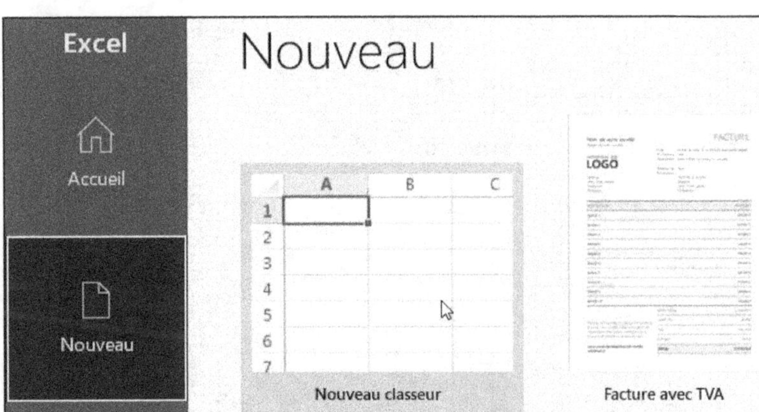

2.3.2. Entrer des données de base :

- Cliquez sur la cellule A1 et tapez "Nom", puis Appuyez sur "Entrée".
- Cliquez sur la cellule B1 et tapez "Âge", puis Appuyez sur "Entrée".
- Cliquez sur la cellule A2 et tapez "Alice", puis Appuyez sur "Entrée".
- Cliquez sur la cellule B2 et tapez "12", puis Appuyez sur "Entrée".
- Cliquez sur la cellule A3 et tapez "Bob", puis Appuyez sur "Entrée".
- Cliquez sur la cellule B3 et tapez "13", puis Appuyez sur "Entrée".

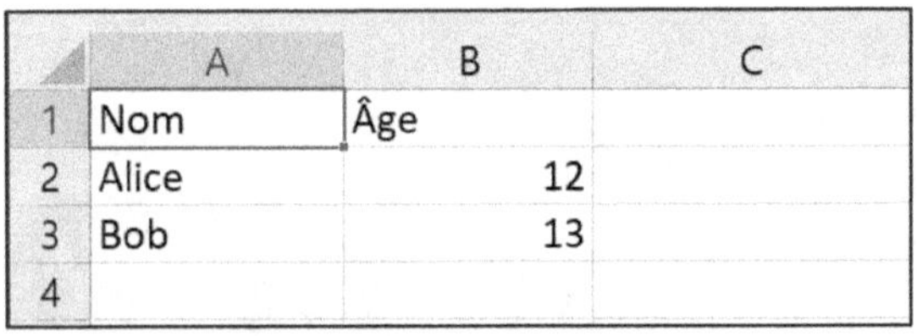

	A	B	C
1	Nom	Âge	
2	Alice	12	
3	Bob	13	
4			

2.3.3. Modifier des données :

- Cliquez sur la cellule A2 (qui contient "Alice").
- Cliquez dans la barre de formule en haut de l'écran, modifiez "Alice" en "Alicia" et Appuyez sur "Entrée".

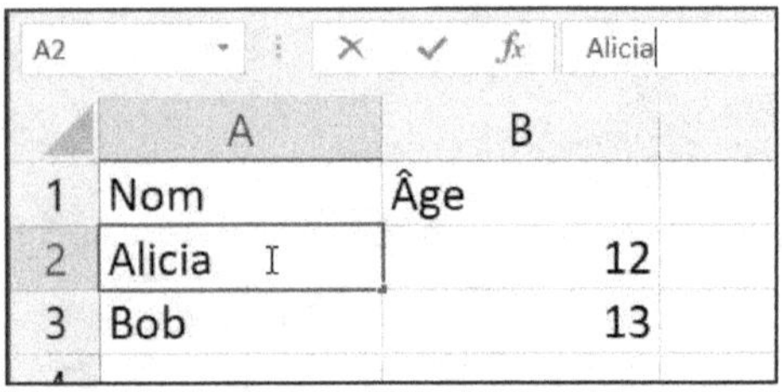

A2 | fx | Alicia

	A	B
1	Nom	Âge
2	Alicia	12
3	Bob	13

- Cliquez sur la cellule B3 (qui contient "13").
- Tapez directement "14" et Appuyez sur "Entrée" pour remplacer l'ancien contenu.

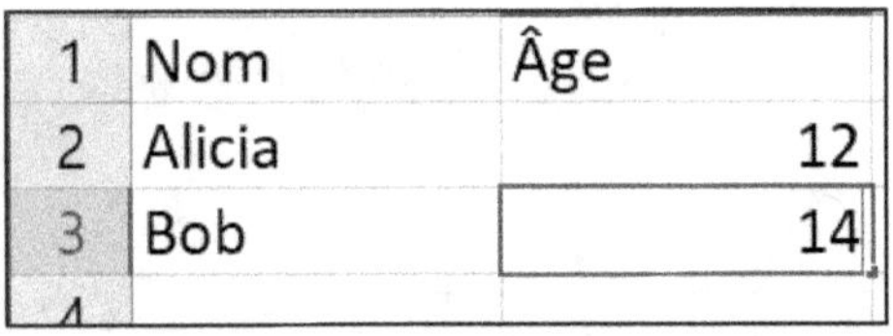

1	Nom	Âge
2	Alicia	12
3	Bob	14

2.3.4. Utiliser la barre de formule :

- Cliquez sur la cellule A3 (qui contient "Bob").
- Cliquez dans la barre de formule, ajoutez " Jr." après "Bob" pour obtenir "Bob Jr." et Appuyez sur "Entrée".

A3 | *fx* Bob Jr.

	A	B
1	Nom	Âge
2	Alicia	12
3	Bob Jr.	14
4		

2.3.5. Supprimer des données :

- Cliquez sur la cellule B2 (qui contient "12").
- Appuyez sur la touche "Suppr" de votre clavier pour effacer les données de la cellule.

	A	B
1	Nom	Âge
2	Alicia	12
3	Bob Jr.	14
4		

	A	B
1	Nom	Âge
2	Alicia	
3	Bob Jr.	14
4		

- Cliquez sur la cellule A3 (qui contient "Bob Jr.").
- Cliquez avec le bouton droit de la souris et sélectionnez "Effacer le contenu" dans le menu contextuel pour supprimer les données.

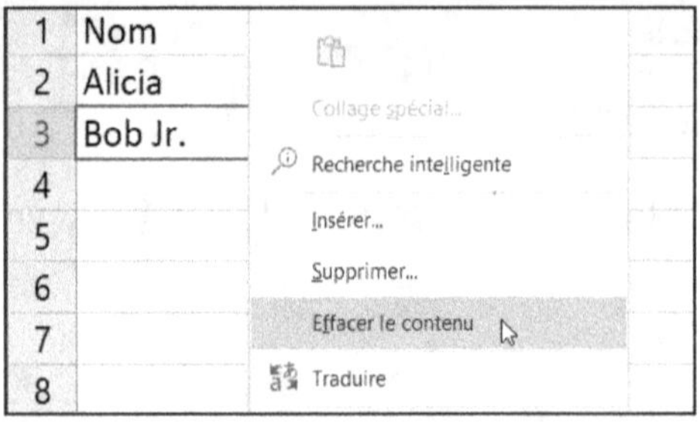

2.3.6. Supprimer une ligne entière :

- Cliquez sur le numéro de la ligne 2 à gauche pour sélectionner toute la ligne.

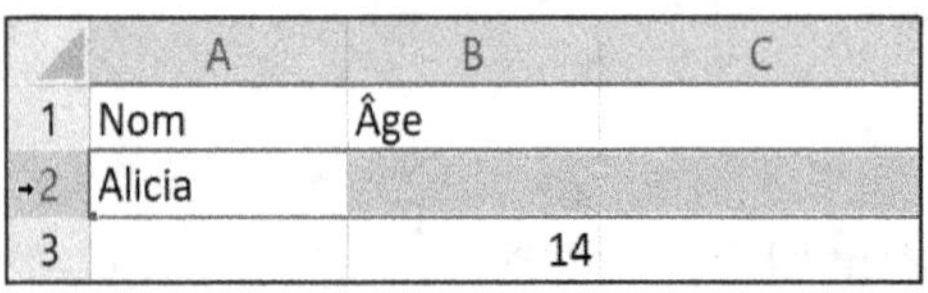

- Cliquez avec le bouton droit de la souris sur la ligne sélectionnée et Choisissez "Supprimer" dans le menu contextuel pour supprimer toute la ligne.

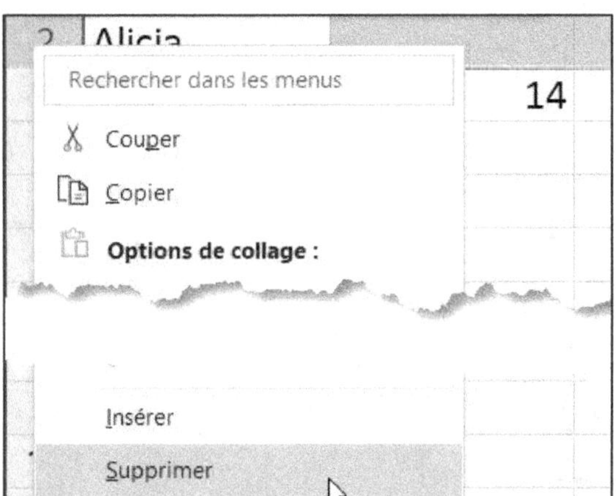

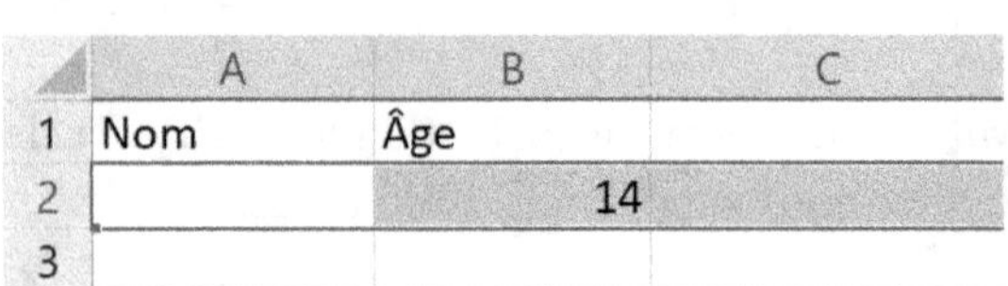

2.3.7. Supprimer une colonne entière :

- Cliquez sur la lettre de la colonne B en haut pour sélectionner toute la colonne.
- Cliquez avec le bouton droit de la souris sur la colonne sélectionnée et Choisissez "Supprimer" dans le menu contextuel pour supprimer toute la colonne.

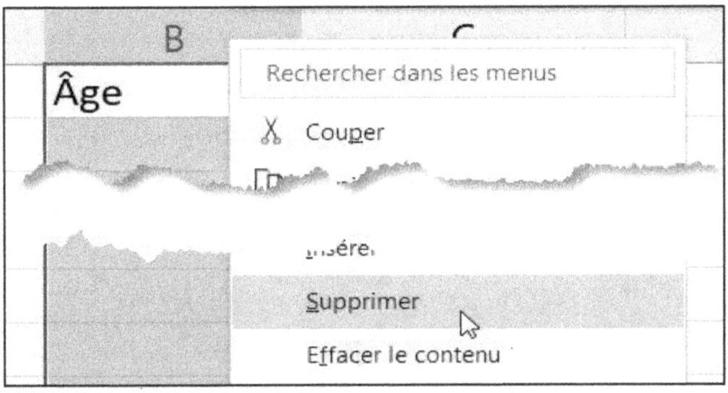

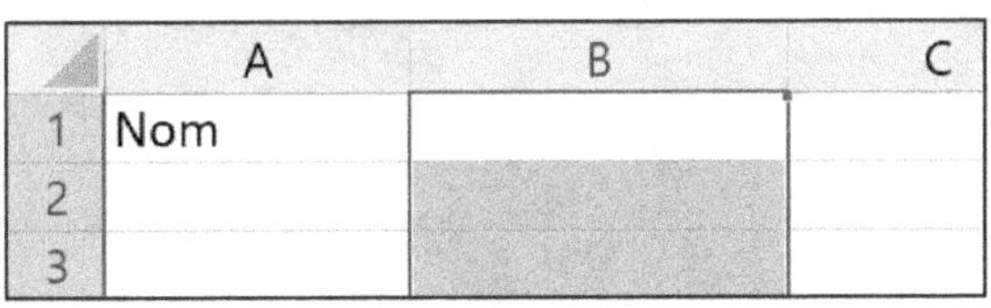

2.3.8. Annuler une suppression :

- Si vous supprimez par erreur, Vous pouvez annuler votre action en utilisant le raccourci clavier **Ctrl + Z** ou en cliquant sur l'icône "Annuler" dans la barre d'outils.

Résumé de la leçon : Vous savez maintenant comment modifier des données existantes en utilisant la barre de formule ou en tapant directement dans les cellules. Vous avez appris à supprimer des données spécifiques, des lignes entières et des colonnes entières, et à annuler des actions si nécessaire. Ces compétences vous permettront de gérer efficacement et de maintenir vos feuilles de calcul à jour.

2.4- Ajouter et supprimer des lignes et des colonnes

Introduction : Savoir ajouter et supprimer des lignes et des colonnes est crucial pour organiser et gérer vos données dans Excel. Cette leçon vous montrera comment insérer et supprimer des lignes et des colonnes de manière efficace.

Exemple Pratique : Nous allons pratiquer l'ajout et la suppression de lignes et de colonnes dans une feuille de calcul.

Étapes à réaliser :

2.4.1. Ajouter une ligne :

	A	B
1	Nom	Âge
2	Alice	12
3	Bob	13

- Cliquez sur le numéro de la ligne 3 pour la sélectionner.

	A	B
1	Nom	Âge
2	Alice	12
3	Bob	13

- Cliquez avec le bouton droit de la souris sur le numéro de la ligne sélectionnée et Choisissez "Insérer" dans le menu contextuel.

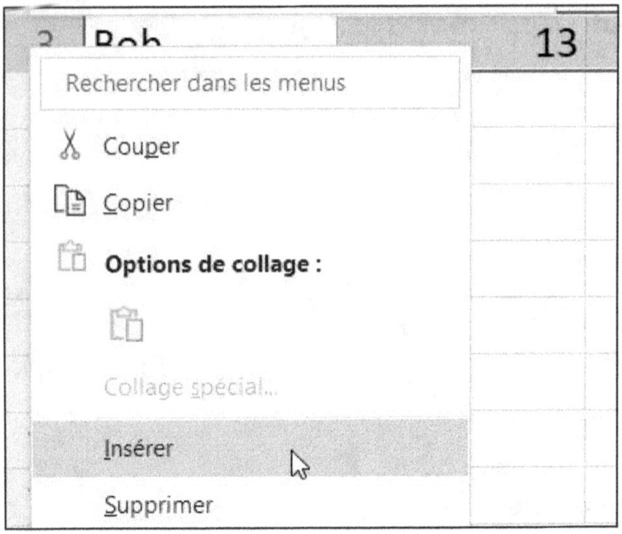

- Une nouvelle ligne vide apparaîtra au-dessus de la ligne 3.

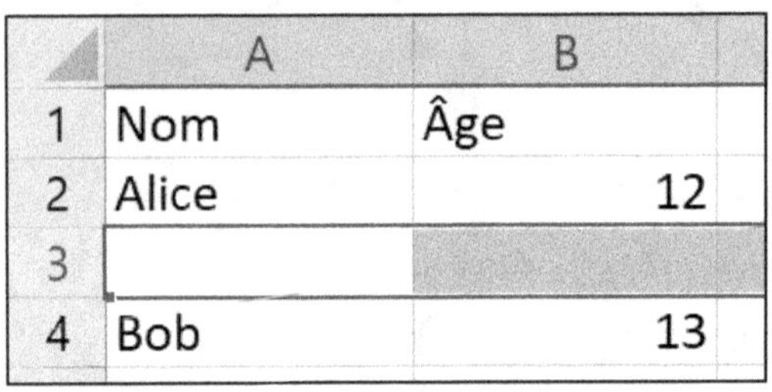

	A	B
1	Nom	Âge
2	Alice	12
3		
4	Bob	13

2.4.2. Ajouter une colonne :

- Cliquez sur la lettre de la colonne B pour la sélectionner.

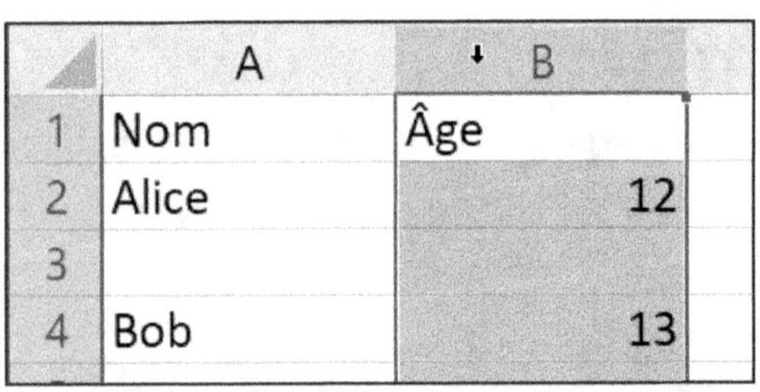

	A	B
1	Nom	Âge
2	Alice	12
3		
4	Bob	13

- Cliquez avec le bouton droit de la souris sur la lettre de la colonne sélectionnée et Choisissez "Insérer" dans le menu contextuel.

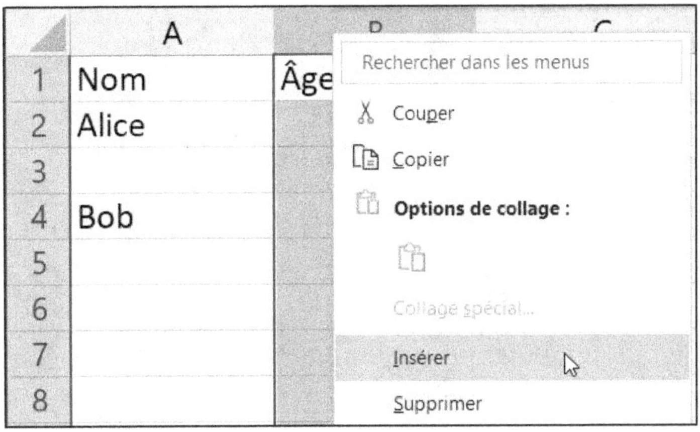

- Une nouvelle colonne vide apparaîtra à gauche de la colonne B.

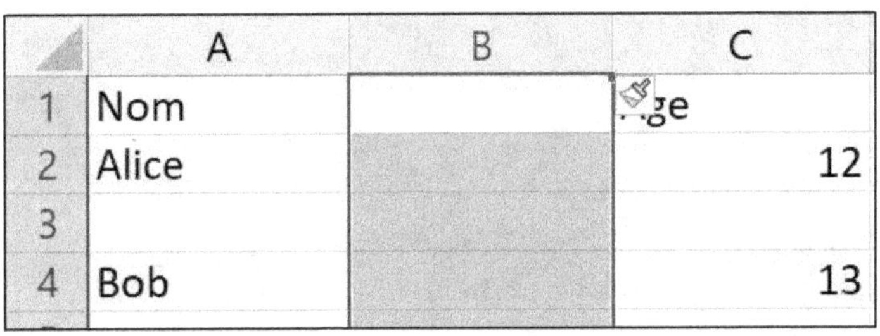

2.4.3. Ajouter plusieurs lignes ou colonnes :

- **Lignes :** Sélectionnez plusieurs lignes en cliquant et en faisant glisser sur les numéros des lignes (par exemple, lignes 3 et 4). Cliquez avec le bouton droit de la souris sur les lignes sélectionnées et Choisissez "Insérer". Deux nouvelles lignes apparaîtront.

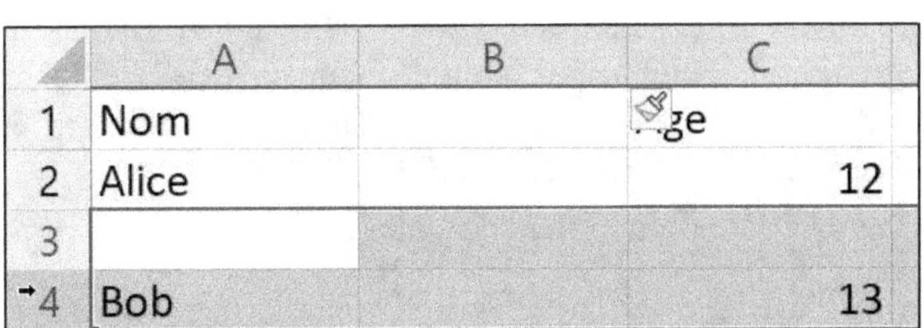

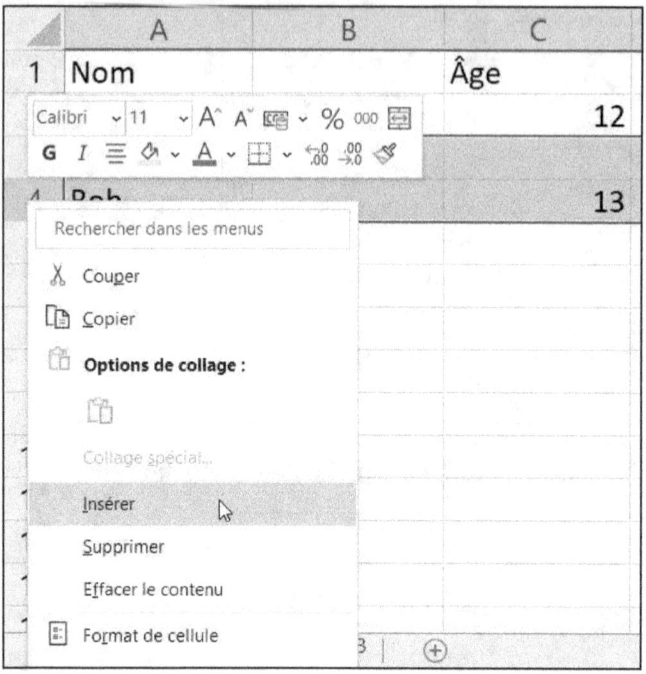

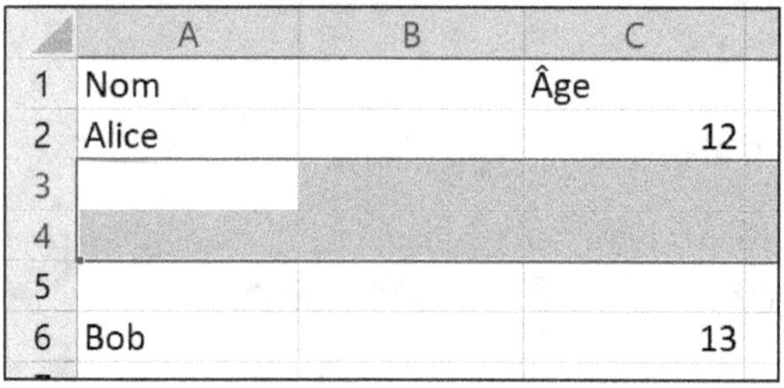

- **Colonnes :** Sélectionnez plusieurs colonnes en cliquant et en faisant glisser sur les lettres des colonnes (par exemple, colonnes B et C). Cliquez avec le bouton droit de la souris sur les colonnes sélectionnées et Choisissez "Insérer". Deux nouvelles colonnes apparaîtront.

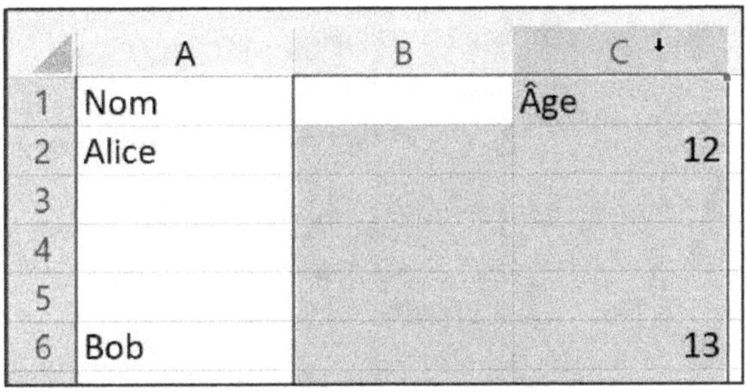

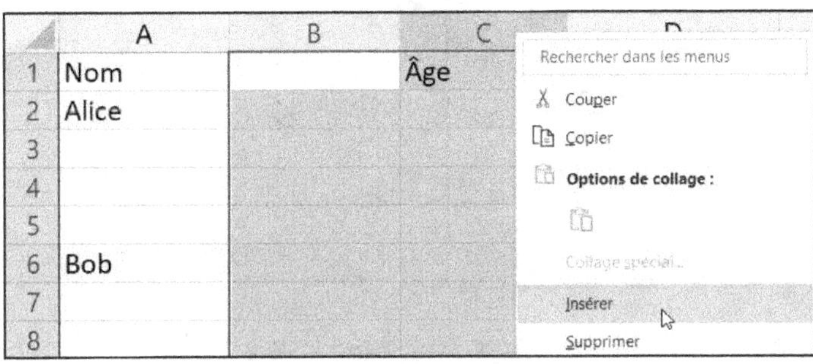

2.4.4. Supprimer une ligne :

- Cliquez sur le numéro de la ligne que vous souhaitez supprimer (par exemple, ligne 4).

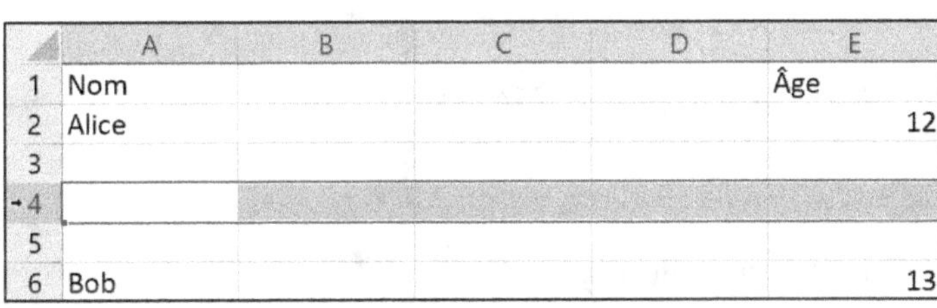

- Cliquez avec le bouton droit de la souris sur le numéro de la ligne sélectionnée et Choisissez "Supprimer" dans le menu contextuel.

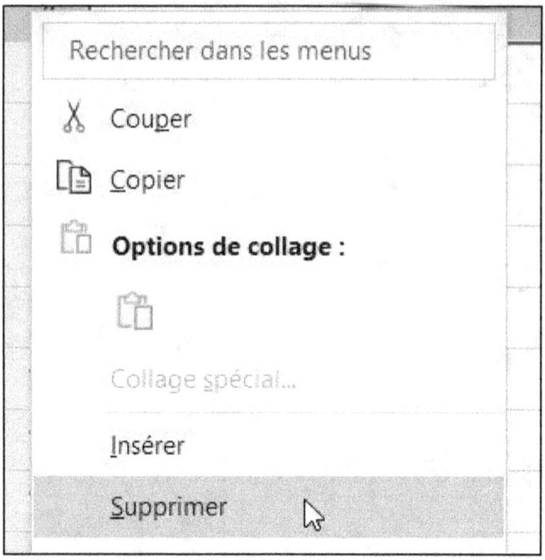

- La ligne sera supprimée et les lignes en dessous seront déplacées vers le haut.

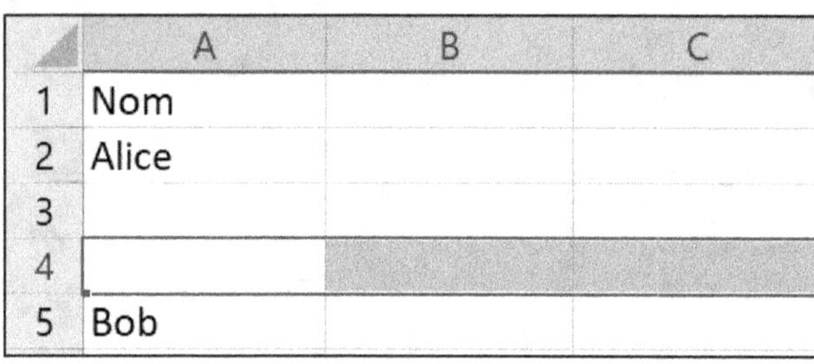

2.4.5. Supprimer une colonne :

- Cliquez sur la lettre de la colonne que vous souhaitez supprimer (par exemple, colonne C).

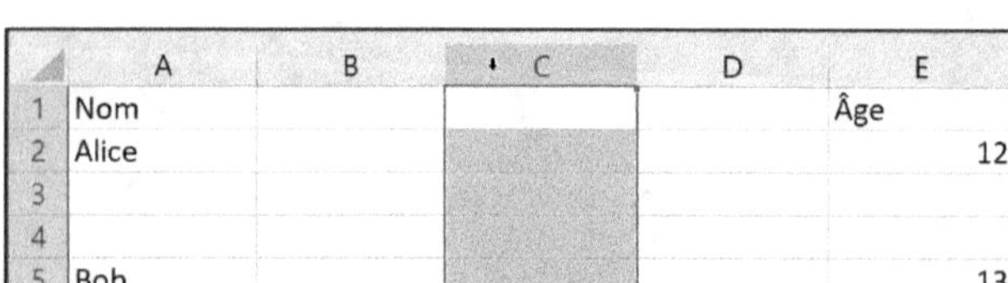

- Cliquez avec le bouton droit de la souris sur la lettre de la colonne sélectionnée et Choisissez "Supprimer" dans le menu contextuel.

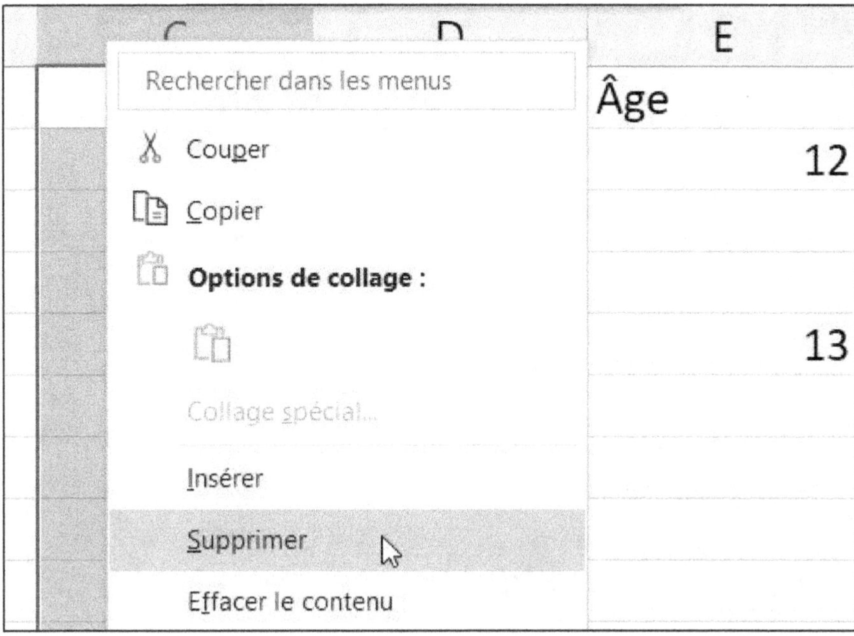

- La colonne sera supprimée et les colonnes à droite seront déplacées vers la gauche.

2.4.6. Supprimer plusieurs lignes ou colonnes :

- **Lignes :** Sélectionnez plusieurs lignes en cliquant et en faisant glisser sur les numéros des lignes (par exemple, lignes 3 à 5). Cliquez avec le bouton droit de la souris sur les lignes sélectionnées et Choisissez "Supprimer". Les lignes seront supprimées et les lignes en dessous seront déplacées vers le haut.

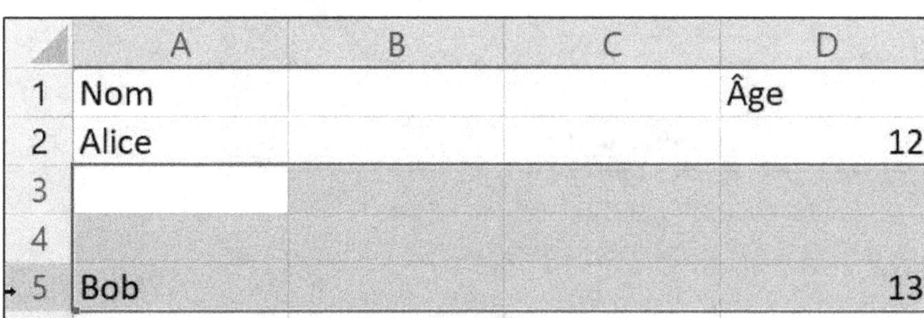

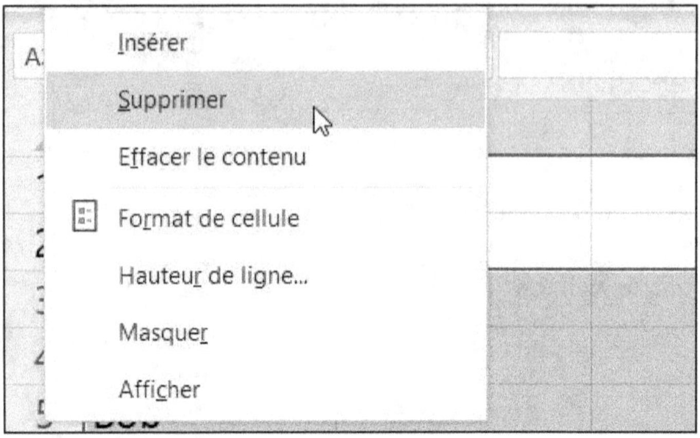

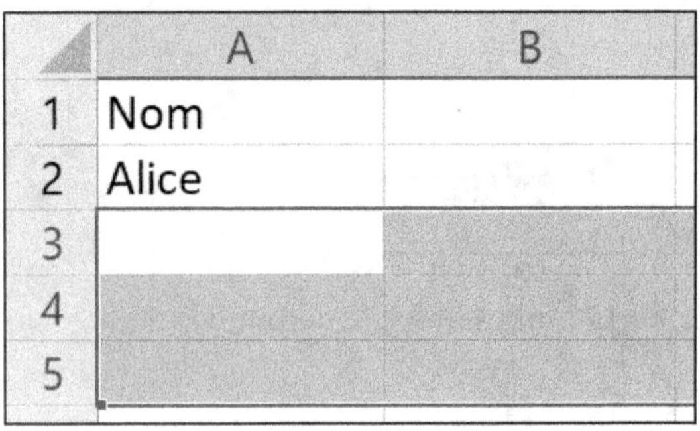

- **Colonnes :** Sélectionnez plusieurs colonnes en cliquant et en faisant glisser sur les lettres des colonnes (par exemple, colonnes B à D). Cliquez avec le bouton droit de la souris sur les colonnes sélectionnées et Choisissez "Supprimer". Les colonnes seront supprimées et les colonnes à droite seront déplacées vers la gauche.

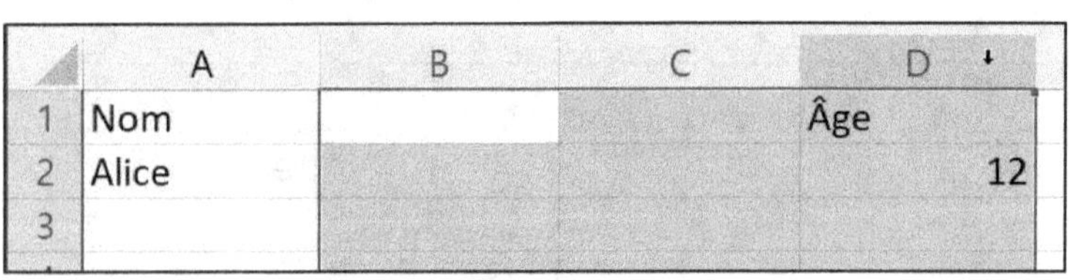

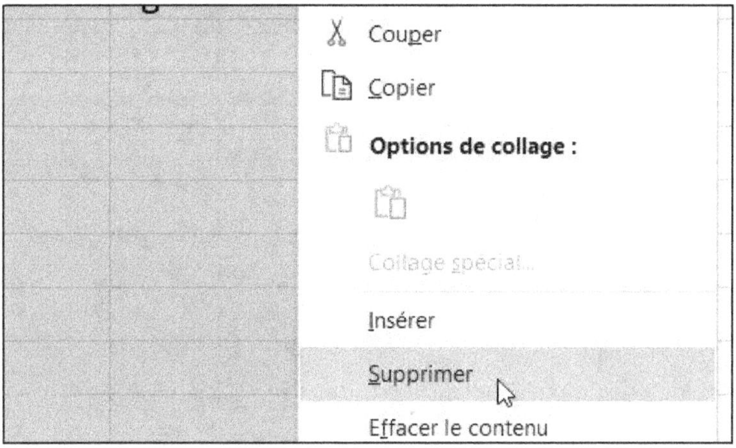

2.4.7. Utiliser le ruban pour insérer et supprimer :

- **Ajouter :** Sélectionnez une cellule dans la ligne ou la colonne où vous voulez ajouter. Cliquez sur l'onglet "Accueil", dans le groupe "Cellules", Cliquez sur "Insérer", puis Choisissez "Insérer des lignes de feuille" ou "Insérer des colonnes de feuille".

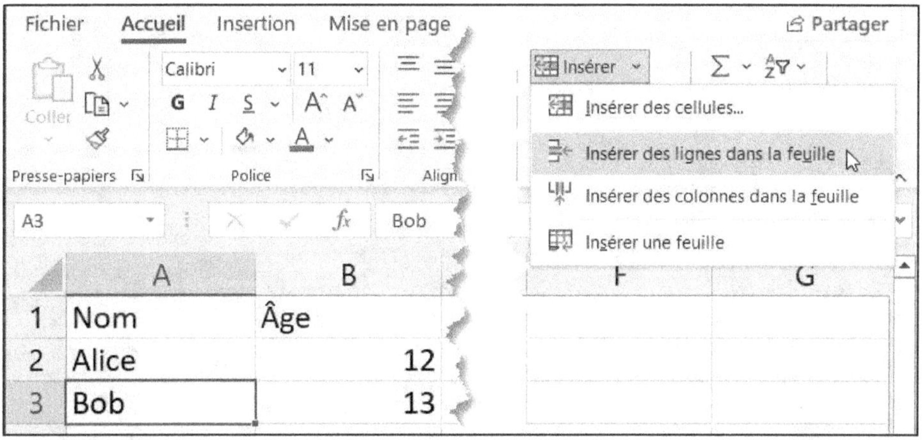

- **Supprimer :** Sélectionnez une cellule dans la ligne ou la colonne que vous voulez supprimer. Cliquez sur l'onglet "Accueil", dans le groupe "Cellules", Cliquez sur "Supprimer", puis Choisissez "Supprimer les lignes de feuille" ou "Supprimer les colonnes de feuille".

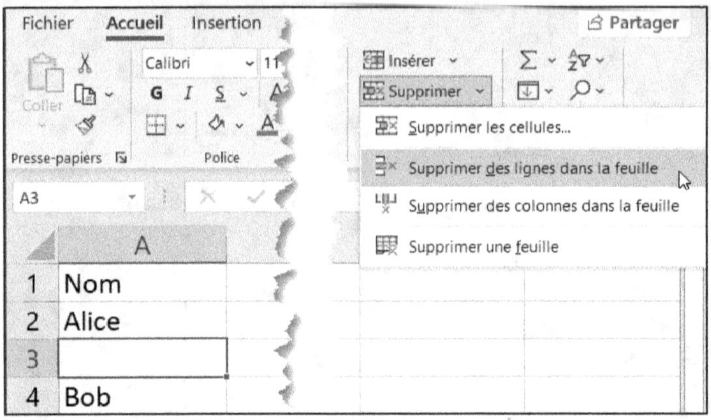

Résumé de la leçon : Vous savez maintenant comment ajouter et supprimer des lignes et des colonnes dans Excel, à la fois manuellement et en utilisant le ruban. Ces compétences vous permettront de gérer efficacement la structure de vos feuilles de calcul et d'organiser vos données de manière plus flexible.

CHAPITRE 3 :
MISE EN FORME DES DONNÉES

3.1. Formater les cellules (texte, nombre, date)
3.2. Ajuster la largeur des colonnes et la hauteur des lignes
3.3. Utiliser les mises en forme conditionnelles

Les données doivent être présentées de manière claire et lisible. Ce chapitre vous apprendra à formater vos cellules, ajuster la taille des colonnes et des lignes, et appliquer des mises en forme conditionnelles. Vous verrez comment donner à vos tableaux un aspect professionnel, tout en rendant l'information plus accessible.

3.1- Formater les cellules (texte, nombre, date)

Introduction : Le formatage des cellules dans Excel permet de rendre vos données plus lisibles et professionnelles. Vous pouvez formater des cellules pour afficher du texte, des nombres et des dates de manière spécifique. Cette leçon vous montrera comment appliquer différents formats de cellule.

Exemple Pratique : Nous allons entrer des données variées et appliquer des formats de cellule pour le texte, les nombres et les dates.

Étapes à réaliser :

3.1.1. Ouvrir Excel :

- Cliquez sur l'icône d'Excel pour ouvrir le programme.

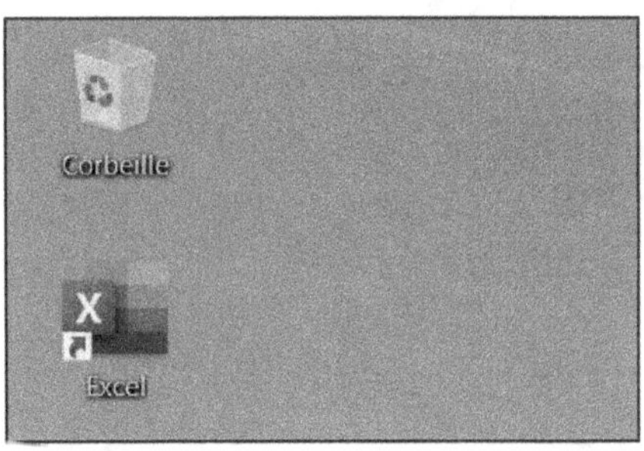

- Créez un nouveau classeur :

  "Fichier" > "Nouveau" > "Classeur vierge".

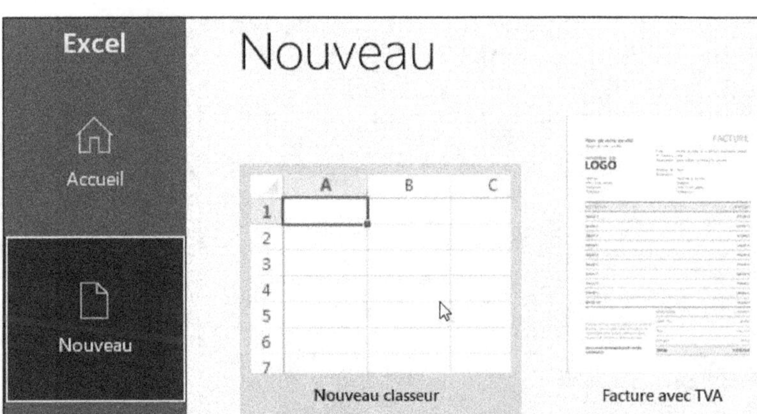

3.1.2. Entrer des données de base :

- Cliquez sur la cellule A1 et tapez "Nom", puis Appuyez sur "Entrée".
- Cliquez sur la cellule B1 et tapez "Âge", puis Appuyez sur "Entrée".
- Cliquez sur la cellule C1 et tapez "Date de naissance", puis Appuyez sur "Entrée".
- Cliquez sur la cellule A2 et tapez "Alice", puis Appuyez sur "Entrée".
- Cliquez sur la cellule B2 et tapez "12", puis Appuyez sur "Entrée".
- Cliquez sur la cellule C2 et tapez "01/01/2012", puis Appuyez sur "Entrée".
- Cliquez sur la cellule C3 et tapez "01/01/2011", puis Appuyez sur "Entrée".

	A	B	C
1	Nom	Âge	Date de naissance
2	Alicia	12	01/01/2012
3	Bob	14	01/02/2011
4	Somme des âges	26	

3.1.3. Formater le texte :

- Sélectionne le cellule A1 à C1.
- Cliquez sur l'onglet "Accueil" dans le ruban en haut de l'écran.
- Dans le groupe "Police", Cliquez sur l'icône "Gras" (B) pour mettre le texte en gras.

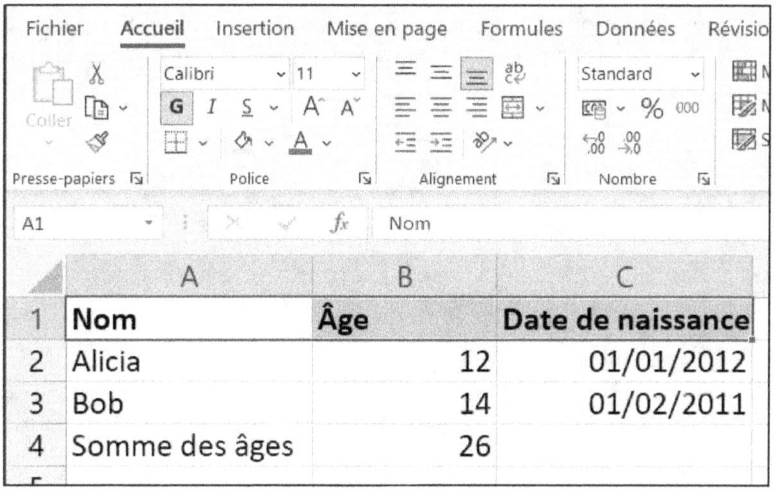

- Cliquez sur l'icône "Couleur de police" (A avec une couleur) pour changer la couleur du texte, puis Choisissez une couleur dans la palette.

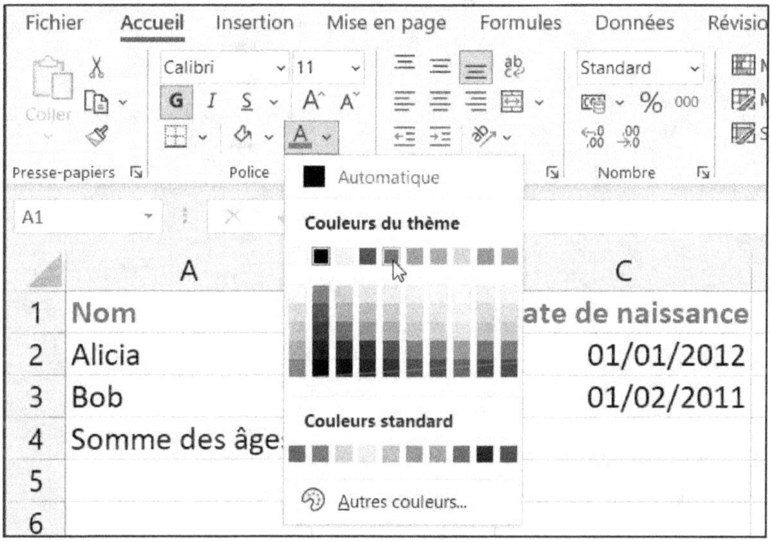

3.1.4. Formater les nombres :

- Sélectionnez les cellules B2 à B4.

- Cliquez sur l'onglet "Accueil".

- Dans le groupe "Nombre", Cliquez sur la flèche déroulante à côté de "Général" et sélectionne "Nombre" pour formater la cellule comme un nombre.

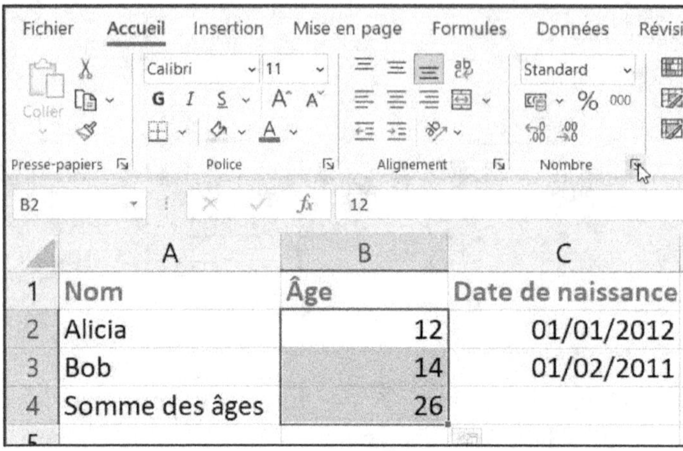

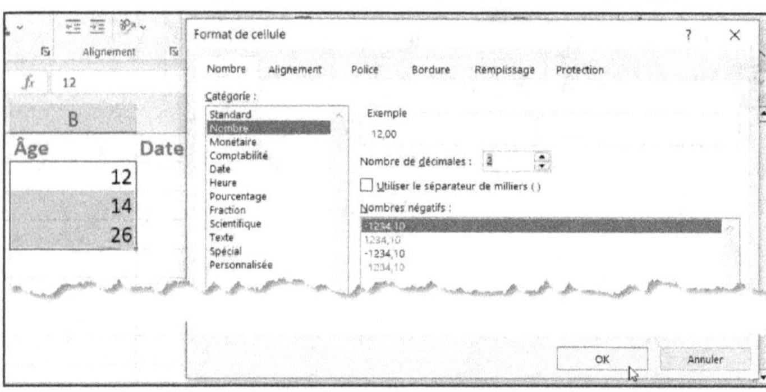

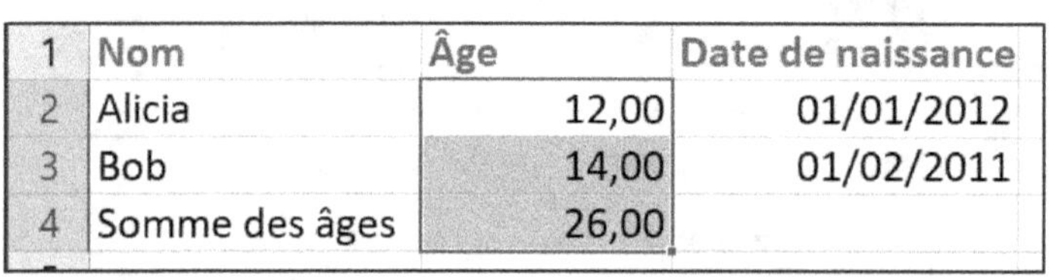

- Vous pouvez aussi utiliser les boutons d'augmentation ou de diminution des décimales pour ajuster le nombre de décimales affichées.

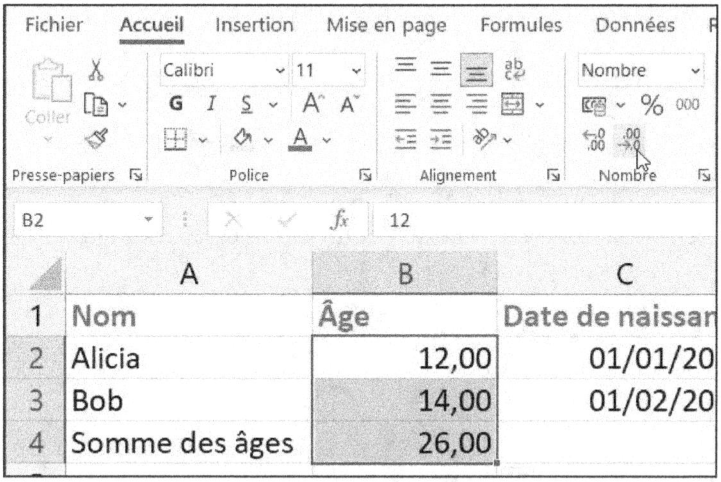
Fichier
Accueil
Insertion
Mise en page
Formules
Données
Coller
Calibri
11
Nombre
Presse-papiers
Police
Alignement
Nombre
B2
12
Nom
Âge
Date de naissan
Alicia
12,00
01/01/20
Bob
14,00
01/02/20
Somme des âges
26,00

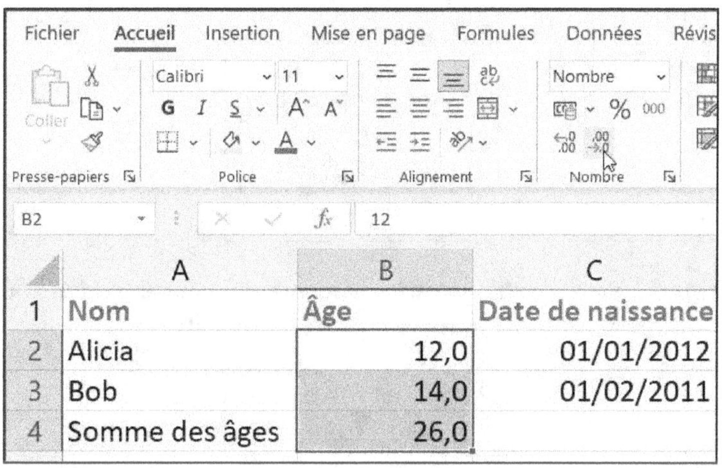
Fichier
Accueil
Insertion
Mise en page
Formules
Données
Révis
Coller
Calibri
11
Nombre
Presse-papiers
Police
Alignement
Nombre
B2
12
Nom
Âge
Date de naissance
Alicia
12,0
01/01/2012
Bob
14,0
01/02/2011
Somme des âges
26,0

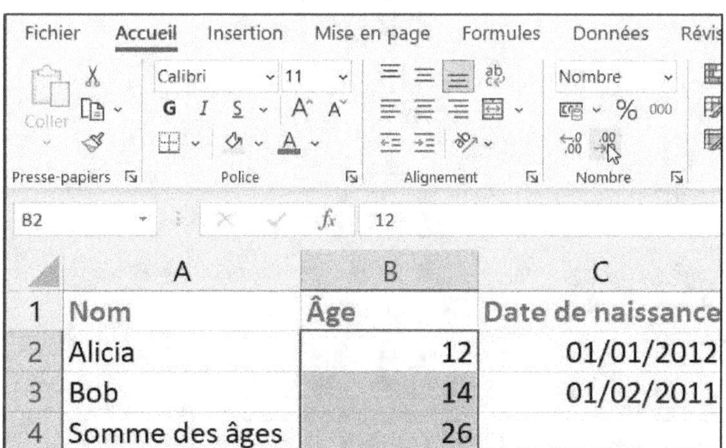
Fichier
Accueil
Insertion
Mise en page
Formules
Données
Révis
Coller
Calibri
11
Nombre
Presse-papiers
Police
Alignement
Nombre
B2
12
Nom
Âge
Date de naissance
Alicia
12
01/01/2012
Bob
14
01/02/2011
Somme des âges
26

3.1.5. Formater les dates :

- Sélectionnez les cellules C2 et C3.
- Cliquez sur l'onglet "Accueil".
- Dans le groupe "Nombre", Cliquez sur la flèche déroulante à côté de "Général" et sélectionnez "Date courte" pour formater la cellule comme une date courte (JJ/MM/AAAA).

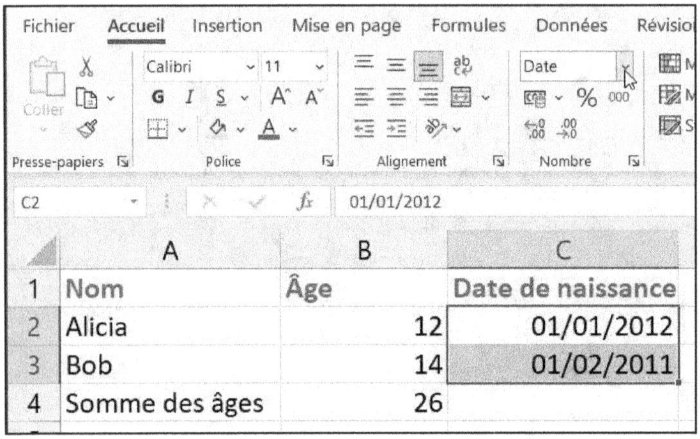

- Si vous préférez un autre format de date, sélectionnez "Date longue" ou Cliquez sur "Plus de formats de nombre" pour voir plus d'options.

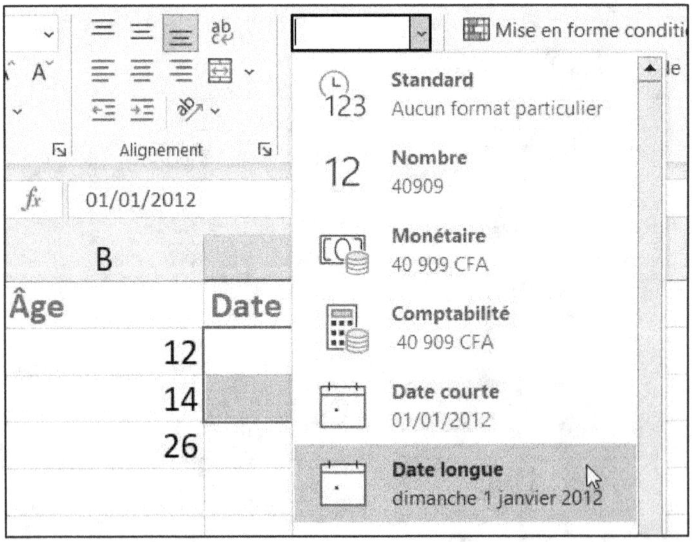

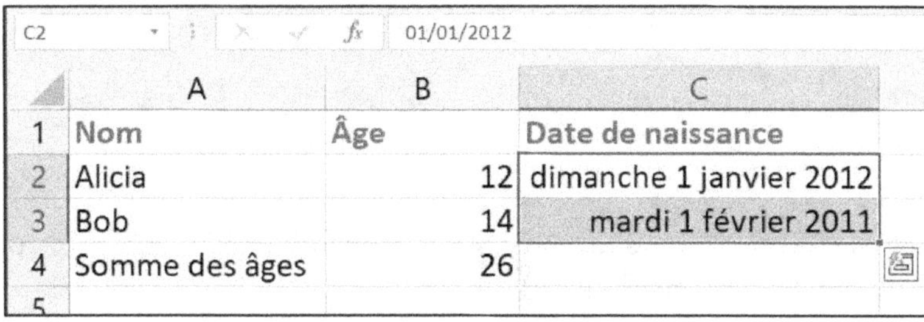

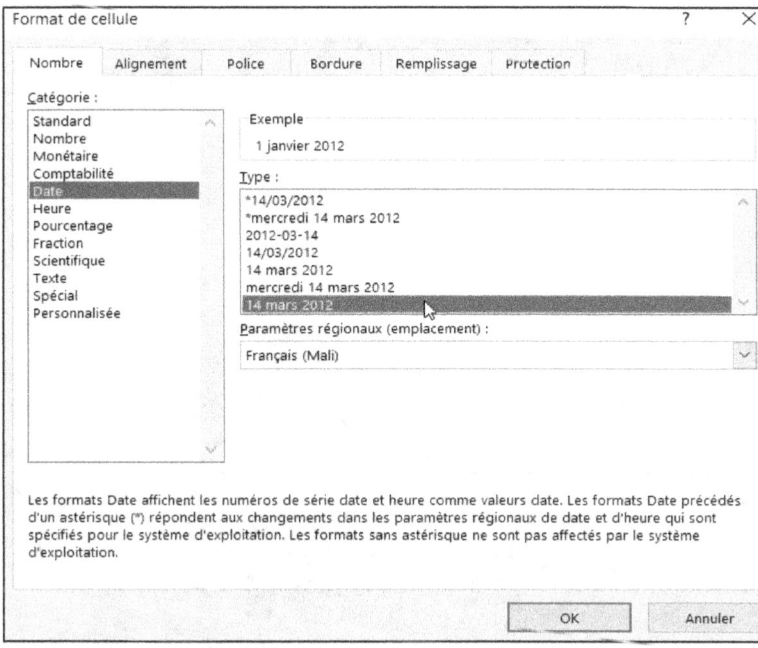

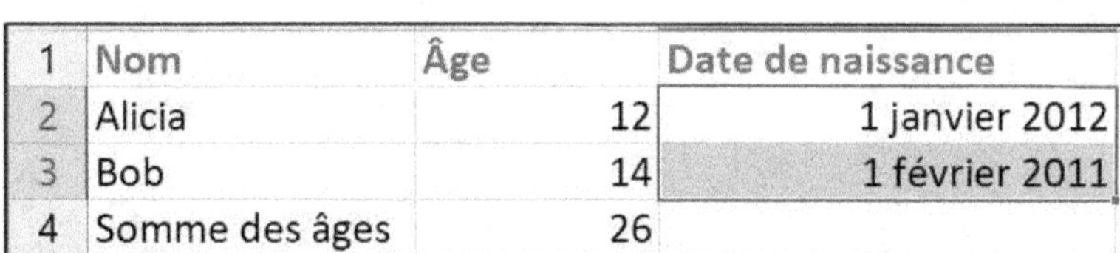

3.1.6. Aligner le texte dans les cellules :

- Sélectionnez les cellules A1, B1 et C1.
- Dans le groupe "Alignement" de l'onglet "Accueil", Cliquez sur "Centrer" pour centrer le texte horizontalement.
- Cliquez sur "Aligner en haut" pour aligner le texte en haut de la cellule.

3.1.7. Appliquer un style de cellule :

- Sélectionnez les cellules A2 et A3.
- Cliquez sur l'onglet "Accueil".
- Dans le groupe "Styles", Cliquez sur "Styles de cellule" et Choisissez un style prédéfini (par exemple, "Titre").

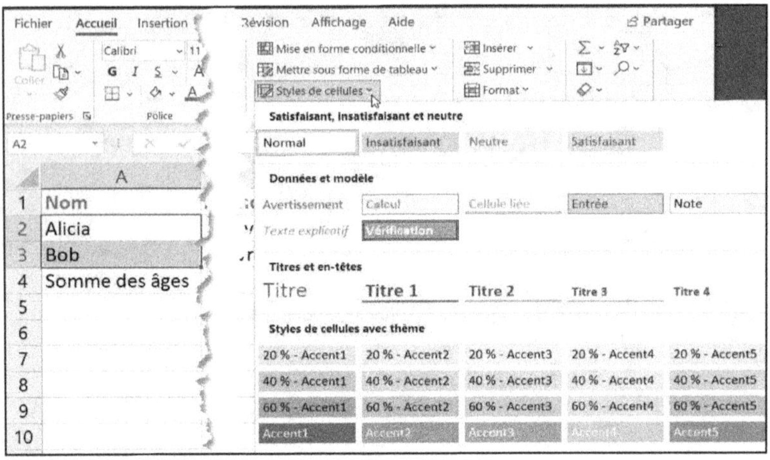

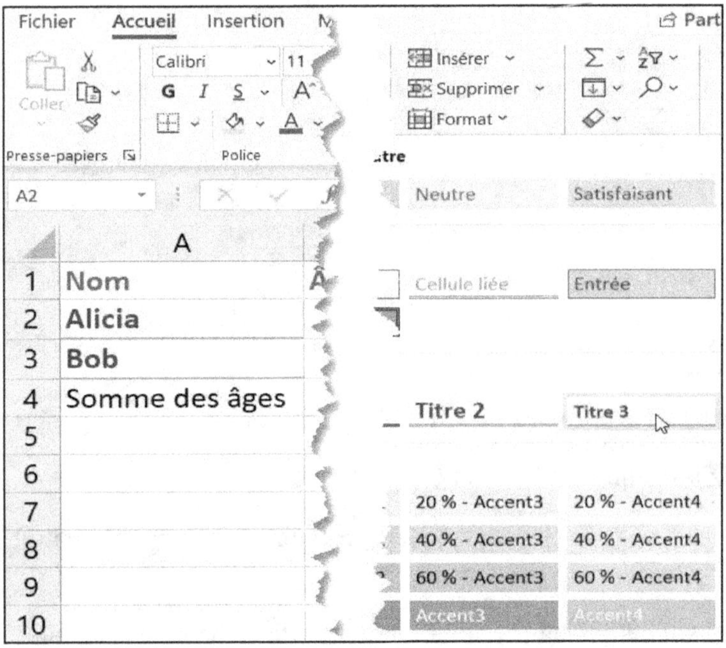

	A	B	C
1	Nom	Âge	Date de naissance
2	Alicia	12	1 janvier 2012
3	Bob	14	1 février 2011
4	Somme des âges	26	

3.1.8. Utiliser la mise en forme conditionnelle :

- Sélectionnez les cellules B2 et B3.
- Cliquez sur l'onglet "Accueil".
- Dans le groupe "Styles", Cliquez sur "Mise en forme conditionnelle".

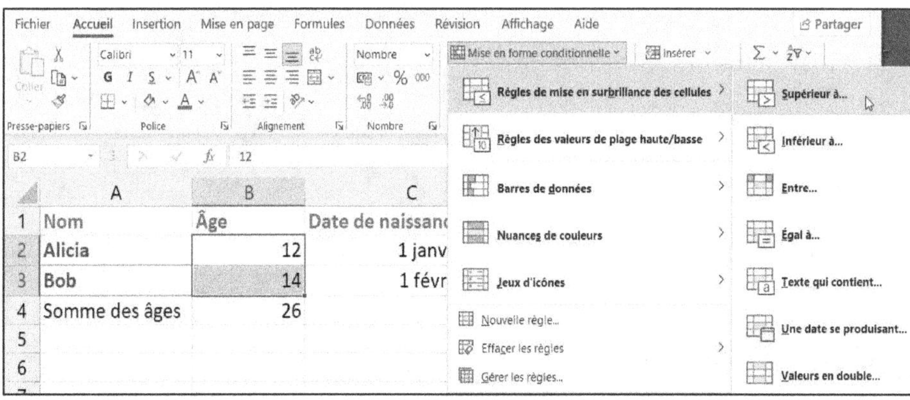

- Choisissez "Règles de surbrillance des cellules" > "Supérieur à..." et entre "13" pour mettre en surbrillance les valeurs supérieures à 13.

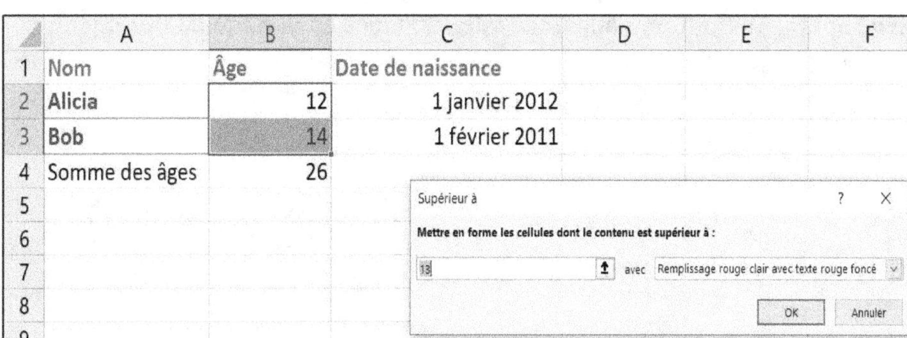

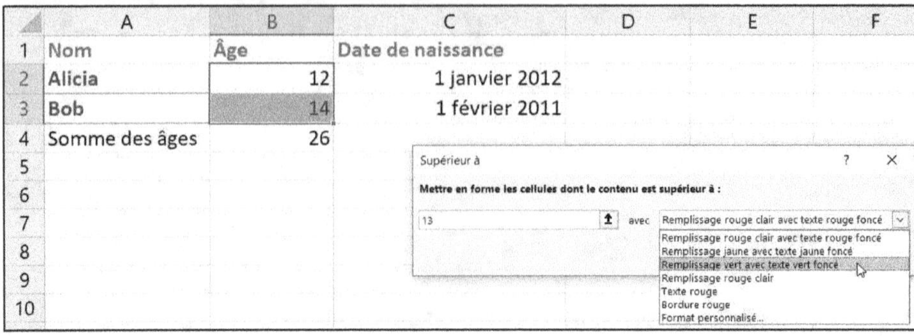

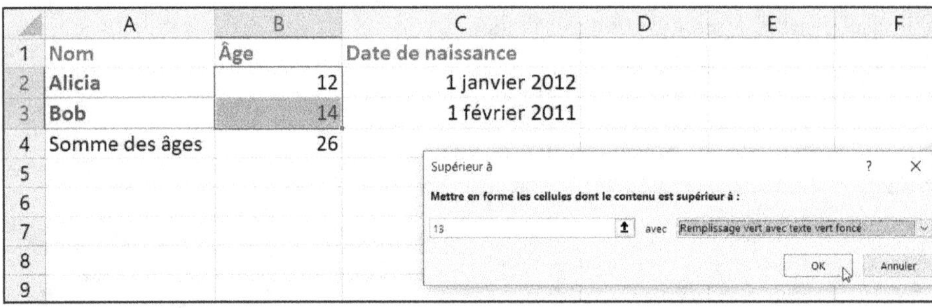

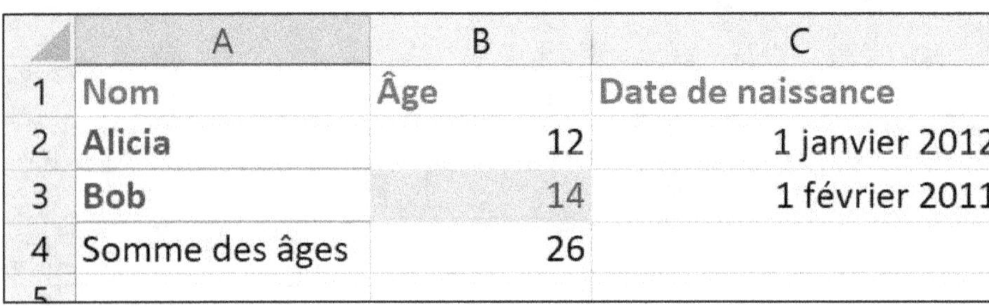

Résumé de la leçon : Vous savez maintenant comment formater les cellules pour afficher du texte, des nombres et des dates de manière spécifique. Vous avez appris à modifier l'apparence des données en appliquant des styles, des couleurs et des alignements. Ces compétences vous permettront de présenter vos données de manière claire et professionnelle.

3.2- Ajuster la largeur des colonnes et la hauteur des lignes

Introduction : Ajuster la largeur des colonnes et la hauteur des lignes dans Excel est essentiel pour que vos données soient bien visibles et correctement alignées. Cette leçon vous montrera comment redimensionner les colonnes et les lignes pour améliorer la présentation de vos feuilles de calcul.

Exemple Pratique : Nous allons ajuster la largeur des colonnes et la hauteur des lignes pour rendre les données plus lisibles.

Étapes à réaliser :

3.2.1. Ajuster la largeur des colonnes :

- **Manuellement :** Placez le curseur de la souris sur la ligne de séparation entre les lettres des colonnes A et B en haut de la feuille de calcul. Lorsque le curseur se transforme en double flèche, Cliquez et faites glisser vers la droite pour élargir la colonne A jusqu'à ce que tout le texte soit visible.

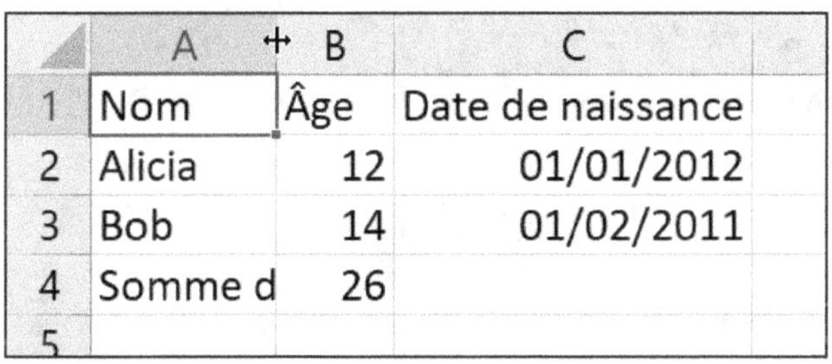

	A	B	C
1	Nom	Âge	Date de naissance
2	Alicia	12	01/01/2012
3	Bob	14	01/02/2011
4	Somme d	26	
5			

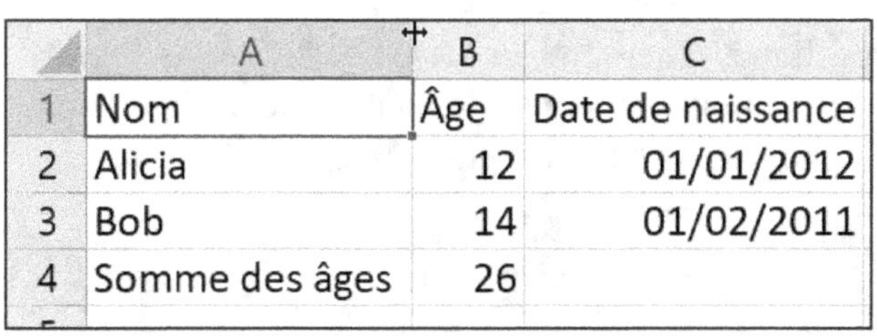

	A	B	C
1	Nom	Âge	Date de naissance
2	Alicia	12	01/01/2012
3	Bob	14	01/02/2011
4	Somme des âges	26	

- **Double-Cliquez :** Placez le curseur de la souris sur la ligne de séparation entre les lettres des colonnes B et C. Double-Cliquez sur la ligne de séparation. Excel ajustera automatiquement la largeur de la colonne A pour qu'elle s'adapte au contenu le plus large de cette colonne.

	A	B	C
1	Nom	Âge	Date de naissance
2	Alicia	12	01/01/2012
3	Bob	14	01/02/2011
4	Somme des âges	26	

	A	B	C
1	Nom	Âge	Date de naissance
2	Alicia	12	01/01/2012
3	Bob	14	01/02/2011
4	Somme des âges	26	

3.2.2. Ajuster la hauteur des lignes :

- **Manuellement :** Placez le curseur de la souris sur la ligne de séparation entre les numéros des lignes 1 et 2 à gauche de la feuille de calcul. Lorsque le curseur se transforme en double flèche, Cliquez et faites glisser vers le bas pour augmenter la hauteur de la ligne 1.

	A	B	C
1	Nom	Âge	Date de naissance
2	Alicia	12	01/01/2012
3	Bob	14	01/02/2011
4	Somme des âges	26	

- **Double-Cliquez :** Placez le curseur de la souris sur la ligne de séparation entre les numéros des lignes 1 et 2. Double-Cliquez sur la ligne de séparation. Excel ajustera automatiquement la hauteur de la ligne 1 pour qu'elle s'adapte au contenu le plus haut de cette ligne.

	A	B	C
1	Nom	Âge	Date de naissance
2	Alicia	12	01/01/2012
3	Bob	14	01/02/2011
4	Somme des âges	26	

	A	B	C
1	Nom	Âge	Date de naissance
2	Alicia	12	01/01/2012
3	Bob	14	01/02/2011
4	Somme des âges	26	

3.2.3. Ajuster plusieurs colonnes et lignes en même temps :

- **Colonnes :** Sélectionnez les colonnes A et B en cliquant et maintenant la touche de la souris enfoncée sur la lettre A puis en glissant vers la lettre B. Placez le curseur de la souris sur la ligne de séparation entre les lettres des colonnes A et B. Lorsque le curseur se transforme en double flèche, Cliquez et faites glisser pour ajuster les deux colonnes en même temps.

	A	B	C
1	Nom	Âge	Date de naissance
2	Alicia	12	01/01/2012
3	Bob	14	01/02/2011
4	Somme des âges	26	

	A	B	C
1	Nom	Âge	Date de naissance
2	Alicia	12	01/01/2012
3	Bob	14	01/02/2011
4	Somme des âges	26	

	A	B	C
1	Nom	Âge	Date de naissance
2	Alicia	12	01/01/2012
3	Bob	14	01/02/2011
4	Somme des â	26	

- **Lignes :** Sélectionnez les lignes 1 à 3 en cliquant et maintenant la touche de la souris enfoncée sur le numéro 1 puis en glissant vers le numéro 3. Placez le curseur de la souris sur la ligne de séparation entre les numéros des lignes 1 et 2. Lorsque le curseur se transforme en double flèche, Cliquez et faites glisser pour ajuster les trois lignes en même temps.

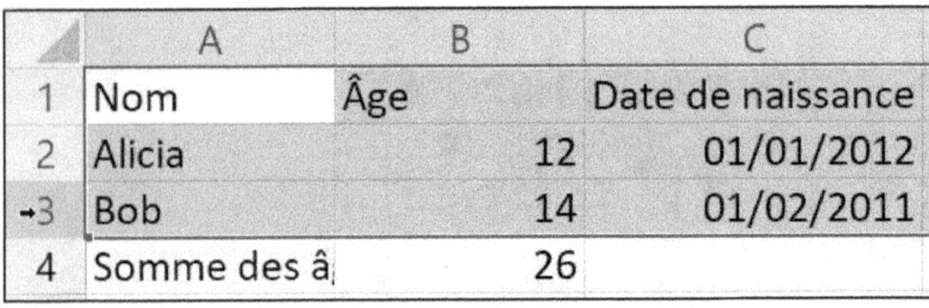

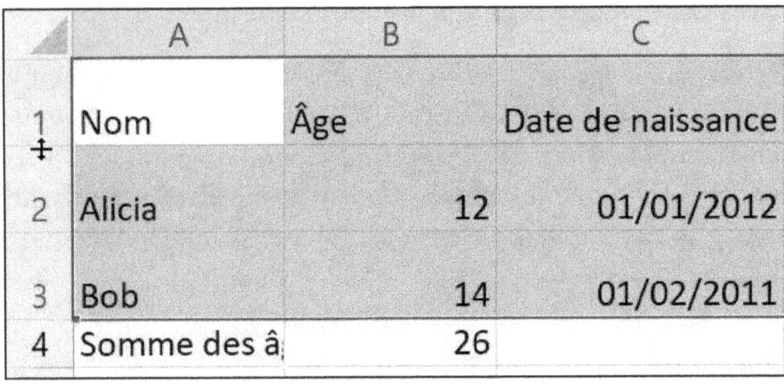

3.2.4. Ajuster à une taille spécifique :

- **Colonnes :** Cliquez avec le bouton droit sur la lettre de la colonne A, puis Sélectionnez "Largeur de colonne...". Tapez une valeur (par exemple, 15) et Cliquez sur "OK".

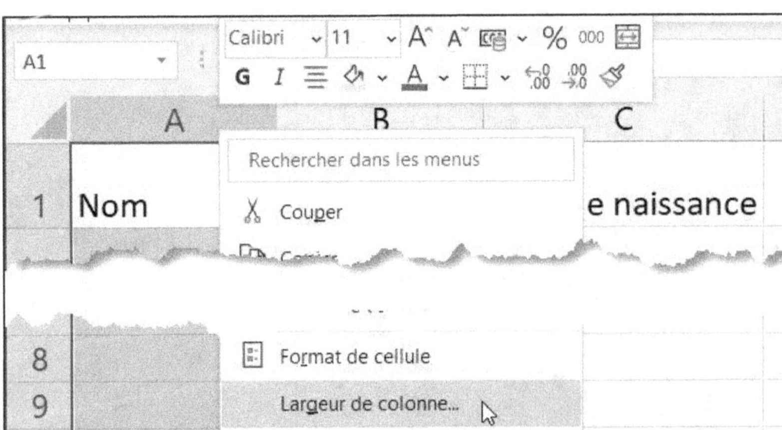

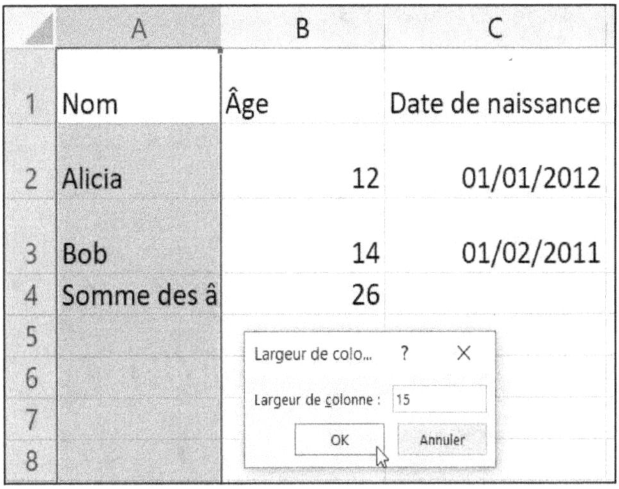

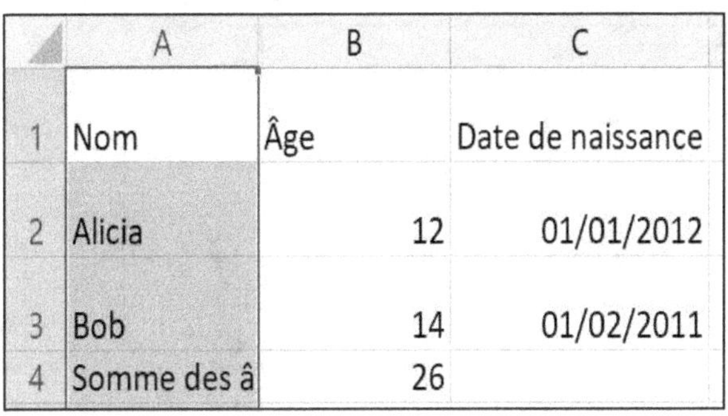

- **Lignes :** Cliquez avec le bouton droit sur le numéro de la ligne 1, puis Sélectionnez "Hauteur de ligne...". Tapez une valeur (par exemple, 20) et Cliquez sur "OK".

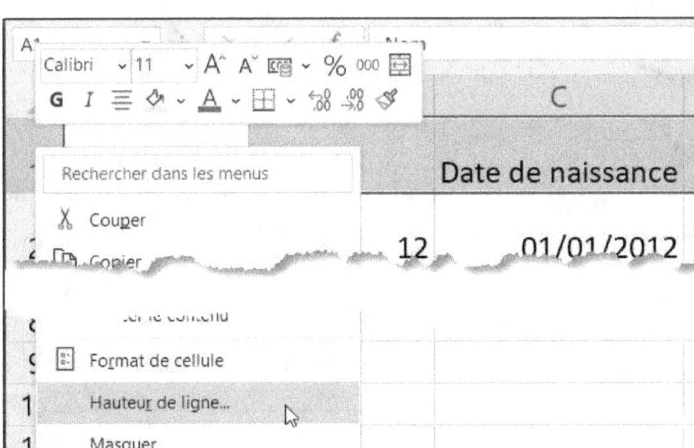

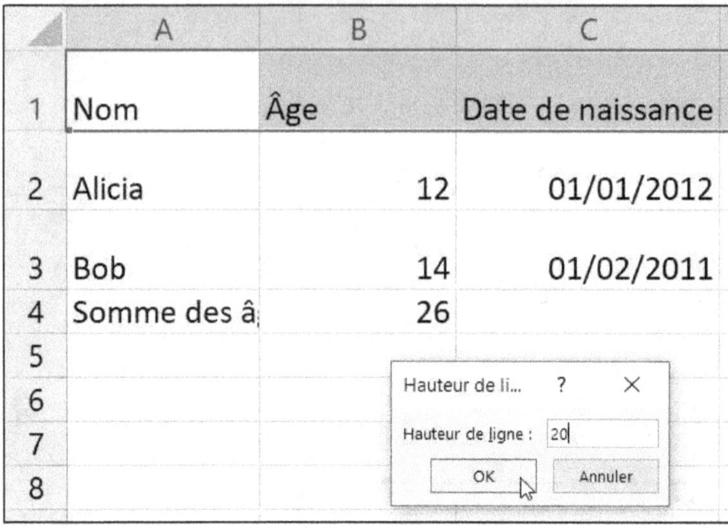

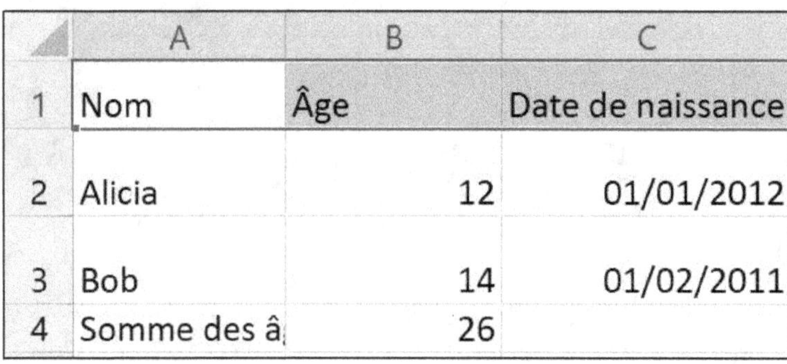

3.2.5. Utiliser le ruban :

- Sélectionnez la colonne ou la ligne que vous souhaitez ajuster.
- Cliquez sur l'onglet "Accueil" dans le ruban.
- Dans le groupe "Cellules", Cliquez sur "Format".
- Sélectionnez "Largeur de colonne" ou "Hauteur de ligne" et entrez une valeur spécifique.

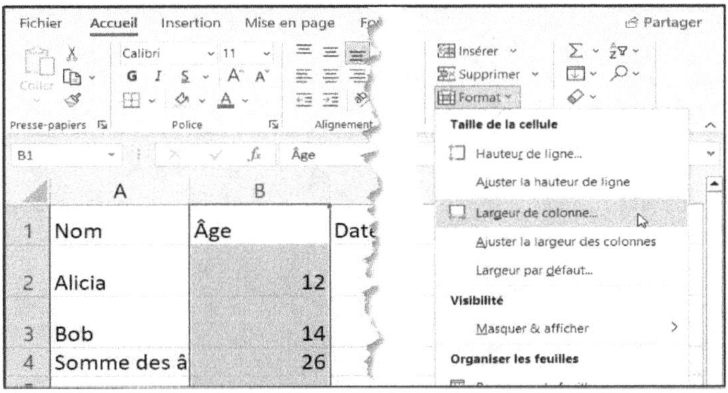

Résumé de la leçon : Vous savez maintenant comment ajuster la largeur des colonnes et la hauteur des lignes dans Excel, à la fois manuellement et en utilisant des valeurs spécifiques. Ces compétences vous permettront de rendre vos feuilles de calcul plus lisibles et mieux organisées.

3.3- Utiliser les mises en forme conditionnelles

Introduction : Les mises en forme conditionnelles dans Excel vous permettent de mettre en évidence des cellules spécifiques en fonction de critères que vous définissez. Cela peut rendre vos données plus visuelles et plus faciles à analyser. Cette leçon vous montrera comment appliquer des mises en forme conditionnelles pour différentes conditions.

Exemple Pratique : Nous allons entrer des données et utiliser des mises en forme conditionnelles pour les mettre en évidence en fonction de différents critères.

Étapes à réaliser :

3.3.1. Ouvrir Excel :

- Cliquez sur l'icône d'Excel pour ouvrir le programme.

- Créez un nouveau classeur :

  "Fichier" > "Nouveau" > "Classeur vierge".

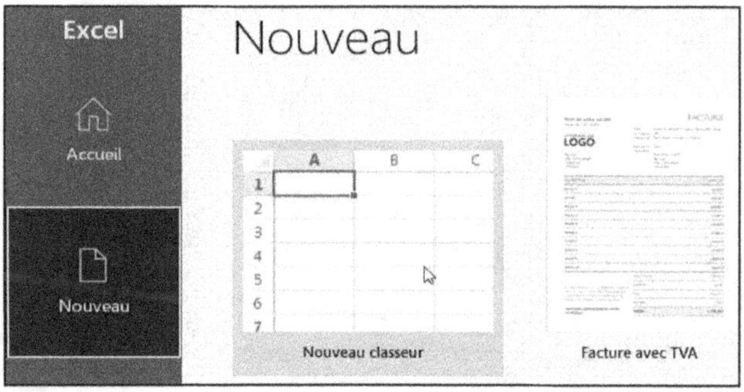

3.3.2. Entrer des données de base :

- Cliquez sur la cellule A1 et tapez "Nom", puis Appuyez sur "Entrée".
- Cliquez sur la cellule B1 et tapez "Score", puis Appuyez sur "Entrée".
- Cliquez sur la cellule A2 et tapez "Alice", puis Appuyez sur "Entrée".
- Cliquez sur la cellule B2 et tapez "85", puis Appuyez sur "Entrée".
- Cliquez sur la cellule A3 et tapez "Bob", puis Appuyez sur "Entrée".
- Cliquez sur la cellule B3 et tapez "78", puis Appuyez sur "Entrée".
- Cliquez sur la cellule A4 et tapez "Charlie", puis Appuyez sur "Entrée".
- Cliquez sur la cellule B4 et tapez "92", puis Appuyez sur "Entrée".
- Cliquez sur la cellule A5 et tapez "David", puis Appuyez sur "Entrée".
- Cliquez sur la cellule B5 et tapez "88", puis Appuyez sur "Entrée".
- Cliquez sur la cellule A6 et tapez "Eva", puis Appuyez sur "Entrée".
- Cliquez sur la cellule B6 et tapez "75", puis Appuyez sur "Entrée".

3.3.3. Appliquer une mise en forme conditionnelle pour les valeurs supérieures à un certain seuil :

- Sélectionnez la plage de données B2:B6.
- Cliquez sur l'onglet "Accueil" dans le ruban en haut de l'écran.
- Dans le groupe "Styles", Cliquez sur "Mise en forme conditionnelle".
- Sélectionnez "Règles de surbrillance des cellules" > "Supérieur à...".

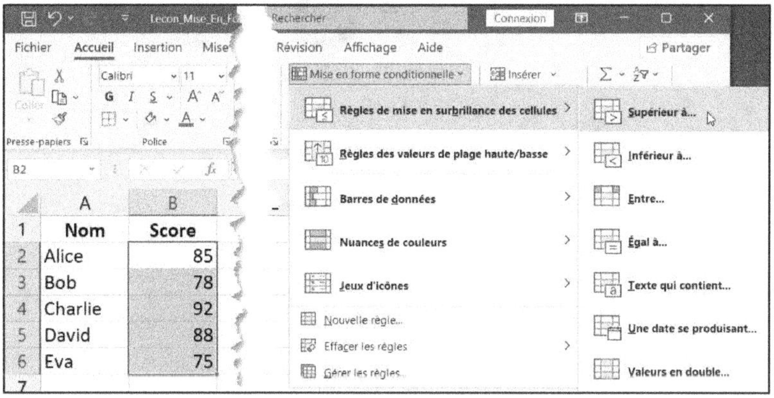

- Dans la fenêtre qui s'ouvre, entrez "80" dans le champ de gauche.
- Choisissez une mise en forme (par exemple, remplissage rouge clair avec texte rouge foncé) et Cliquez sur "OK". Les cellules contenant des valeurs supérieures à 80 seront mises en évidence.

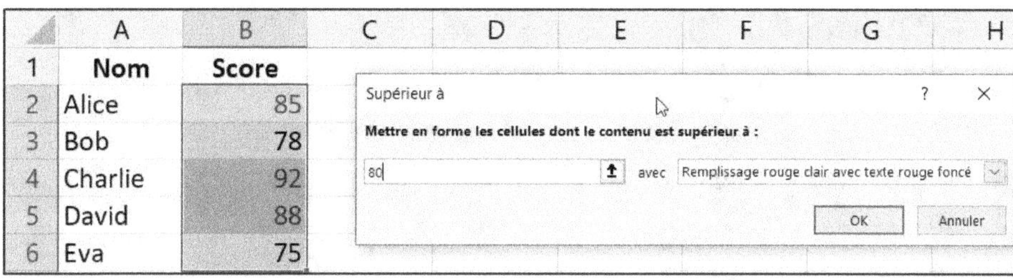

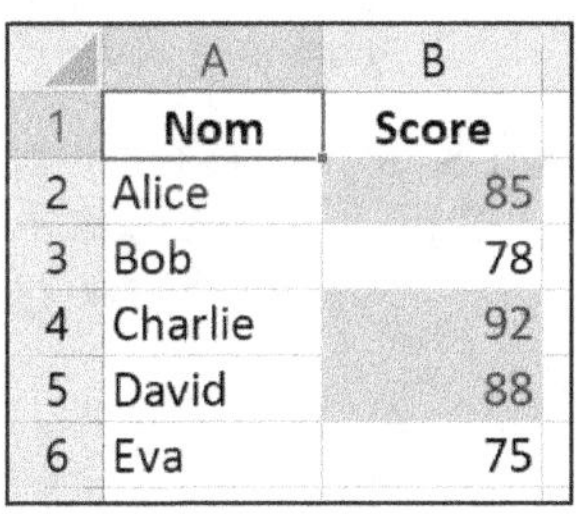

3.3.4. Appliquer une mise en forme conditionnelle pour les valeurs inférieures à un certain seuil :

- Sélectionnez la plage de données B2:B6.
- Cliquez sur "Mise en forme conditionnelle".
- Sélectionnez "Règles de surbrillance des cellules" > "Inférieur à..."

- Dans la fenêtre qui s'ouvre, entrez "80" dans le champ de gauche.

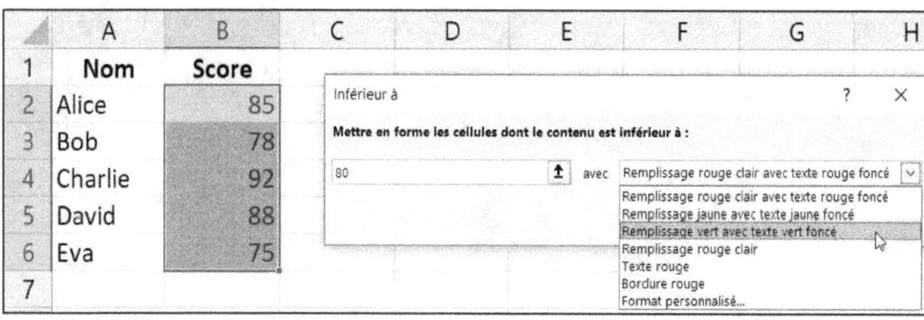

- Choisissez une mise en forme (par exemple, remplissage vert clair avec texte vert foncé) et Cliquez sur "OK". Les cellules contenant des valeurs inférieures à 80 seront mises en évidence.

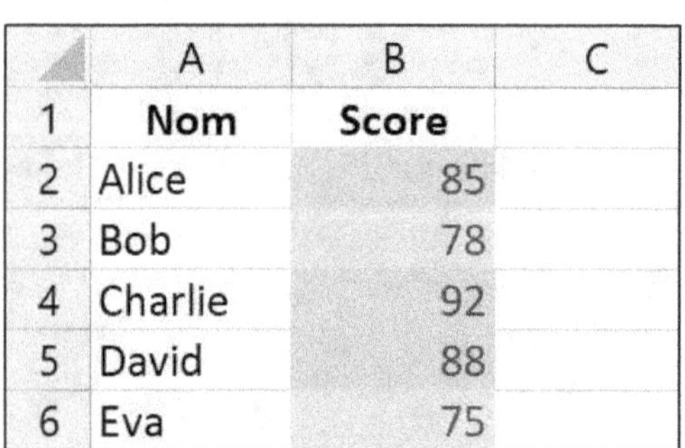

3.3.5. Appliquer une mise en forme conditionnelle pour les valeurs égales à un certain seuil :

- Sélectionnez la plage de données B2:B6.
- Cliquez sur "Mise en forme conditionnelle".
- Sélectionnez "Règles de surbrillance des cellules" > "Égal à...".

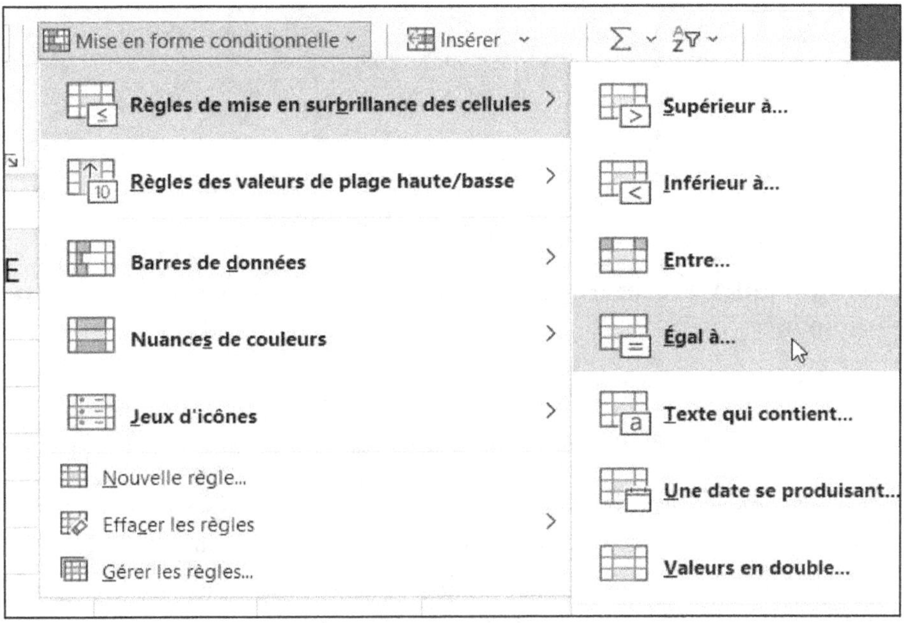

- Dans la fenêtre qui s'ouvre, entrez "85" dans le champ de gauche.
- Choisissez une mise en forme (par exemple, remplissage jaune clair avec texte jaune foncé) et Cliquez sur "OK". Les cellules contenant la valeur 85 seront mises en évidence.

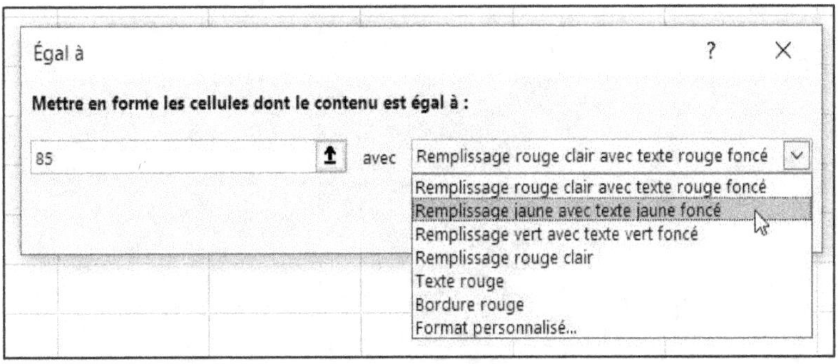

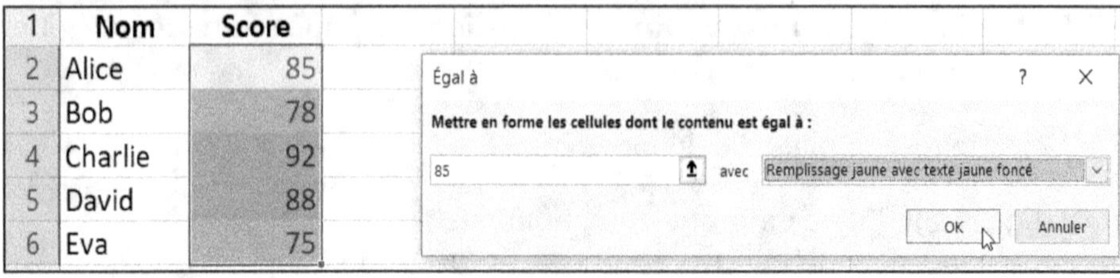

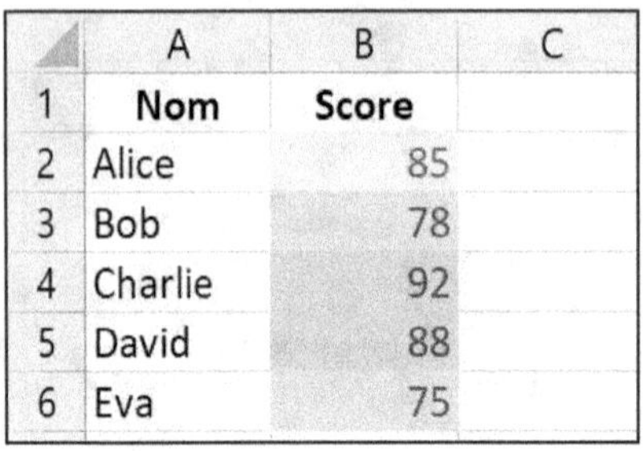

3.3.6. Appliquer une mise en forme conditionnelle basée sur une barre de données :

- Sélectionnez la plage de données B2:B6.
- Cliquez sur "Mise en forme conditionnelle".
- Sélectionnez "Barres de données" et Choisissez un style de barre de données. Les cellules seront remplies avec une barre indiquant leur valeur relative par rapport aux autres cellules.

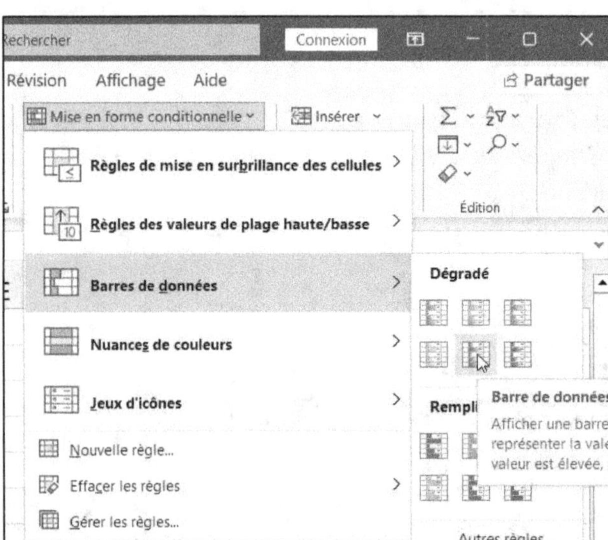

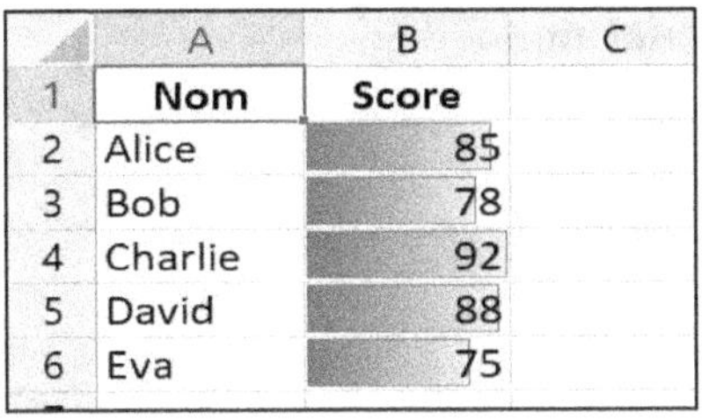

	A	B	C
1	Nom	Score	
2	Alice	85	
3	Bob	78	
4	Charlie	92	
5	David	88	
6	Eva	75	

3.3.7. Appliquer une mise en forme conditionnelle avec des jeux d'icônes :

- Sélectionnez la plage de données B2:B6.
- Cliquez sur "Mise en forme conditionnelle".
- Sélectionnez "Jeux d'icônes" et Choisissez un style d'icônes (par exemple, des flèches ou des points colorés). Les cellules seront marquées avec des icônes représentant leurs valeurs relatives.

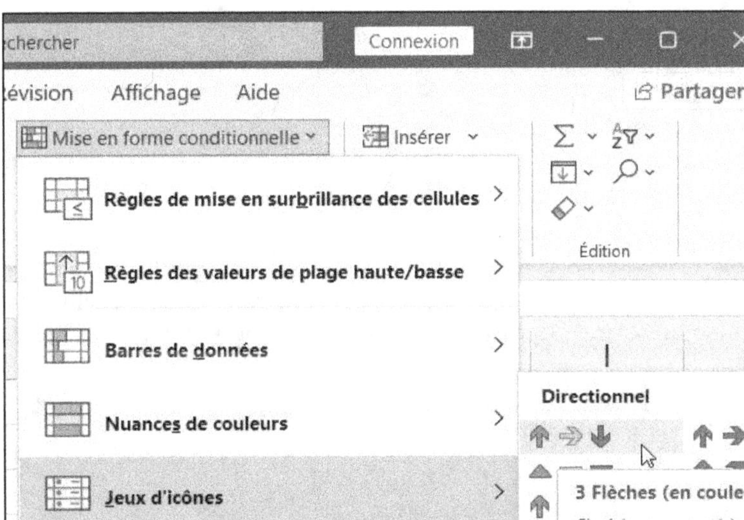

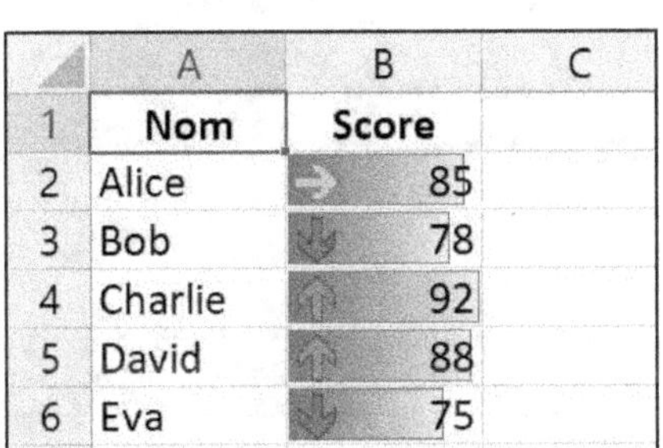

	A	B	C
1	Nom	Score	
2	Alice	85	
3	Bob	78	
4	Charlie	92	
5	David	88	
6	Eva	75	

3.3.8. Gérer les règles de mise en forme conditionnelle :

- Cliquez sur "Mise en forme conditionnelle".
- Sélectionnez "Gérer les règles...".

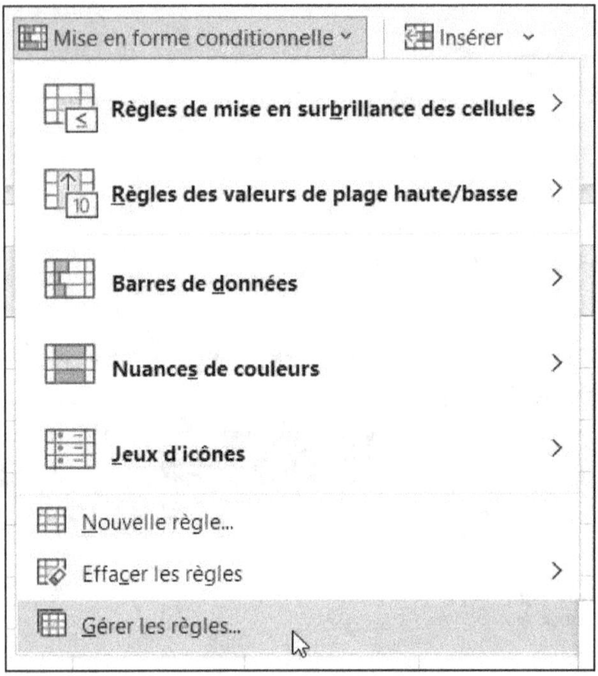

- Dans la fenêtre qui s'ouvre, Vous pouvez voir, éditer ou supprimer les règles de mise en forme conditionnelle appliquées à la plage de cellules sélectionnée.

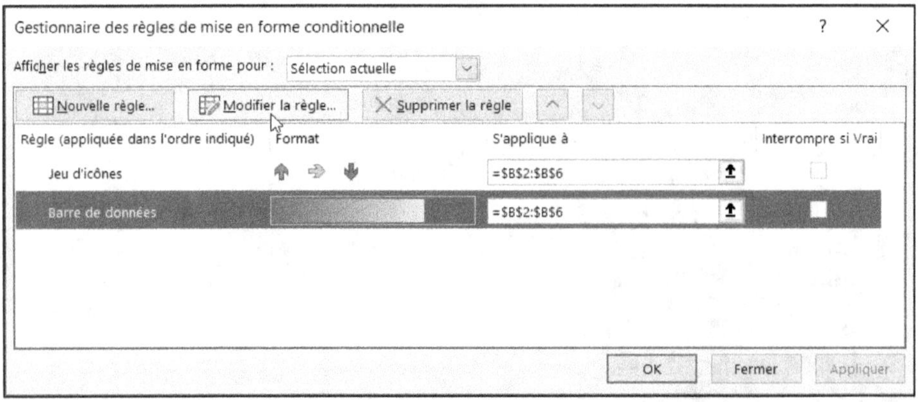

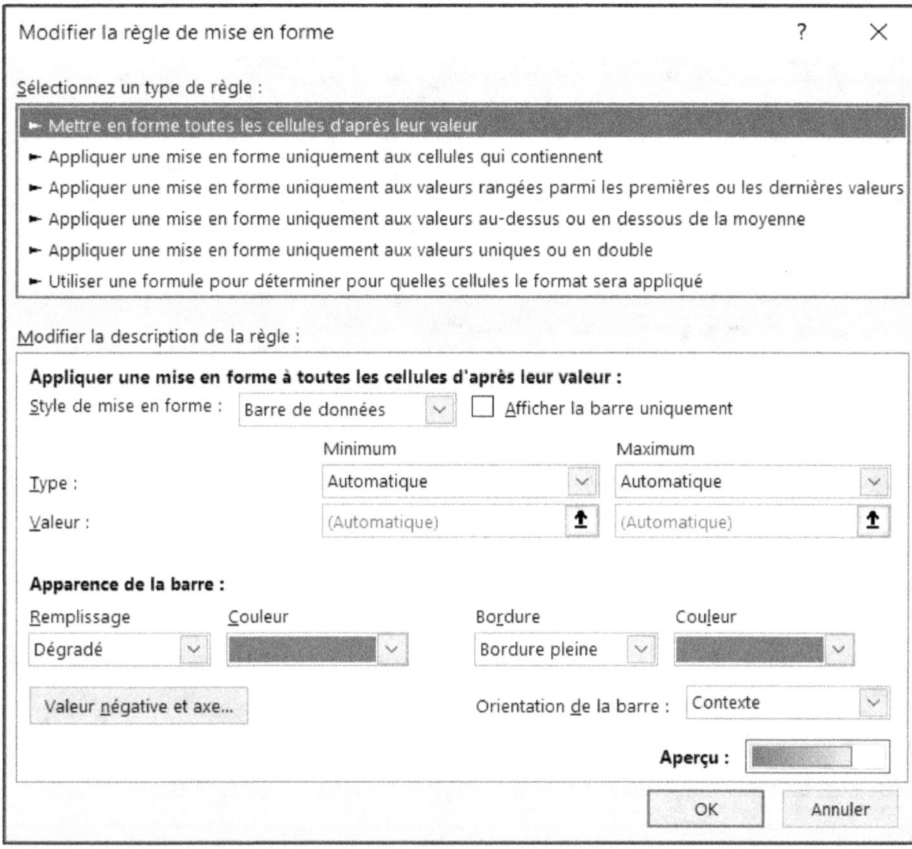
Modifier la règle de mise en forme
?
Sélectionnez un type de règle :
► Mettre en forme toutes les cellules d'après leur valeur
► Appliquer une mise en forme uniquement aux cellules qui contiennent
► Appliquer une mise en forme uniquement aux valeurs rangées parmi les premières ou les dernières valeurs
► Appliquer une mise en forme uniquement aux valeurs au-dessus ou en dessous de la moyenne
► Appliquer une mise en forme uniquement aux valeurs uniques ou en double
► Utiliser une formule pour déterminer pour quelles cellules le format sera appliqué
Modifier la description de la règle :
Appliquer une mise en forme à toutes les cellules d'après leur valeur :
Style de mise en forme :
Barre de données
Afficher la barre uniquement
Minimum
Maximum
Type :
Automatique
Automatique
Valeur :
(Automatique)
(Automatique)
Apparence de la barre :
Remplissage
Couleur
Bordure
Couleur
Dégradé
Bordure pleine
Valeur négative et axe...
Orientation de la barre :
Contexte
Aperçu :
OK
Annuler

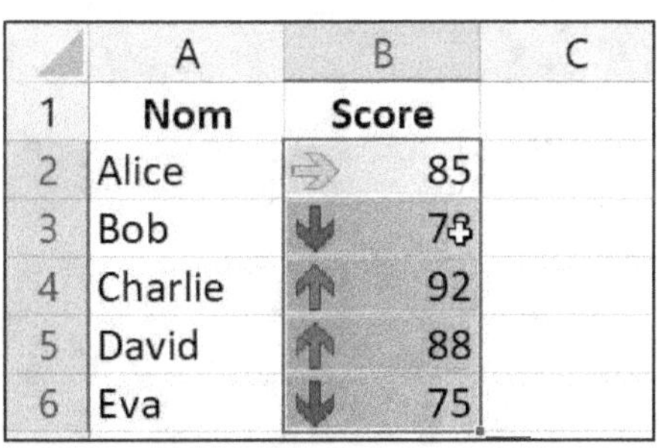
A
B
C
1
Nom
Score
2
Alice
85
3
Bob
78
4
Charlie
92
5
David
88
6
Eva
75

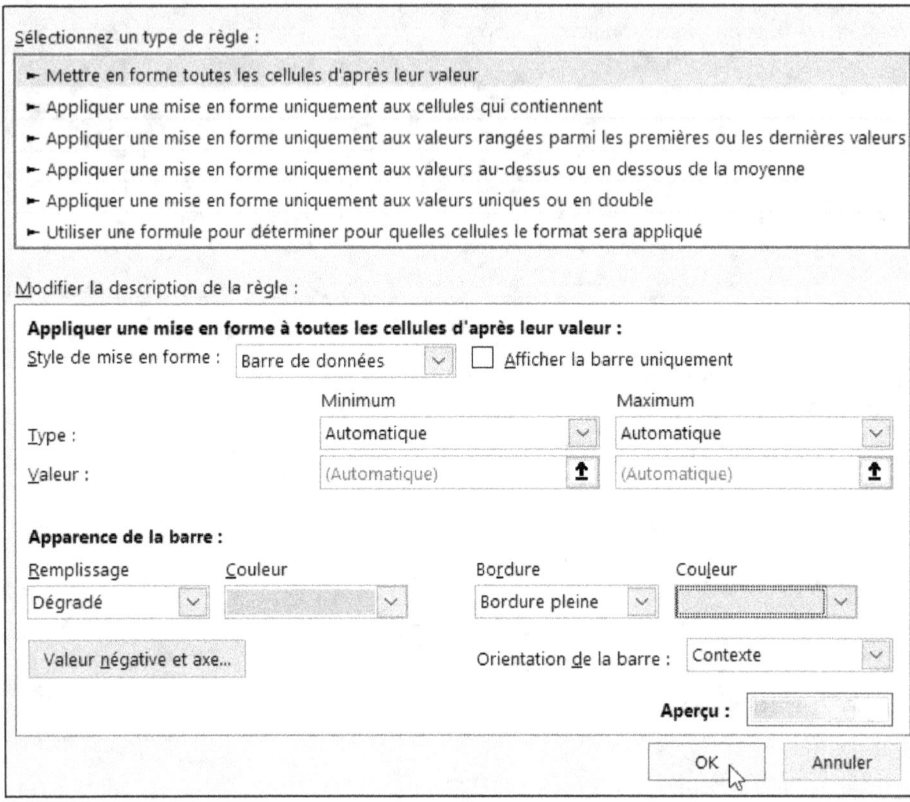

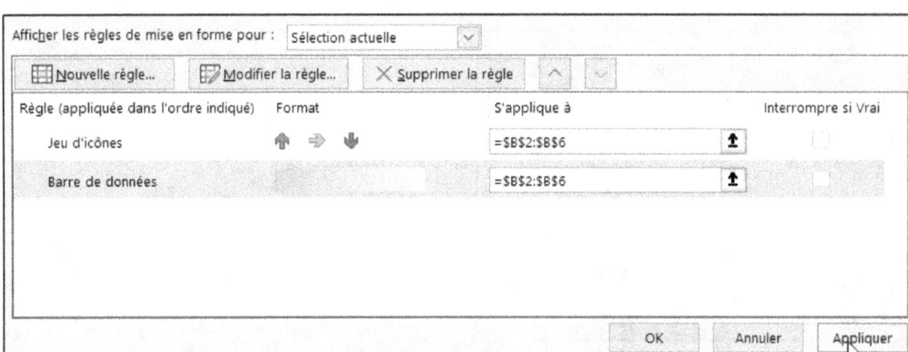

Résumé de la leçon : Vous savez maintenant comment utiliser les mises en forme conditionnelles dans Excel pour mettre en évidence des cellules en fonction de différents critères. Cette compétence vous permettra de rendre vos données plus visuelles et plus faciles à analyser.

CHAPITRE 4 :
TRAVAILLER AVEC LES FORMULES

4.1. Utiliser les formules de base (somme, moyenne, minimum, maximum)
4.2. Recopier une formule avec la poignée de recopie
4.3. Utiliser les références relatives et absolues

Les formules sont le cœur de la puissance d'Excel. Dans ce chapitre, nous explorerons les formules de base comme SOMME, MOYENNE, et MAX. Vous apprendrez également comment recopier des formules, utiliser des références relatives et absolues, et tirer pleinement parti de ces outils pour automatiser vos calculs.

4.1- Utiliser les formules de base (somme, moyenne, minimum, maximum)

Introduction : Les formules de base dans Excel vous permettent de réaliser des calculs simples et rapides sur vos données. Les fonctions SOMME, MOYENNE, MIN et MAX sont parmi les plus couramment utilisées pour additionner des valeurs, calculer une moyenne, et trouver les valeurs minimale et maximale d'un ensemble de données.

Exemple Pratique : Nous allons entrer des données dans une feuille de calcul et utiliser les formules SOMME, MOYENNE, MIN et MAX pour analyser ces données.

Étapes à réaliser :

4.1.1. Ouvrir Excel :

- Cliquez sur l'icône d'Excel pour ouvrir le programme.

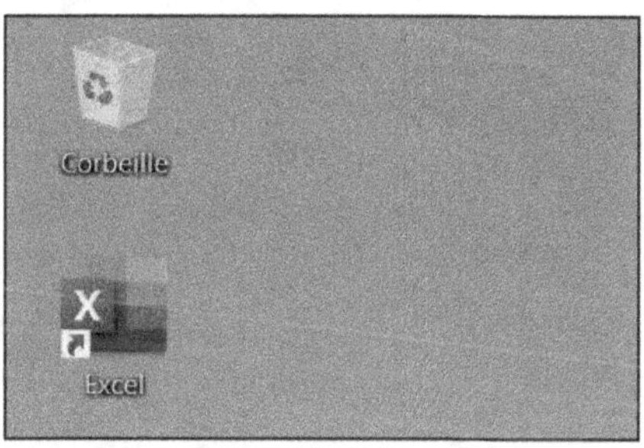

- Créez un nouveau classeur :

  "Fichier" > "Nouveau" > "Classeur vierge".

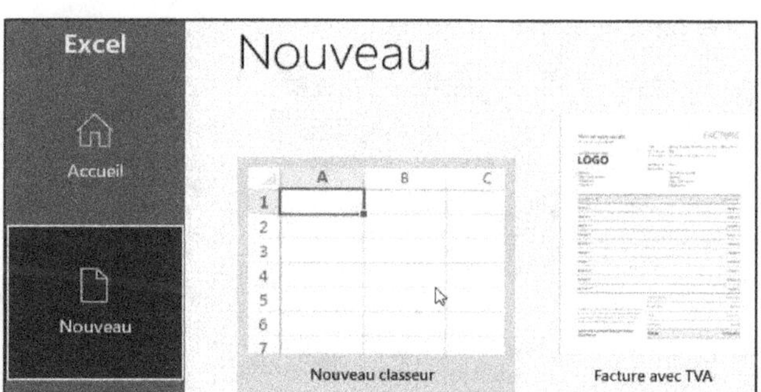

4.1.2. Entrer des données de base :

- Cliquez sur la cellule A1 et tapez "Nom", puis Appuyez sur "Entrée".
- Cliquez sur la cellule B1 et tapez "Score", puis Appuyez sur "Entrée".
- Cliquez sur la cellule A2 et tapez "Alice", puis Appuyez sur "Entrée".
- Cliquez sur la cellule B2 et tapez "85", puis Appuyez sur "Entrée".
- Cliquez sur la cellule A3 et tapez "Bob", puis Appuyez sur "Entrée".
- Cliquez sur la cellule B3 et tapez "90", puis Appuyez sur "Entrée".
- Cliquez sur la cellule A4 et tapez "Charlie", puis Appuyez sur "Entrée".
- Cliquez sur la cellule B4 et tapez "78", puis Appuyez sur "Entrée".
- Cliquez sur la cellule A5 et tapez "David", puis Appuyez sur "Entrée".
- Cliquez sur la cellule B5 et tapez "92", puis Appuyez sur "Entrée".

	A	B
1	**Nom**	**Score**
2	Alice	85
3	Bob	90
4	Charlie	78
5	David	92
6	SOMME	
7	MOYENNE	
8	MIN	
9	MAX	

4.1.3. Utiliser la formule SOMME :

- Cliquez sur la cellule B6.
- Tapez =SOMME(B2:B5) et Appuyez sur "Entrée".

SOMME =SOMME(B2:B5)

	A	B	C
1	**Nom**	**Score**	
2	Alice	85	
3	Bob	90	
4	Charlie	78	
5	David	92	
6	**SOMME**	=SOMME(B2:B5)	
7	**MOYENNE**	SOMME(**nombre1**; [nombre2]; ...)	
8	**MIN**		
9	**MAX**		

- La cellule B6 affichera la somme des scores (85 + 90 + 78 + 92).

	A	B
1	**Nom**	**Score**
2	Alice	85
3	Bob	90
4	Charlie	78
5	David	92
6	**SOMME**	**345**
7	**MOYENNE**	
8	**MIN**	
9	**MAX**	

4.1.4. Utiliser la formule MOYENNE :

- Cliquez sur la cellule B7.
- Tapez =MOYENNE(B2:B5) et Appuyez sur "Entrée".

	A	B	C
1	**Nom**	**Score**	
2	Alice	85	
3	Bob	90	
4	Charlie	78	
5	David	92	
6	**SOMME**	**345**	
7	**MOYENNE**	=MOYENNE(B2:B6)	
8	**MIN**	MOYENNE(**nombre1**; [nombre2]; ...)	
9	**MAX**		

- La cellule B7 affichera la moyenne des scores (calculée en additionnant les scores et en divisant par le nombre de scores).

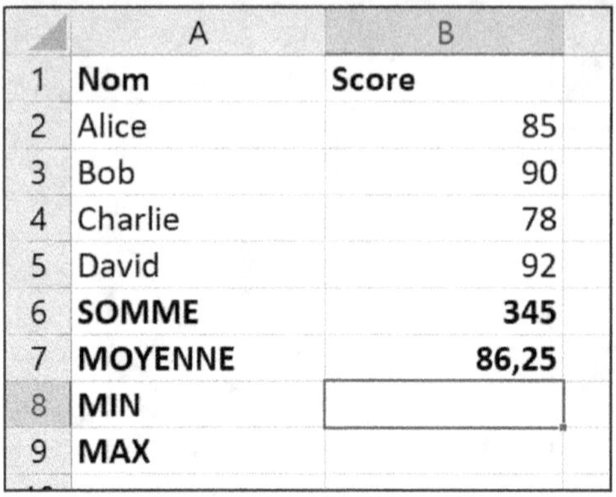

	A	B
1	**Nom**	**Score**
2	Alice	85
3	Bob	90
4	Charlie	78
5	David	92
6	**SOMME**	**345**
7	**MOYENNE**	**86,25**
8	**MIN**	
9	**MAX**	

4.1.5. Utiliser la formule MIN :

- Cliquez sur la cellule B8.
- Tapez =MIN(B2:B5) et Appuyez sur "Entrée".
- La cellule B8 affichera le score minimum parmi les scores (78).

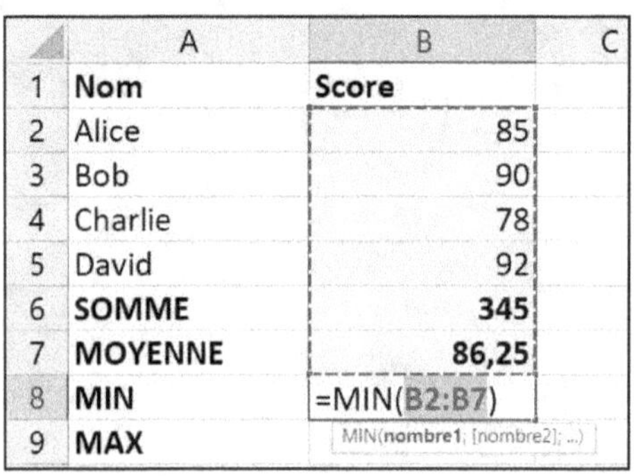

	A	B	C
1	**Nom**	**Score**	
2	Alice	85	
3	Bob	90	
4	Charlie	78	
5	David	92	
6	**SOMME**	**345**	
7	**MOYENNE**	**86,25**	
8	**MIN**	=MIN(B2:B7)	
9	**MAX**	MIN(**nombre1**; [nombre2]; ...)	

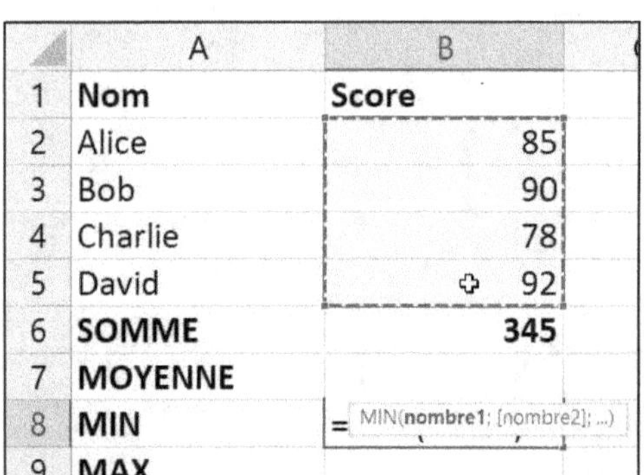

	A	B
1	**Nom**	**Score**
2	Alice	85
3	Bob	90
4	Charlie	78
5	David	92
6	**SOMME**	**345**
7	**MOYENNE**	
8	**MIN**	= MIN(**nombre1**; [nombre2]; ...)
9	**MAX**	

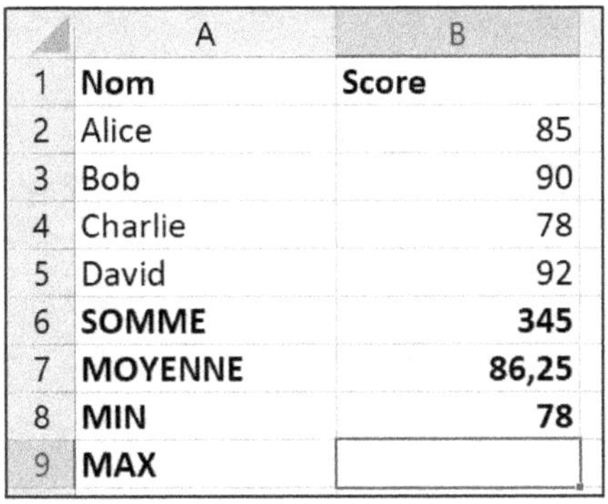

	A	B
1	**Nom**	**Score**
2	Alice	85
3	Bob	90
4	Charlie	78
5	David	92
6	**SOMME**	**345**
7	**MOYENNE**	**86,25**
8	**MIN**	**78**
9	**MAX**	

4.1.6. Utiliser la formule MAX :

- Cliquez sur la cellule B9.
- Tapez =MAX(B2:B5) et Appuyez sur "Entrée".
- La cellule B9 affichera le score maximum parmi les scores (92).

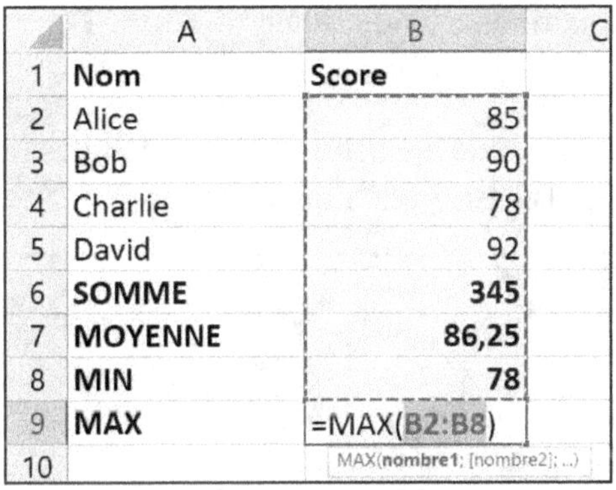

	A	B	C
1	**Nom**	**Score**	
2	Alice	85	
3	Bob	90	
4	Charlie	78	
5	David	92	
6	**SOMME**	**345**	
7	**MOYENNE**	**86,25**	
8	**MIN**	**78**	
9	**MAX**	=MAX(B2:B8)	
10		MAX(**nombre1**; [nombre2]; ...)	

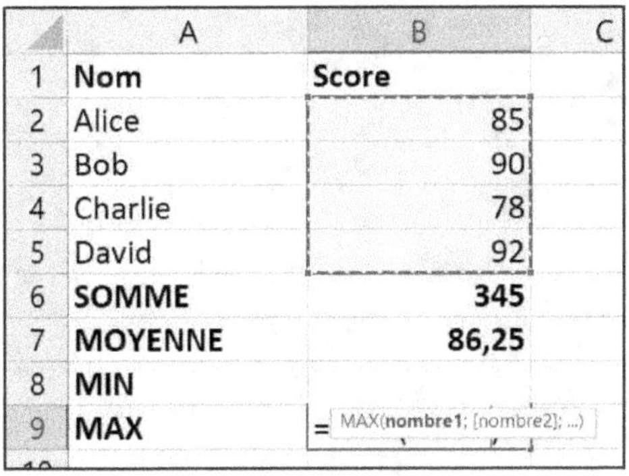

	A	B	C
1	**Nom**	**Score**	
2	Alice	85	
3	Bob	90	
4	Charlie	78	
5	David	92	
6	**SOMME**	**345**	
7	**MOYENNE**	**86,25**	
8	**MIN**		
9	**MAX**	= MAX(**nombre1**; [nombre2]; ...)	

	A	B
1	**Nom**	**Score**
2	Alice	85
3	Bob	90
4	Charlie	78
5	David	92
6	**SOMME**	**345**
7	**MOYENNE**	**86,25**
8	**MIN**	**78**
9	**MAX**	**92**

4.1.7. Utiliser l'assistant de formule :

- Si vous préférez utiliser l'assistant de formule, Cliquez sur la cellule où vous voulez insérer la formule (par exemple, B6 pour la somme).
- Cliquez sur l'onglet "Formules" dans le ruban.
- Dans le groupe "Bibliothèque de fonctions", Cliquez sur "Math & Trigo" et Sélectionnez "SOMME".
- Une fenêtre s'ouvrira vous permettant de sélectionner les cellules à additionner. Sélectionnez les cellules B2 à B5 et Cliquez sur "OK".

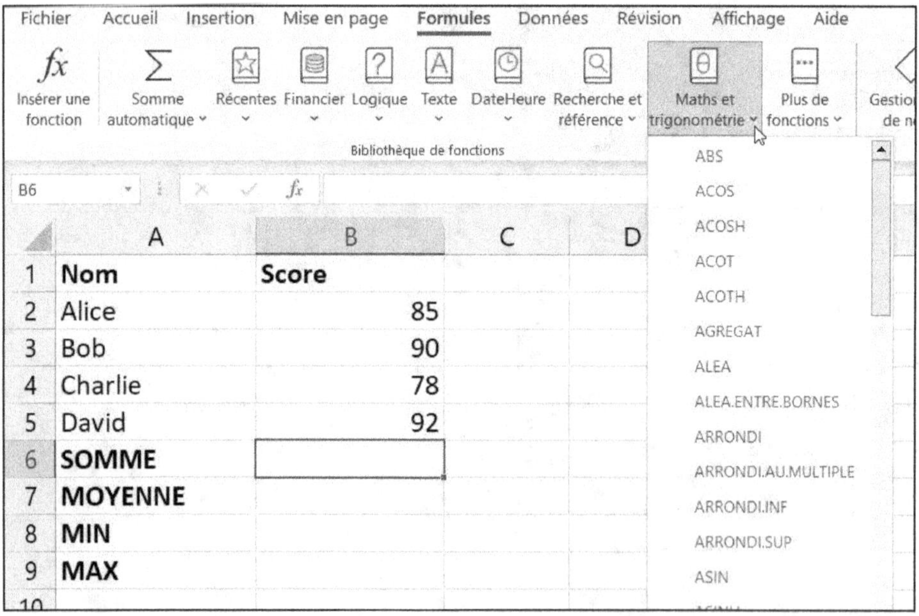

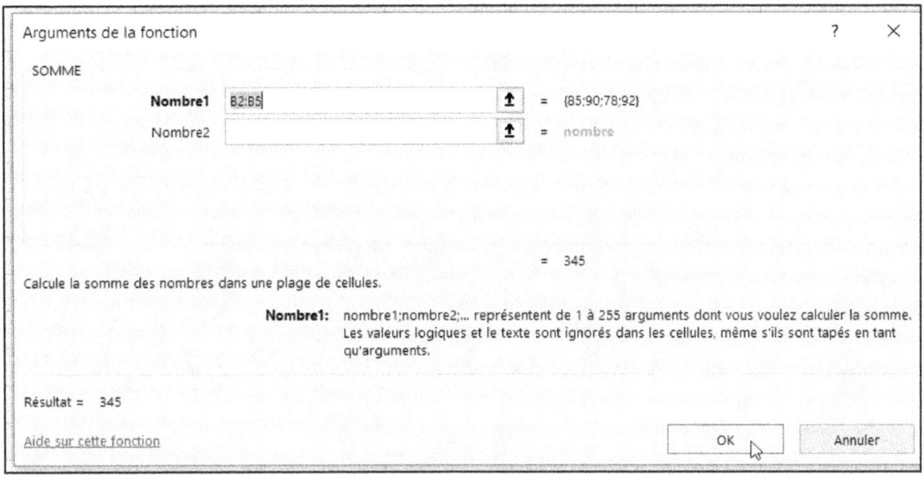

Résumé de la leçon : Vous savez maintenant comment utiliser les formules de base SOMME, MOYENNE, MIN et MAX dans Excel pour réaliser des calculs simples sur vos données. Ces compétences vous permettront d'analyser rapidement des ensembles de données et de tirer des conclusions utiles.

4.2- Recopier une formule avec la poignée de recopie

Introduction : La poignée de recopie est un outil puissant dans Excel qui vous permet de copier une formule ou des données dans plusieurs cellules rapidement et facilement. Cette leçon vous montrera comment utiliser la poignée de recopie pour recopier des formules sur une plage de cellules.

Exemple Pratique : Nous allons entrer des données et utiliser la poignée de recopie pour copier des formules.

Étapes à réaliser :

4.2.1- Ouvrir Excel :

- Cliquez sur l'icône d'Excel pour ouvrir le programme.

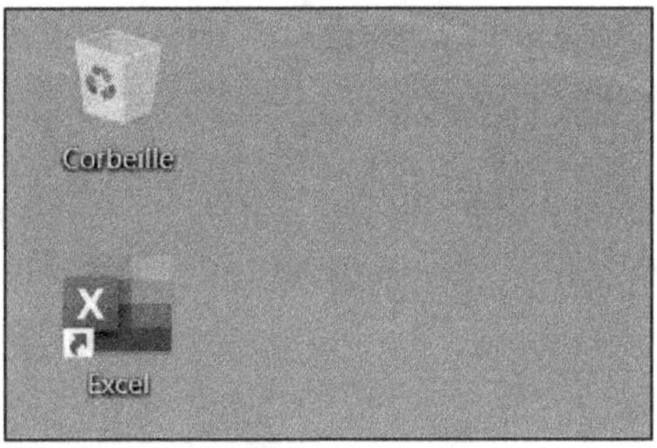

- Créez un nouveau classeur :

  "Fichier" > "Nouveau" > "Classeur vierge".

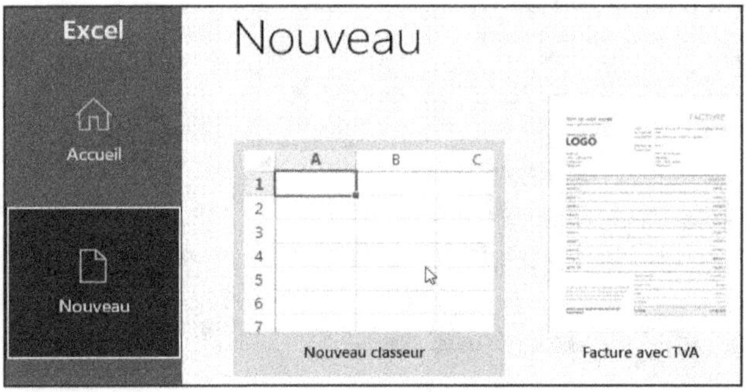

4.2.2- Entrer des données de base :

- Cliquez sur la cellule A1 et tapez "Nom", puis Appuyez sur "Entrée".
- Cliquez sur la cellule B1 et tapez "Score 1", puis Appuyez sur "Entrée".
- Cliquez sur la cellule C1 et tapez "Score 2", puis Appuyez sur "Entrée".
- Cliquez sur la cellule D1 et tapez "Total", puis Appuyez sur "Entrée".
- Cliquez sur la cellule A2 et tapez "Alice", puis Appuyez sur "Entrée".
- Cliquez sur la cellule B2 et tapez "85", puis Appuyez sur "Entrée".
- Cliquez sur la cellule C2 et tapez "90", puis Appuyez sur "Entrée".
- Cliquez sur la cellule A3 et tapez "Bob", puis Appuyez sur "Entrée".
- Cliquez sur la cellule B3 et tapez "78", puis Appuyez sur "Entrée".
- Cliquez sur la cellule C3 et tapez "88", puis Appuyez sur "Entrée".

	A	B	C	D
1	**Nom**	**Score 1**	**Score 2**	**Total**
2	Alice	85	90	
3	Bob	78	88	
4				

4.2.3- Entrer une formule :

- Cliquez sur la cellule D2.
- Tapez =B2+C2 et Appuyez sur "Entrée". La cellule D2 affichera la somme des scores pour Alice (85 + 90).

	A	B	C	D
1	**Nom**	**Score 1**	**Score 2**	
2	Alice	85	90	=B2+C2
3	Bob	78	88	
4				

4.2.4- Utiliser la poignée de recopie :

- Sélectionnez la cellule D2 (qui contient la formule =B2+C2).

- Placez le curseur de la souris sur le coin inférieur droit de la cellule D2. Le curseur se transformera en une petite croix noire.

	A	B	C	D
1	**Nom**	**Score 1**	**Score 2**	**Total**
2	Alice	85	90	175
3	Bob	78	88	

- Cliquez et faites glisser vers le bas jusqu'à la cellule D4, puis Relâchez le bouton de la souris.

- La formule sera automatiquement copiée dans la cellule D3 et ajustée pour additionner les scores de Bob (78 + 88).

4.2.5- Vérifier les formules recopiées :

- Cliquez sur la cellule D3 pour vérifier la formule recopiée. La formule devrait être =B3+C3.

4.2.6- Recopier des formules sur plusieurs lignes :

- Ajoutez plus de données si nécessaire (par exemple, entrez "Charlie" dans la cellule A4, "80" dans B4, et "85" dans C4).

- Sélectionnez la cellule D2.

- Placez le curseur de la souris sur le coin inférieur droit de la cellule D2, Cliquez et faites glisser vers le bas jusqu'à la cellule D4, puis Relâchez le bouton de la souris.

- Les formules seront automatiquement copiées et ajustées pour chaque ligne.

	A	B	C	D
1	**Nom**	**Score 1**	**Score 2**	**Total**
2	Alice	85	90	175
3	Bob	78	88	166
4	Charlie	80	85	165

4.2.7- Recopier des formules sur des colonnes :

- Entrez une formule dans une cellule (par exemple, =MOYENNE(B2:C2) dans la cellule E2 pour calculer la moyenne des scores).

	A	B	C	D	E	F
1	Nom	Score 1	Score 2	Total		
2	Alice	85	90	175	=MOYENNE(B2:C2)	
3	Bob	78	88	166		
4	Charlie	80	85	165		

- Sélectionnez la cellule E2.
- Placez le curseur de la souris sur le coin inférieur droit de la cellule E2, Cliquez et faites glisser vers le bas jusqu'à la cellule E4, puis Relâchez le bouton de la souris.

	A	B	C	D	E
1	Nom	Score 1	Score 2	Total	Moyenne
2	Alice	85	90	175	87,5
3	Bob	78	88	166	
4	Charlie	80	85	165	

- La formule sera copiée et ajustée pour chaque ligne, calculant la moyenne des scores pour chaque élève.

	A	B	C	D	E
1	Nom	Score 1	Score 2	Total	Moyenne
2	Alice	85	90	175	87,5
3	Bob	78	88	166	83
4	Charlie	80	85	165	82,5
5					

Résumé de la leçon : Vous savez maintenant comment utiliser la poignée de recopie pour copier des formules dans Excel. Cette compétence vous permettra de gagner du temps et d'assurer la précision des calculs sur de grandes plages de données.

4.3- Utiliser les références relatives et absolues

Introduction : Les références relatives et absolues sont essentielles pour travailler efficacement avec des formules dans Excel. Les références relatives changent lorsque vous recopiez une formule, tandis que les références absolues restent constantes. Cette leçon vous montrera comment utiliser et combiner ces deux types de références.

Exemple Pratique : Nous allons entrer des données et utiliser des références relatives et absolues dans des formules.

Étapes à réaliser :

4.3.1. Ouvrir Excel :

- Cliquez sur l'icône d'Excel pour ouvrir le programme.

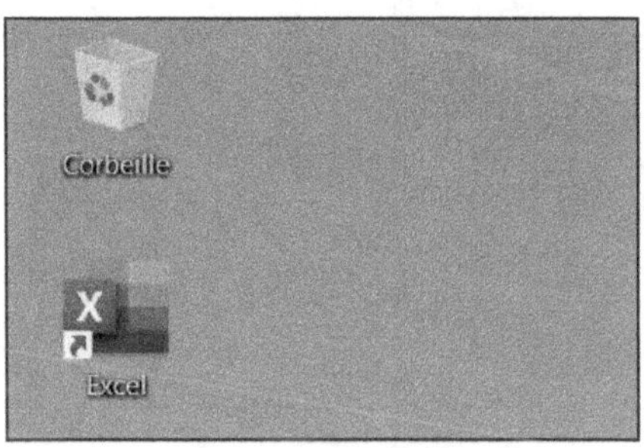

- Créez un nouveau classeur :

  "Fichier" > "Nouveau" > "Classeur vierge".

4.3.2. Entrer des données de base :

- Cliquez sur la cellule A1 et tapez "Produit", puis Appuyez sur "Entrée".
- Cliquez sur la cellule B1 et tapez "Prix unitaire", puis Appuyez sur "Entrée".
- Cliquez sur la cellule C1 et tapez "Quantité", puis Appuyez sur "Entrée".
- Cliquez sur la cellule D1 et tapez "Total", puis Appuyez sur "Entrée".
- Cliquez sur la cellule E1 et tapez "TVA", puis Appuyez sur "Entrée".

- Cliquez sur la cellule A2 et tapez "Stylo", puis Appuyez sur "Entrée".
- Cliquez sur la cellule B2 et tapez "50", puis Appuyez sur "Entrée".
- Cliquez sur la cellule C2 et tapez "10", puis Appuyez sur "Entrée".
- Cliquez sur la cellule A3 et tapez "Cahier", puis Appuyez sur "Entrée".
- Cliquez sur la cellule B3 et tapez "150", puis Appuyez sur "Entrée".
- Cliquez sur la cellule C3 et tapez "5", puis Appuyez sur "Entrée".
- Cliquez sur la cellule E2 et tapez "0,18" (18% de TVA), puis Appuyez sur "Entrée".

	A	B	C	D	E	F	G
1	**Produit**	**Prix unitaire**	**Quantité**	**Total**	**TVA**	**Montant TVA**	**Total TTC**
2	Stylo	50	10		0,18		
3	Cahier	150	5		0,18		

4.3.3. Utiliser une référence relative :

- Cliquez sur la cellule D2.
- Tapez =B2*C2 et Appuyez sur "Entrée". La cellule D2 affichera le total pour les stylos (50 * 10).

	A	B	C	D	E	F	G
1	**Produit**	**Prix unitaire**	**Quantité**		**TVA**	**Montant TVA**	**Total TTC**
2	Stylo	50	10	=B2*C2	0,18		
3	Cahier	150	5		0,18		
4							

	A	B	C	D	E	F	G
1	**Produit**	**Prix unitaire**	**Quantité**	**Total**	**TVA**	**Montant TVA**	**Total TTC**
2	Stylo	50	10	500	0,18		
3	Cahier	150	5		0,18		

- Utilisez la poignée de recopie pour copier la formule de D2 à D3. La formule en D3 deviendra =B3*C3.

	A	B	C	D	E	F	G
1	**Produit**	**Prix unitaire**	**Quantité**	**Total**	**TVA**	**Montant TVA**	**Total TTC**
2	Stylo	50	10	500	0,18		
3	Cahier	150	5		0,18		

	A	B	C	D	E	F	G
1	**Produit**	**Prix unitaire**	**Quantité**	**Total**	**TVA**	**Montant TVA**	**Total TTC**
2	Stylo	50	10	500	0,18		
3	Cahier	150	5	750	0,18		
4							

4.3.4. Utiliser une référence absolue :

- Cliquez sur la cellule E2.
- Tapez =D2*$B$5 et Appuyez sur "Entrée". La cellule E2 affichera le montant de la TVA pour les stylos (500 * 0,18).

	A	B	C	D	E	F
1	**Produit**	**Prix unitaire**	**Quantité**	**Total**		**Total TTC**
2	Stylo	50	10	500	=D2*B5	500
3	Cahier	150	5	750		750
4						
5	**TVA**	**0,18**				
6						

	A	B	C	D	E	F
1	**Produit**	**Prix unitaire**	**Quantité**	**Total**		**Total TTC**
2	Stylo	50	10	500	=D2*$B$5	500
3	Cahier	150	5	750		750
4						
5	**TVA**	**0,18**				
6						

	A	B	C	D	E	F
1	**Produit**	**Prix unitaire**	**Quantité**	**Total**	**Montant TVA**	**Total TTC**
2	Stylo	50	10	500	90	590
3	Cahier	150	5	750		750
4						
5	**TVA**	**0,18**				

	A	B	C	D	E	F
1	**Produit**	**Prix unitaire**	**Quantité**	**Total**	**Montant TVA**	**Total TTC**
2	Stylo	50	10	500	90	590
3	Cahier	150	5	750	135	885
4						
5	**TVA**	**0,18**				

- Utilisez La poignée de recopie pour copier la formule de E2 à E3. La formule en E3 deviendra =D3*$B$5, car la référence à B5 est absolue et ne change pas.

	A	B	C	D	E	F
1	**Produit**	**Prix unitaire**	**Quantité**	**Total**	**Montant TVA**	**Total TTC**
2	Stylo	50	10	500		590
3	Cahier	150	5	750	=D3*$B$5	885
4						
5	**TVA**	**0,18**				

4.3.5. Utiliser le raccourci pour les références absolues :

- Cliquez sur la cellule E2.
- Dans la barre de formule, Cliquez sur B5 et Appuyez sur **F4** pour ajouter les signes de dollar ($) et transformer B5 en $B$5.
- Appuyez de nouveau sur **F4** pour changer en référence mixte (B$5 ou $B5).
- Appuyez une troisième fois sur **F4** pour revenir à la référence relative.

Résumé de la leçon : Vous savez maintenant comment utiliser les références relatives et absolues dans Excel. Les références relatives changent lorsque vous recopiez une formule, tandis que les références absolues restent constantes. Ces compétences vous permettront de créer des formules plus flexibles et précises.

CHAPITRE 5 :
GESTION AVANCÉE DES DONNÉES

5.1. Créer une liste déroulante
5.2. Trier les données
5.3. Filtrer les données
5.4. Utiliser les fonctions de texte (CONCATENER, GAUCHE, DROITE)
5.5. Utiliser les fonctions logiques (SI, ET, OU)
5.6. Utiliser les fonctions de recherche (RECHERCHEV, RECHERCHEH)

Une fois que vous maîtrisez les bases, il est temps de passer à la gestion avancée des données. Ce chapitre vous guidera dans la création de listes déroulantes, le tri et le filtrage des données, ainsi que l'utilisation de fonctions de recherche et de texte. Ces compétences vous aideront à manipuler de grandes quantités de données de manière plus efficace.

5.1- Créer une liste déroulante

Introduction : Les listes déroulantes dans Excel permettent de limiter les choix disponibles dans une cellule, ce qui rend les données plus uniformes et réduit les erreurs de saisie. Cette leçon vous montrera comment créer une liste déroulante à l'aide de la fonctionnalité de validation des données.

Exemple Pratique : Nous allons créer une liste déroulante avec des choix prédéfinis dans une feuille de calcul.

Étapes à réaliser :

5.1.1. Ouvrir Excel :

- Cliquez sur l'icône d'Excel pour ouvrir le programme.
- Créez un nouveau classeur :

  "Fichier" > "Nouveau" > "Classeur vierge".

5.1.2. Entrer des données de base :

- Cliquez sur la cellule A1 et tapez "Nom", puis Appuyez sur "Entrée".
- Cliquez sur la cellule B1 et tapez "Catégorie", puis Appuyez sur "Entrée".
- Cliquez sur la cellule A2 et tapez "Produit 1", puis Appuyez sur "Entrée".
- Cliquez sur la cellule A3 et tapez "Produit 2", puis Appuyez sur "Entrée".
- Cliquez sur la cellule A4 et tapez "Produit 3", puis Appuyez sur "Entrée".

5.1.3. Préparer la liste de choix :

- Dans une colonne séparée (par exemple, colonne D), entrez les choix de votre liste déroulante :
- Cliquez sur la cellule D1 et tapez "Électronique", puis Appuyez sur "Entrée".
- Cliquez sur la cellule D2 et tapez "Vêtements", puis Appuyez sur "Entrée".

- Cliquez sur la cellule D3 et tapez "Alimentation", puis Appuyez sur "Entrée".

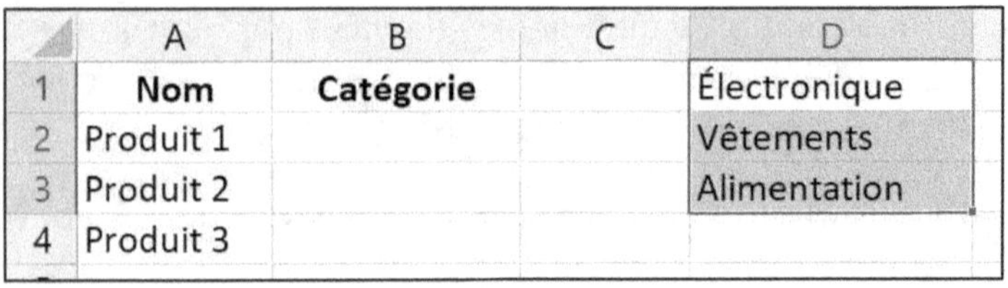

	A	B	C	D
1	Nom	Catégorie		Électronique
2	Produit 1			Vêtements
3	Produit 2			Alimentation
4	Produit 3			

5.1.4. Créer la liste déroulante :

- Sélectionnez les cellules où vous voulez que la liste déroulante apparaisse (par exemple, les cellules B2 à B4).

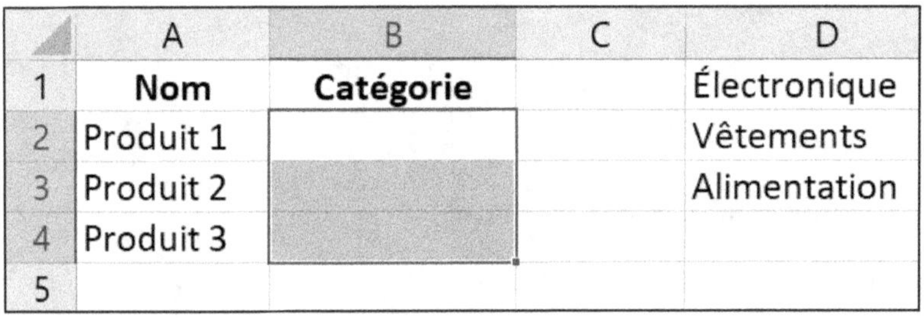

	A	B	C	D
1	Nom	Catégorie		Électronique
2	Produit 1			Vêtements
3	Produit 2			Alimentation
4	Produit 3			
5				

- Cliquez sur l'onglet "Données" dans le ruban en haut de l'écran.
- Dans le groupe "Outils de données", Cliquez sur "Validation des données".

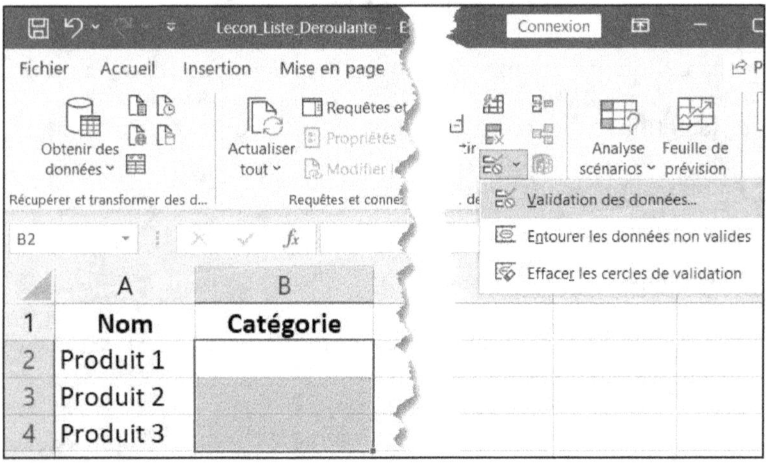

- Dans la fenêtre qui s'ouvre, sous l'onglet "Options", Cliquez sur la flèche déroulante à côté de "Autoriser" et Sélectionnez "Liste".

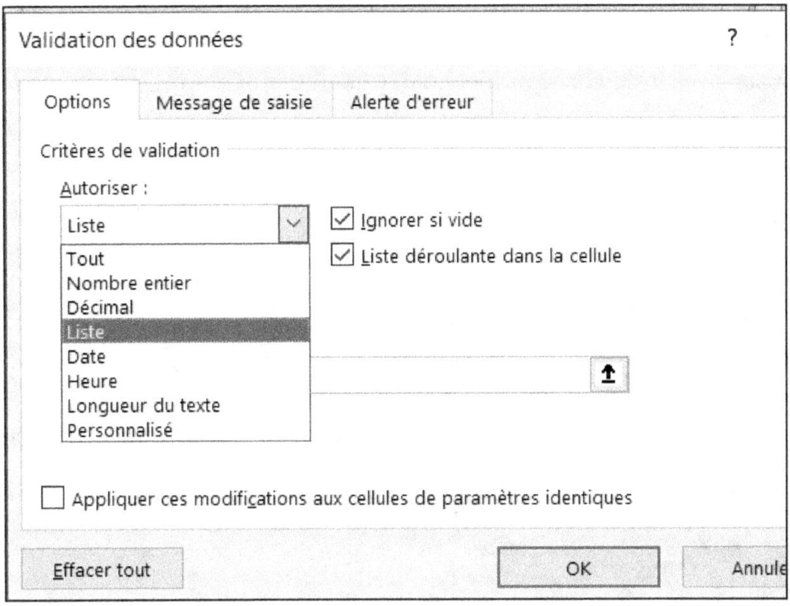

- Dans le champ "Source", Cliquez sur l'icône de sélection (petite icône avec une flèche rouge) et Sélectionnez les cellules D1 à D3 où vous avez entré vos choix (ou tapez directement =$D$1:$D$3).
- Cliquez sur "OK".

5.1.5. Tester la liste déroulante :

- Cliquez sur la cellule B2. Une flèche déroulante apparaîtra à droite de la cellule.

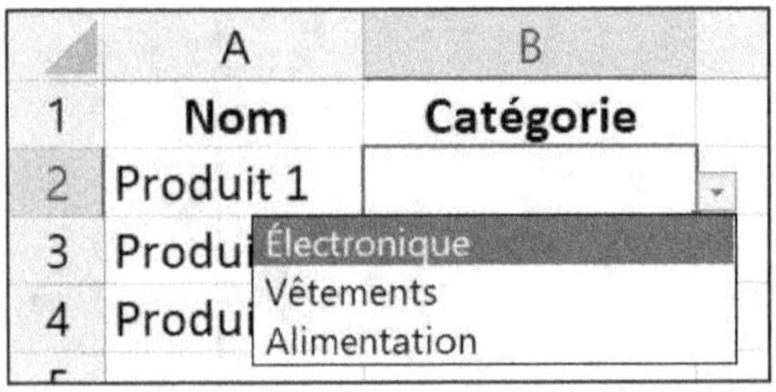

- Cliquez sur la flèche déroulante et Choisissez une option parmi "Électronique", "Vêtements", ou "Alimentation".

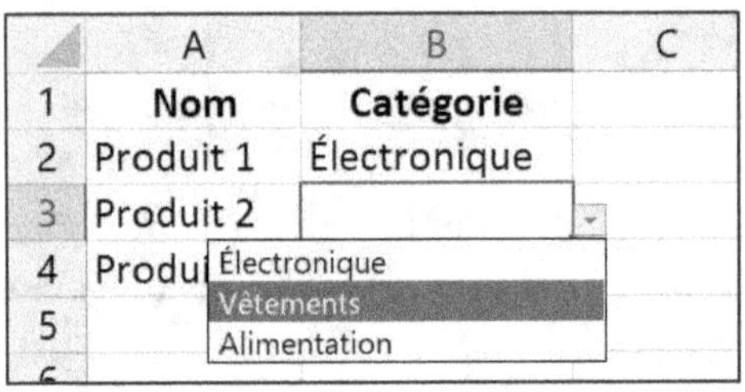

- Répétez cette étape pour les cellules B3 et B4.

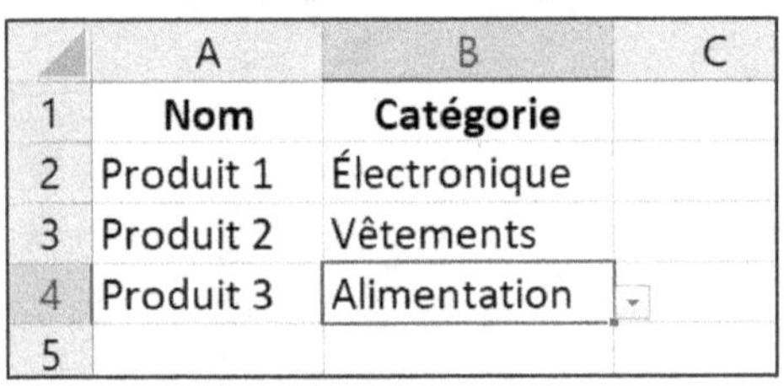

5.1.6. Modifier la liste déroulante :

- Si vous voulez ajouter ou modifier des choix dans votre liste déroulante, éditez les cellules D1 à D3.
- La liste déroulante se mettra à jour automatiquement pour inclure les nouveaux choix.

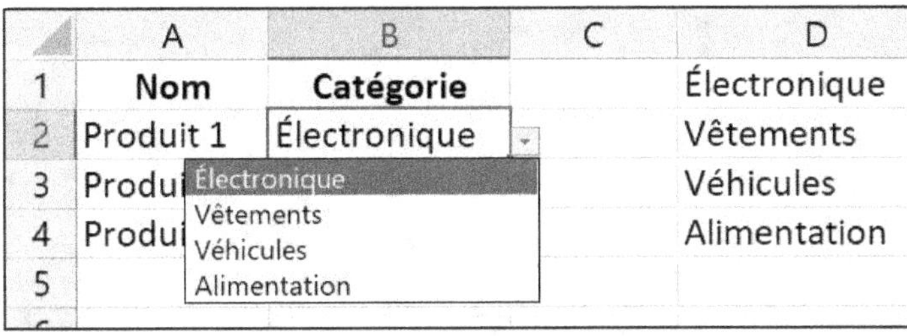

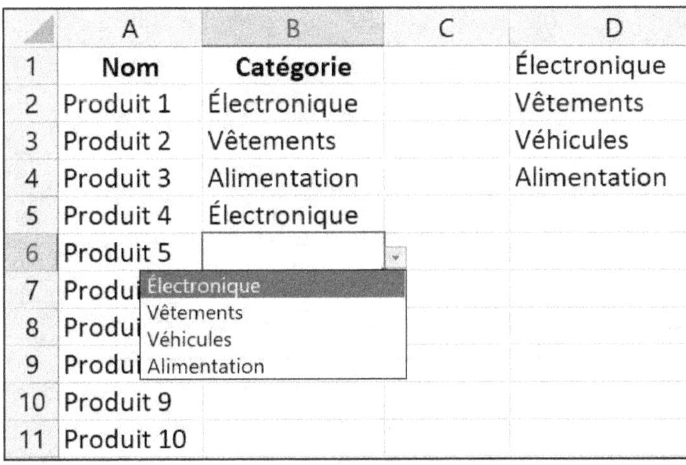

5.1.7. Créer des messages d'erreur personnalisés :

- Sélectionnez les cellules B2 à B4.
- Cliquez sur "Données" > "Validation des données".
- Cliquez sur l'onglet "Alerte d'erreur".
- Cochez la case "Afficher un message d’erreur après la saisie de données non valides".
- Tapez un titre et un message d'erreur personnalisés, puis Cliquez sur "OK".

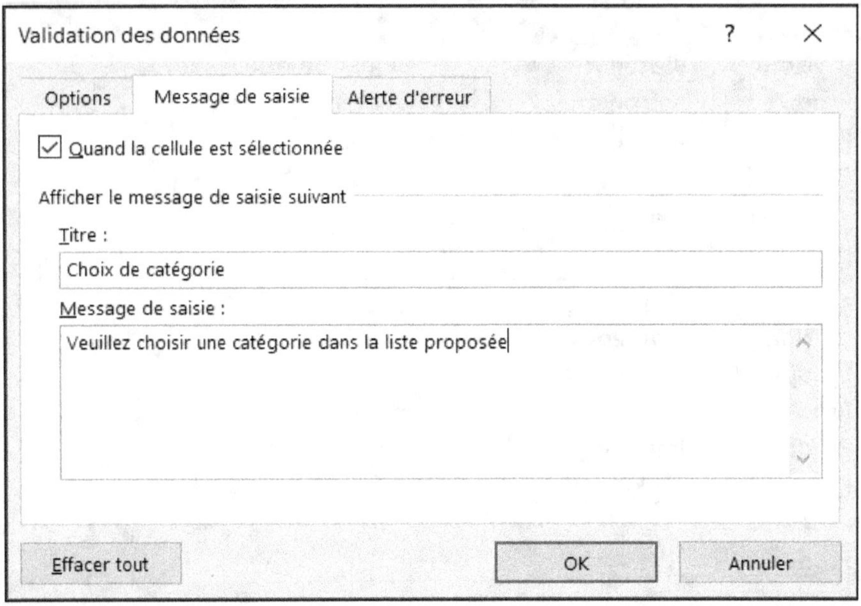
Validation des données
?
Options
Message de saisie
Alerte d'erreur
Quand la cellule est sélectionnée
Afficher le message de saisie suivant
Titre :
Choix de catégorie
Message de saisie :
Veuillez choisir une catégorie dans la liste proposée
Effacer tout
OK
Annuler

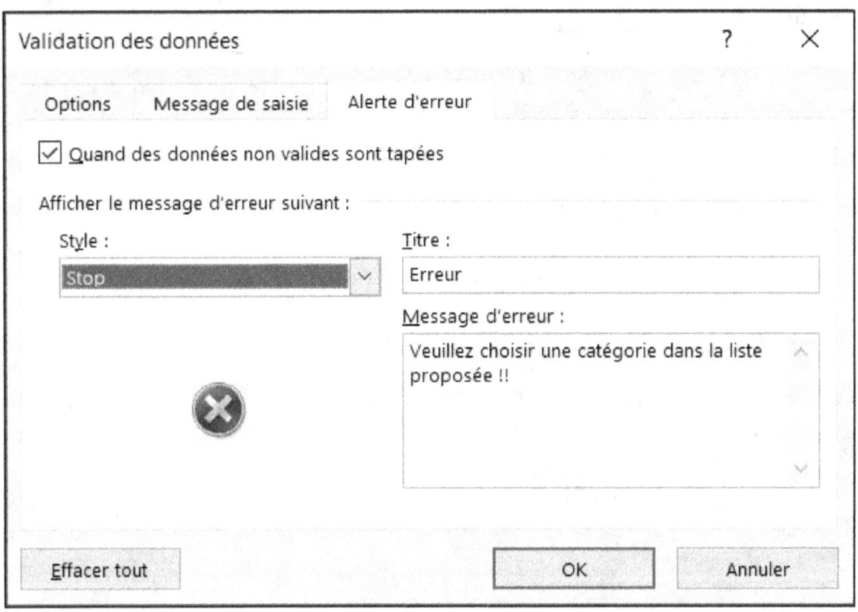
Validation des données
?
Options
Message de saisie
Alerte d'erreur
Quand des données non valides sont tapées
Afficher le message d'erreur suivant :
Style :
Stop
Titre :
Erreur
Message d'erreur :
Veuillez choisir une catégorie dans la liste proposée !!
Effacer tout
OK
Annuler

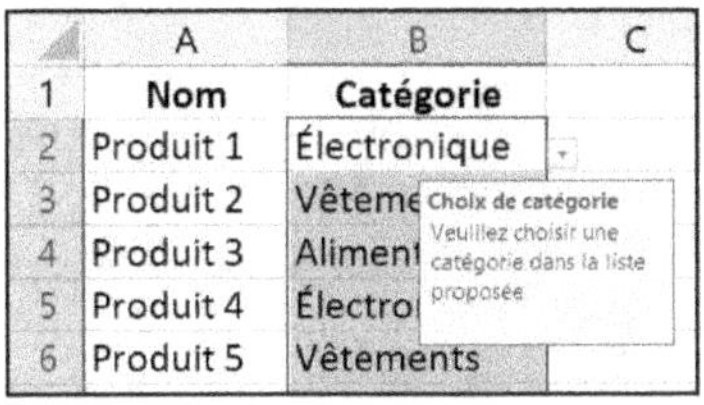

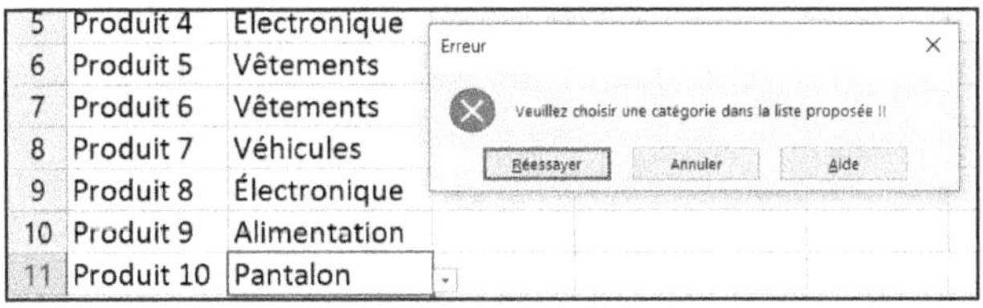

Résumé de la leçon : Vous savez maintenant comment créer une liste déroulante dans Excel à l'aide de la fonctionnalité de validation des données. Cette compétence vous permettra de limiter les choix dans une cellule, rendant vos feuilles de calcul plus uniformes et réduisant les erreurs de saisie.

5.2- Trier les données

Introduction : Trier les données dans Excel vous permet d'organiser vos informations de manière significative. Vous pouvez trier par ordre alphabétique, numérique, ou par d'autres critères. Cette leçon vous montrera comment trier des données dans une feuille de calcul.

Exemple Pratique : Nous allons entrer des données et les trier de différentes manières.

Étapes à réaliser :

5.2.1. Ouvrir Excel :

- Cliquez sur l'icône d'Excel pour ouvrir le programme.
- Créez un nouveau classeur :

  "Fichier" > "Nouveau" > "Classeur vierge".

5.2.2. Entrer des données de base :

- Cliquez sur la cellule A1 et tapez "Nom", puis Appuyez sur "Entrée".
- Cliquez sur la cellule B1 et tapez "Score", puis Appuyez sur "Entrée".
- Cliquez sur la cellule A2 et tapez "Alice", puis Appuyez sur "Entrée".
- Cliquez sur la cellule B2 et tapez "85", puis Appuyez sur "Entrée".
- Cliquez sur la cellule A3 et tapez "Bob", puis Appuyez sur "Entrée".
- Cliquez sur la cellule B3 et tapez "78", puis Appuyez sur "Entrée".
- Cliquez sur la cellule A4 et tapez "Charlie", puis Appuyez sur "Entrée".
- Cliquez sur la cellule B4 et tapez "92", puis Appuyez sur "Entrée".
- Cliquez sur la cellule A5 et tapez "David", puis Appuyez sur "Entrée".
- Cliquez sur la cellule B5 et tapez "88", puis Appuyez sur "Entrée".

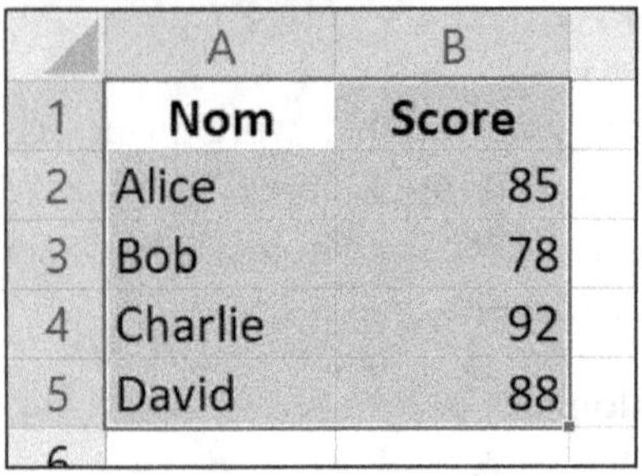

	A	B
1	Nom	Score
2	Alice	85
3	Bob	78
4	Charlie	92
5	David	88

5.2.3. Trier les données par ordre alphabétique :

- Sélectionnez la plage de données A1:B5.
- Cliquez sur l'onglet "Données" dans le ruban en haut de l'écran.
- Dans le groupe "Trier et filtrer", Cliquez sur "Trier de A à Z" pour trier les noms par ordre alphabétique.
- Les noms seront triés par ordre alphabétique et les scores seront réorganisés en conséquence.

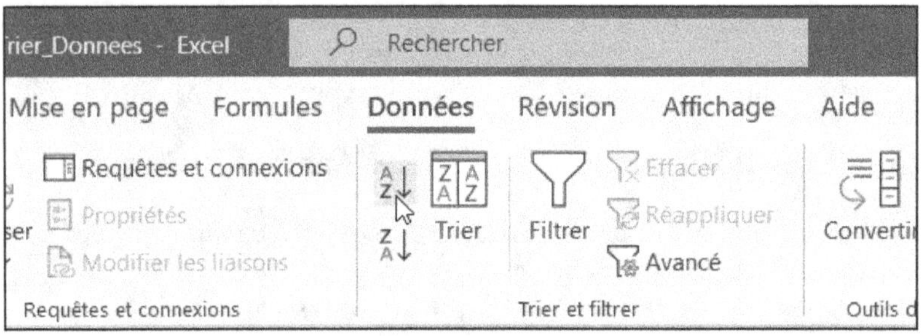

5.2.4. Trier les données par score (ordre croissant) :

- Sélectionnez la plage de données A1:B5.
- Cliquez sur l'onglet "Données".
- Dans le groupe "Trier et filtrer", Cliquez sur "Trier de la plus petite à la plus grande" (icône de A à Z avec une flèche vers le haut) pour trier les scores par ordre croissant.
- Les scores seront triés par ordre croissant et les noms seront réorganisés en conséquence.

5.2.5. Trier les données par score (ordre décroissant) :

- Sélectionnez la plage de données A1:B5.
- Cliquez sur l'onglet "Données".
- Dans le groupe "Trier et filtrer", Cliquez sur "Trier de la plus grande à la plus petite" (icône de Z à A avec une flèche vers le bas) pour trier les scores par ordre décroissant.
- Les scores seront triés par ordre décroissant et les noms seront réorganisés en conséquence.

5.2.6. Trier les données en utilisant des critères personnalisés :

- Sélectionnez la plage de données A1:B5.
- Cliquez sur l'onglet "Données".
- Dans le groupe "Trier et filtrer", Cliquez sur "Trier".

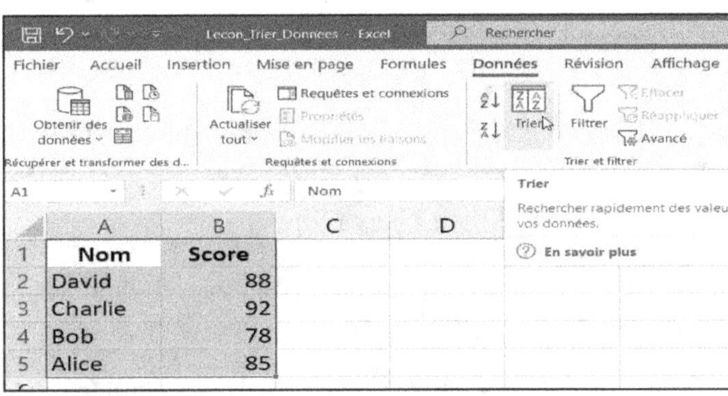

- Dans la fenêtre "Trier", Choisissez la colonne par laquelle vous voulez trier (par exemple, "Score").

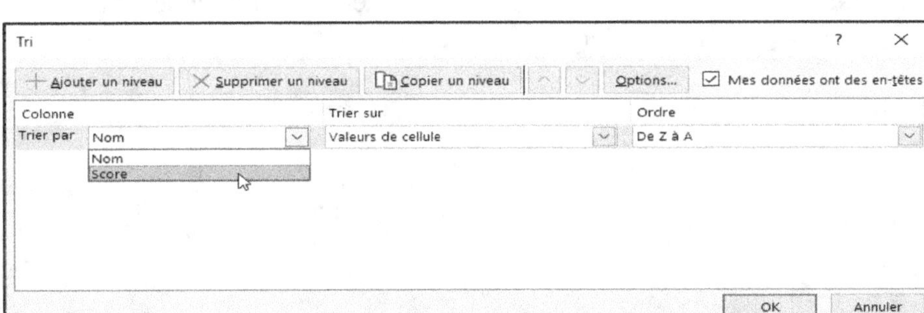

- Choisissez l'ordre de tri (par exemple, "Croissant" ou "Décroissant").

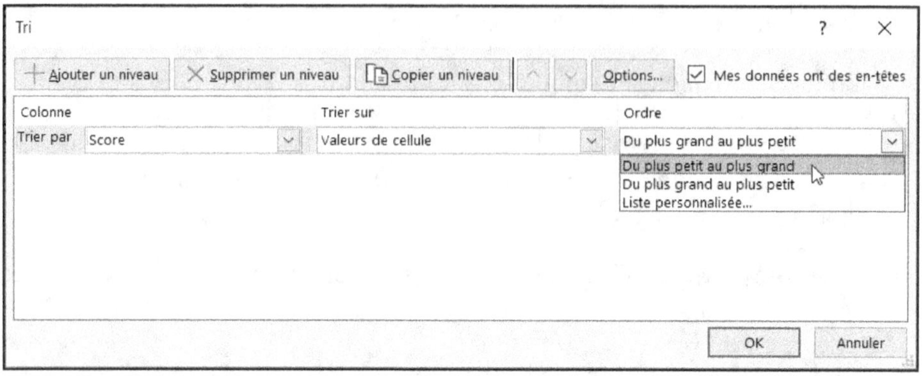

- Cliquez sur "Ajouter un niveau" pour ajouter un critère de tri supplémentaire (par exemple, trier par "Nom" après avoir trié par "Score").
- Cliquez sur "OK" pour appliquer le tri.

5.2.7. Trier des données avec des filtres :

- Sélectionnez la plage de données A1:B5.
- Cliquez sur l'onglet "Données".
- Dans le groupe "Trier et filtrer", Cliquez sur "Filtrer".
- Des flèches apparaîtront à côté des en-têtes de colonne. Cliquez sur la flèche à côté de "Nom" ou "Score" et Choisissez l'option de tri souhaitée.

Résumé de la leçon : Vous savez maintenant comment trier des données dans Excel par ordre alphabétique, numérique, et en utilisant des critères personnalisés. Ces compétences vous permettront d'organiser vos informations de manière plus efficace et de tirer des conclusions plus facilement à partir de vos données.

5.3- Filtrer les données

Introduction : Filtrer les données dans Excel permet de n'afficher que les informations qui répondent à certains critères, rendant les analyses plus simples et plus ciblées. Cette leçon vous montrera comment appliquer des filtres pour afficher et masquer des données en fonction de critères spécifiques.

Exemple Pratique : Nous allons entrer des données et utiliser les filtres pour afficher des sous-ensembles spécifiques de ces données.

Étapes à réaliser :

5.3.1. Ouvrir Excel :

- Cliquez sur l'icône d'Excel pour ouvrir le programme.
- Créez un nouveau classeur :

  "Fichier" > "Nouveau" > "Classeur vierge".

5.3.2. Entrer des données de base :

- Cliquez sur la cellule A1 et tapez "Nom", puis Appuyez sur "Entrée".
- Cliquez sur la cellule B1 et tapez "Score", puis Appuyez sur "Entrée".
- Cliquez sur la cellule A2 et tapez "Alice", puis Appuyez sur "Entrée".
- Cliquez sur la cellule B2 et tapez "85", puis Appuyez sur "Entrée".
- Cliquez sur la cellule A3 et tapez "Bob", puis Appuyez sur "Entrée".
- Cliquez sur la cellule B3 et tapez "78", puis Appuyez sur "Entrée".
- Cliquez sur la cellule A4 et tapez "Charlie", puis Appuyez sur "Entrée".
- Cliquez sur la cellule B4 et tapez "92", puis Appuyez sur "Entrée".
- Cliquez sur la cellule A5 et tapez "David", puis Appuyez sur "Entrée".
- Cliquez sur la cellule B5 et tapez "88", puis Appuyez sur "Entrée".
- Cliquez sur la cellule A6 et tapez "Eva", puis Appuyez sur "Entrée".

- Cliquez sur la cellule B6 et tapez "75", puis Appuyez sur "Entrée".

5.3.3. Appliquer des filtres :

- Sélectionnez la plage de données A1:B6.
- Cliquez sur l'onglet "Données" dans le ruban en haut de l'écran.
- Dans le groupe "Trier et filtrer", Cliquez sur "Filtrer". Des flèches apparaîtront à côté des en-têtes de colonne "Nom" et "Score".

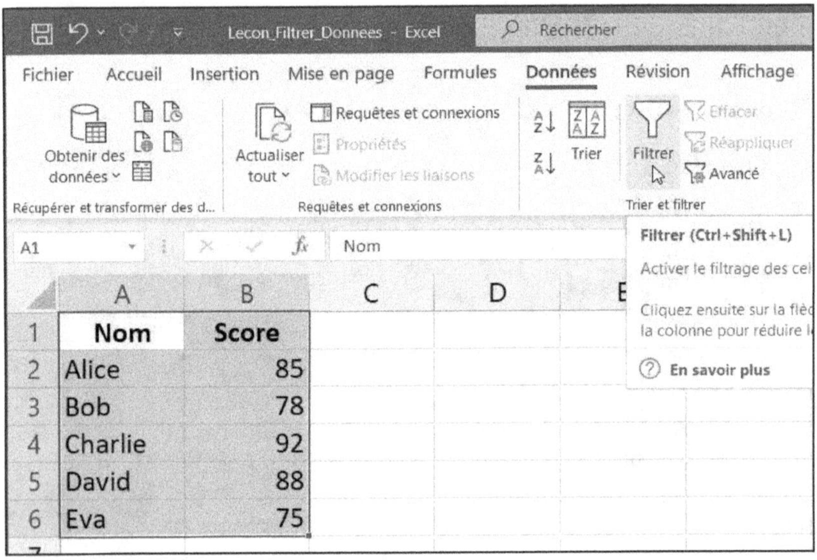

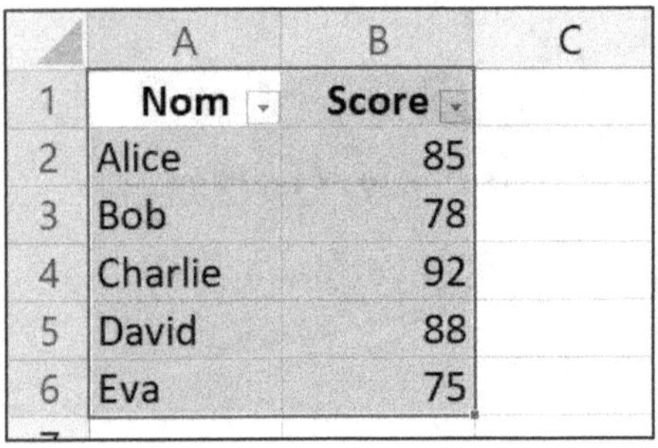

5.3.4. Filtrer par texte :

- Cliquez sur la flèche à côté de "Nom".
- Décochez "Sélectionner tout" pour désélectionner toutes les options.

- Cochez "Alice" et "David", puis Cliquez sur "OK". Seuls les enregistrements pour Alice et David seront affichés.

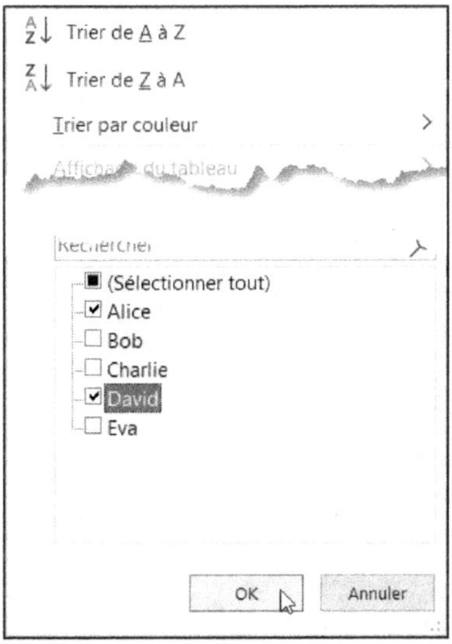

	A	B	C
1	Nom	Score	
2	Alice	85	
5	David	88	

5.3.5. Effacer un filtre :

- Cliquez sur la flèche à côté de "Nom".
- Cliquez sur "Effacer le filtre de 'Nom'". Toutes les données seront de nouveau visibles.

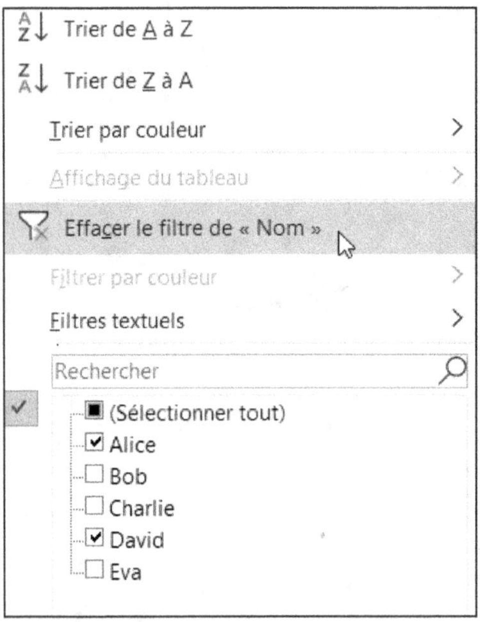

	A	B	C
1	Nom	Score	
2	Alice	85	
3	Bob	78	
4	Charlie	92	
5	David	88	
6	Eva	75	

5.3.6. Filtrer par nombre :

- Cliquez sur la flèche à côté de "Score".

- Sélectionnez "Filtres numériques" > "Supérieur à...".

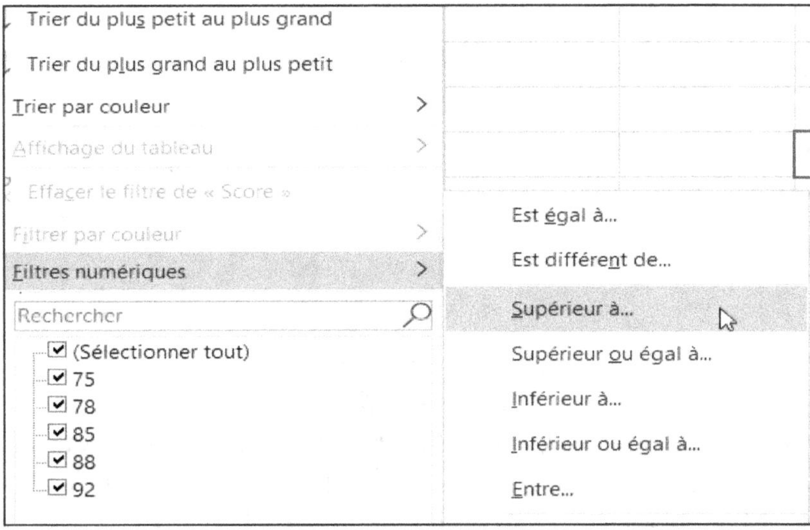

- Dans la fenêtre qui s'ouvre, entrez "80" dans le champ de droite et Cliquez sur "OK". Seuls les enregistrements avec un score supérieur à 80 seront affichés.

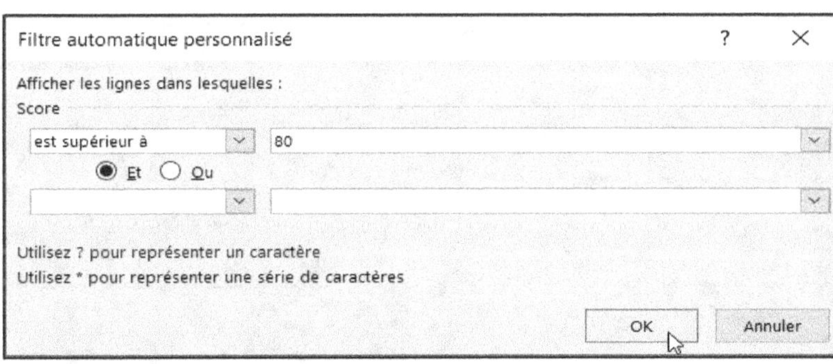

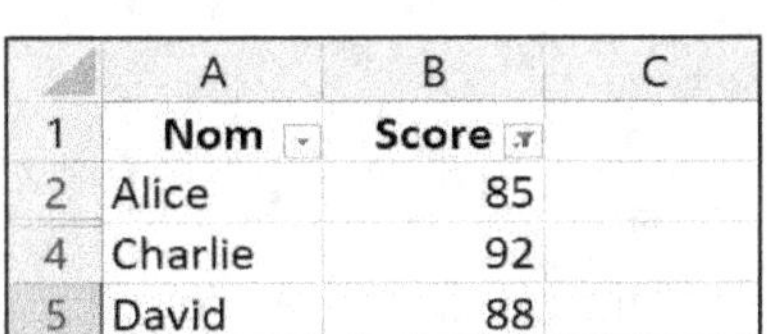

	A	B	C
1	Nom	Score	
2	Alice	85	
4	Charlie	92	
5	David	88	

5.3.7. Filtrer par critères personnalisés :

- Cliquez sur la flèche à côté de "Score".
- Sélectionnez "Filtres numériques" > "Entre...".

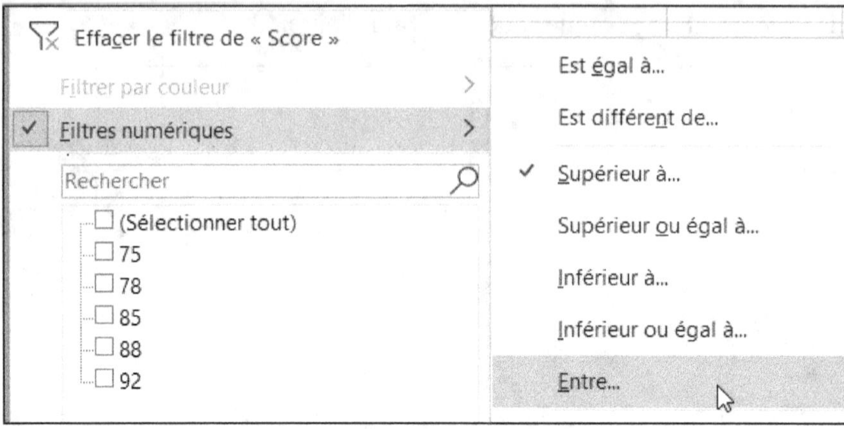

- Dans la fenêtre qui s'ouvre, entrez "80" dans le premier champ et "90" dans le second champ, puis Cliquez sur "OK". Seuls les enregistrements avec un score compris entre 80 et 90 seront affichés.

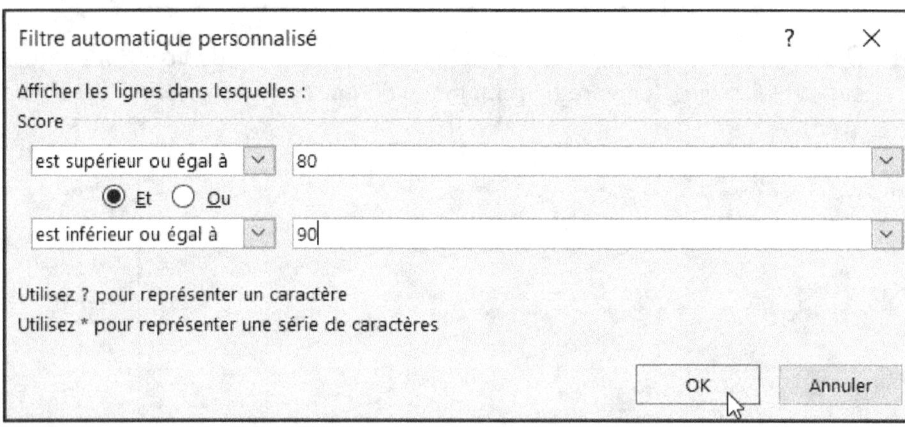

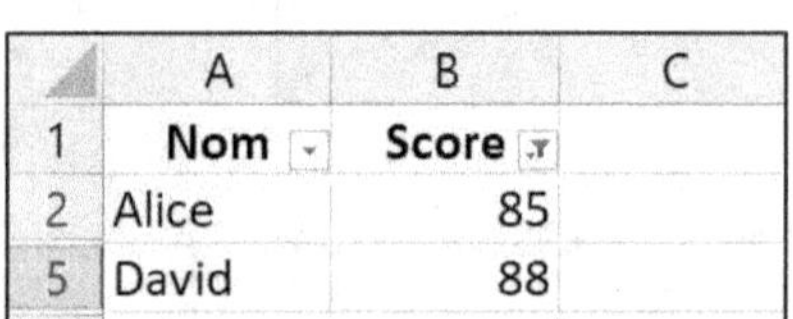

Résumé de la leçon : Vous savez maintenant comment appliquer des filtres dans Excel pour afficher et masquer des données en fonction de critères spécifiques. Cette compétence vous permettra de cibler et analyser efficacement les informations pertinentes dans vos feuilles de calcul.

5.4- Utiliser les fonctions de texte (CONCATENER, GAUCHE, DROITE)

Introduction : Les fonctions de texte dans Excel vous permettent de manipuler des chaînes de texte pour répondre à différents besoins. Les fonctions CONCATENER (ou CONCAT), GAUCHE et DROITE sont couramment utilisées pour combiner, extraire et gérer du texte. Cette leçon vous montrera comment utiliser ces fonctions.

Exemple Pratique : Nous allons entrer des données et utiliser les fonctions CONCATENER, GAUCHE et DROITE pour manipuler le texte.

Étapes à réaliser :

5.4.1. Ouvrir Excel :

- Cliquez sur l'icône d'Excel pour ouvrir le programme.
- Créez un nouveau classeur :

  "Fichier" > "Nouveau" > "Classeur vierge".

5.4.2. Entrer des données de base :

- Cliquez sur la cellule A1 et tapez "Prénom", puis Appuyez sur "Entrée".
- Cliquez sur la cellule B1 et tapez "Nom de famille", puis Appuyez sur "Entrée".
- Cliquez sur la cellule C1 et tapez "Nom complet", puis Appuyez sur "Entrée".
- Cliquez sur la cellule A2 et tapez "Alice", puis Appuyez sur "Entrée".
- Cliquez sur la cellule B2 et tapez "Martin", puis Appuyez sur "Entrée".
- Cliquez sur la cellule A3 et tapez "Bob", puis Appuyez sur "Entrée".
- Cliquez sur la cellule B3 et tapez "Dupont", puis Appuyez sur "Entrée".

5.4.3. Utiliser la fonction CONCATENER (ou CONCAT) :

- Sélectionnez la cellule C2.

- Tapez =CONCATENER(A2, " ", B2) ou =CONCAT(A2, " ", B2) et Appuyez sur "Entrée". La cellule C2 affichera "Pascal DEMBELE".

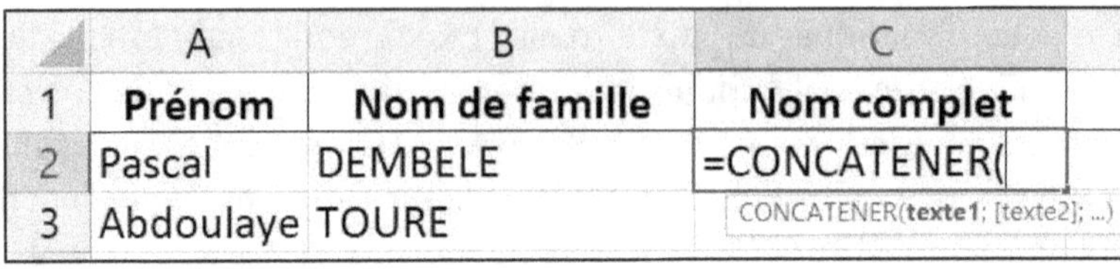

	A	B	C
1	**Prénom**	**Nom de famille**	**Nom complet**
2	Pascal	DEMBELE	=CONCATENER(
3	Abdoulaye	TOURE	CONCATENER(**texte1**; [texte2]; ...)

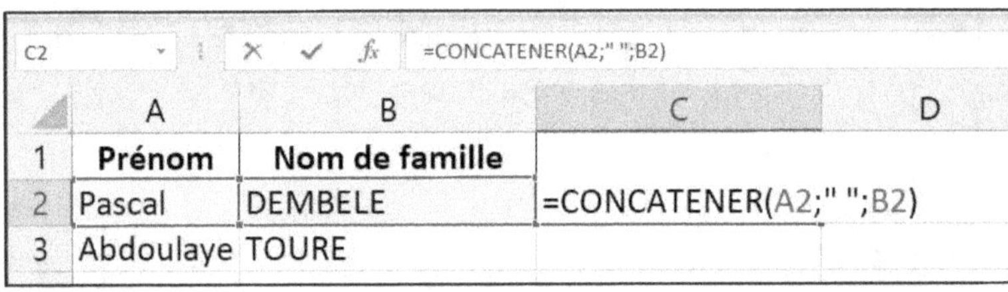

C2 =CONCATENER(A2;" ";B2)

	A	B	C	D
1	**Prénom**	**Nom de famille**		
2	Pascal	DEMBELE	=CONCATENER(A2;" ";B2)	
3	Abdoulaye	TOURE		

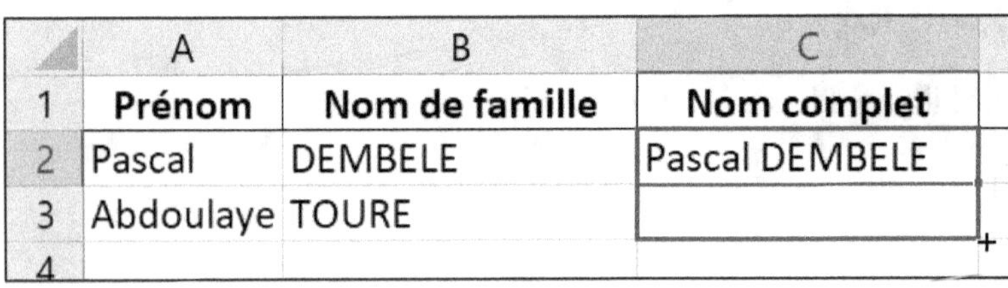

	A	B	C
1	**Prénom**	**Nom de famille**	**Nom complet**
2	Pascal	DEMBELE	Pascal DEMBELE
3	Abdoulaye	TOURE	
4			

- Utilisez La poignée de recopie pour copier la formule de C2 à C3. La cellule C3 affichera "Abdoulaye TOURE".

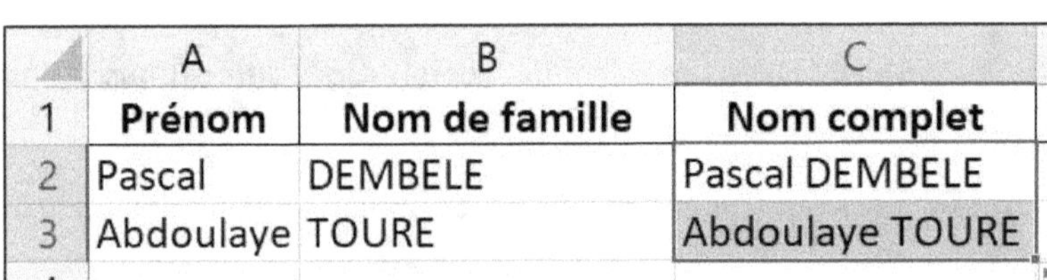

	A	B	C
1	**Prénom**	**Nom de famille**	**Nom complet**
2	Pascal	DEMBELE	Pascal DEMBELE
3	Abdoulaye	TOURE	Abdoulaye TOURE
4			

5.4.4. Utiliser la fonction GAUCHE :

- Cliquez sur la cellule D1 et tapez "Initiale", puis Appuyez sur "Entrée".
- Sélectionnez la cellule D2.
- Tapez =GAUCHE(A2, 1) et Appuyez sur "Entrée". La cellule D2 affichera "A", l'initiale du prénom "Pascal".

	A	B	C	D
1	**Prénom**	**Nom de famille**	**Nom complet**	
2	Pascal	DEMBELE	Pascal DEMBELE	=GAUCHE(A2;1)
3	Abdoulaye	TOURE	Abdoulaye TOURE	

- Utilisez La poignée de recopie pour copier la formule de D2 à D3. La cellule D3 affichera "A", l'initiale du prénom "Abdoulaye".

	A	B	C	D
1	**Prénom**	**Nom de famille**	**Nom complet**	**Initiale**
2	Pascal	DEMBELE	Pascal DEMBELE	P
3	Abdoulaye	TOURE	Abdoulaye TOURE	A

5.4.5. Utiliser la fonction DROITE :

- Cliquez sur la cellule E1 et tapez "Dernière lettre", puis Appuyez sur "Entrée".
- Sélectionnez la cellule E2.
- Tapez =DROITE(A2, 1) et Appuyez sur "Entrée". La cellule E2 affichera "e", la dernière lettre du prénom "Abdoulaye".

	A	B	C	D	E
1	**Prénom**	**Nom de famille**	**Nom complet**	**Initiale**	
2	Pascal	DEMBELE	Pascal DEMBELE	P	=DROITE(A2;1)
3	Abdoulaye	TOURE	Abdoulaye TOURE	A	

- Utilisez La poignée de recopie pour copier la formule de E2 à E3. La cellule E3 affichera "e", la dernière lettre du prénom "Abdoulaye".

	A	B	C	D	E
1	**Prénom**	**Nom de famille**	**Nom complet**	**Initiale**	**Dernière lettre**
2	Pascal	DEMBELE	Pascal DEMBELE	P	l
3	Abdoulaye	TOURE	Abdoulaye TOURE	A	e

5.4.6. Combiner les fonctions de texte :

- Cliquez sur la cellule F1 et tapez "Formaté", puis Appuyez sur "Entrée".
- Sélectionnez la cellule F2.

- Tapez =CONCAT(GAUCHE(A2, 1), ". ", B2) et Appuyez sur "Entrée". La cellule F2 affichera "P. DEMBELE".

F2 =CONCAT(GAUCHE(A2;1);". ";B2)

	A	B	C	D	E	F	G
1	**Prénom**	**Nom de famille**	**Nom complet**	**Initiale**	**Dernière lettre**		
2	Pascal	DEMBELE	Pascal DEMBELE	P	l	=CONCAT(GAUCHE(A2;1);". ";B2)	
3	Abdoulaye	TOURE	Abdoulaye TOURE	A	e		

- Utilisez La poignée de recopie pour copier la formule de F2 à F3. La cellule F3 affichera "A. TOURE".

	A	B	C	D	E	F
1	**Prénom**	**Nom de famille**	**Nom complet**	**Initiale**	**Dernière lettre**	**Formaté**
2	Pascal	DEMBELE	Pascal DEMBELE	P	l	P. DEMBELE
3	Abdoulaye	TOURE	Abdoulaye TOURE	A	e	A. TOURE
4						

Résumé de la leçon : Vous savez maintenant comment utiliser les fonctions de texte CONCATENER (ou CONCAT), GAUCHE et DROITE dans Excel pour manipuler des chaînes de texte. Ces compétences vous permettront de gérer et formater le texte dans vos feuilles de calcul de manière flexible et efficace.

5.5- Utiliser les fonctions logiques (SI, ET, OU)

Introduction : Les fonctions logiques dans Excel, telles que SI, ET OU, vous permettent de créer des formules qui prennent des décisions basées sur des conditions spécifiques. Cela est très utile pour analyser des données et automatiser certaines tâches. Cette leçon vous montrera comment utiliser ces fonctions logiques.

Exemple Pratique : Nous allons entrer des données et utiliser les fonctions SI, ET, et OU pour effectuer des analyses conditionnelles.

Étapes à réaliser :

5.5.1. Ouvrir Excel :

- Cliquez sur l'icône d'Excel pour ouvrir le programme.
- Créez un nouveau classeur :

  "Fichier" > "Nouveau" > "Classeur vierge".

5.5.2. Entrer des données de base :

- Cliquez sur la cellule A1 et tapez "Nom", puis Appuyez sur "Entrée".
- Cliquez sur la cellule B1 et tapez "Score", puis Appuyez sur "Entrée".
- Cliquez sur la cellule C1 et tapez "Résultat", puis Appuyez sur "Entrée".
- Cliquez sur la cellule D1 et tapez "Condition 1", puis Appuyez sur "Entrée".
- Cliquez sur la cellule E1 et tapez "Condition 2", puis Appuyez sur "Entrée".
- Cliquez sur la cellule A2 et tapez "Alice", puis Appuyez sur "Entrée".
- Cliquez sur la cellule B2 et tapez "85", puis Appuyez sur "Entrée".
- Cliquez sur la cellule A3 et tapez "Bob", puis Appuyez sur "Entrée".
- Cliquez sur la cellule B3 et tapez "78", puis Appuyez sur "Entrée".
- Cliquez sur la cellule A4 et tapez "Charlie", puis Appuyez sur "Entrée".
- Cliquez sur la cellule B4 et tapez "92", puis Appuyez sur "Entrée".

- Cliquez sur la cellule A5 et tapez "David", puis Appuyez sur "Entrée".
- Cliquez sur la cellule B5 et tapez "65", puis Appuyez sur "Entrée".

5.5.3. Utiliser la fonction SI :

- Sélectionnez la cellule C2.
- Tapez =SI(B2>=80, "Réussi", "Échoué") et Appuyez sur "Entrée". La cellule C2 affichera "Réussi" car le score de 85 est supérieur ou égal à 80.

	A	B	C	D
1	**Nom**	**Score**		
2	Jean	85	=SI(B2>80;"Réussi";"Echoué")	
3	Mamadou	78		
4	André	92		
5	Fatou	65		

	A	B	C
1	**Nom**	**Score**	**Résultat**
2	Jean	85	Réussi
3	Mamadou	78	
4	André	92	
5	Fatou	65	

- Utilisez La poignée de recopie pour copier la formule de C2 à C5. Les cellules afficheront "Réussi" ou "Échoué" en fonction des scores.

	A	B	C
1	**Nom**	**Score**	**Résultat**
2	Jean	85	Réussi
3	Mamadou	78	Echoué
4	André	92	Réussi
5	Fatou	65	Echoué
6			

5.5.4. Utiliser la fonction ET :

- Sélectionnez la cellule D2.
- Tapez =ET(B2>=80, B2<=90) et Appuyez sur "Entrée". La cellule D2 affichera VRAI si le score est entre 80 et 90, sinon FAUX.

	A	B	C	D
1	**Nom**	**Score**	**Résultat**	
2	Jean	85	Réussi	=ET(B2>=80;B2<=90)
3	Mamadou	78	Echoué	
4	André	92	Réussi	
5	Fatou	65	Echoué	

	A	B	C	D
1	**Nom**	**Score**	**Résultat**	**Condition 1**
2	Jean	85	Réussi	VRAI
3	Mamadou	78	Echoué	
4	André	92	Réussi	
5	Fatou	65	Echoué	

- Utilisez La poignée de recopie pour copier la formule de D2 à D5. Les cellules afficheront VRAI ou FAUX en fonction des scores.

	A	B	C	D
1	**Nom**	**Score**	**Résultat**	**Condition 1**
2	Jean	85	Réussi	VRAI
3	Mamadou	78	Echoué	FAUX
4	André	92	Réussi	FAUX
5	Fatou	65	Echoué	FAUX

5.5.5. Utiliser la fonction OU :

- Sélectionnez la cellule E2.
- Tapez =OU(B2<70, B2>90) et Appuyez sur "Entrée". La cellule E2 affichera VRAI si le score est inférieur à 70 ou supérieur à 90, sinon FAUX.

	A	B	C	D	E
1	**Nom**	**Score**	**Résultat**	**Condition 1**	
2	Jean	85	Réussi	VRAI	=OU(B2<70;B2>90)
3	Mamadou	78	Echoué	FAUX	
4	André	92	Réussi	FAUX	
5	Fatou	65	Echoué	FAUX	

	A	B	C	D	E
1	Nom	Score	Résultat	Condition 1	Condition 2
2	Jean	85	Réussi	VRAI	FAUX
3	Mamadou	78	Echoué	FAUX	
4	André	92	Réussi	FAUX	
5	Fatou	65	Echoué	FAUX	

- Utilisez La poignée de recopie pour copier la formule de E2 à E5. Les cellules afficheront VRAI ou FAUX en fonction des scores.

	A	B	C	D	E
1	Nom	Score	Résultat	Condition 1	Condition 2
2	Jean	85	Réussi	VRAI	FAUX
3	Mamadou	78	Echoué	FAUX	FAUX
4	André	92	Réussi	FAUX	VRAI
5	Fatou	65	Echoué	FAUX	VRAI
6					

5.5.6. Combiner les fonctions SI, ET OU :

- Cliquez sur la cellule F1 et tapez "Validation", puis Appuyez sur "Entrée".
- Sélectionnez la cellule F2.
- Tapez =SI(ET(B2>=80, OU(B2=85, B2=92)), "Excellent", "Bon") et Appuyez sur "Entrée". La cellule F2 affichera "Excellent" si le score est entre 80 et 90 et est égal à 85 ou 92, sinon elle affichera "Bon".

MAX fx =SI(ET(B2>=80; OU(B2=85;B2=92));"Excellent";"Bon")

	A	B	C	D	E	F	G	H	I
1	Nom	Score	Résultat	Condition 1	Condition 2				
2	Jean	85	Réussi	VRAI	FAUX	=SI(ET(B2>=80; OU(B2=85;B2=92));"Excellent";"Bon")			
3	Mamadou	78	Echoué	FAUX	FAUX				
4	André	92	Réussi	FAUX	VRAI				
5	Fatou	65	Echoué	FAUX	VRAI				

	A	B	C	D	E	F
1	Nom	Score	Résultat	Condition 1	Condition 2	Validation
2	Jean	85	Réussi	VRAI	FAUX	Excellent
3	Mamadou	78	Echoué	FAUX	FAUX	
4	André	92	Réussi	FAUX	VRAI	
5	Fatou	65	Echoué	FAUX	VRAI	

- Utilisez La poignée de recopie pour copier la formule de F2 à F5.

	A	B	C	D	E	F
1	**Nom**	**Score**	**Résultat**	**Condition 1**	**Condition 2**	**Validation**
2	Jean	85	Réussi	VRAI	FAUX	Excellent
3	Mamadou	78	Echoué	FAUX	FAUX	Bon
4	André	92	Réussi	FAUX	VRAI	Excellent
5	Fatou	65	Echoué	FAUX	VRAI	Bon

Résumé de la leçon : Vous savez maintenant comment utiliser les fonctions logiques SI, ET OU dans Excel pour créer des formules conditionnelles. Ces compétences vous permettront de réaliser des analyses complexes et de prendre des décisions basées sur plusieurs conditions.

5.6- Utiliser les fonctions de recherche (RECHERCHEV, RECHERCHEH)

Introduction : Les fonctions de recherche dans Excel, telles que RECHERCHEV et RECHERCHEH, vous permettent de rechercher des données dans une table et de les récupérer. Ces fonctions sont très utiles pour travailler avec de grands ensembles de données où vous avez besoin de trouver des informations rapidement. Cette leçon vous montrera comment utiliser ces fonctions.

Exemple Pratique : Nous allons entrer des données et utiliser les fonctions RECHERCHEV et RECHERCHEH pour récupérer des informations spécifiques.

Étapes à réaliser :

5.6.1. Ouvrir Excel :

- Cliquez sur l'icône d'Excel pour ouvrir le programme.
- Créez un nouveau classeur :

  "Fichier" > "Nouveau" > "Classeur vierge".

5.6.2. Entrer des données de base :

- Dans la feuille de calcul, entre les données suivantes :
- A1: "ID", B1: "Nom", C1: "Score"
- A2: "1", B2: "Alice", C2: "85"
- A3: "2", B3: "Bob", C3: "78"
- A4: "3", B4: "Charlie", C4: "92"
- A5: "4", B5: "David", C5: "88"

5.6.3. Utiliser la fonction RECHERCHEV :

- Sélectionnez la cellule E1 et tapez "ID Recherché", puis Appuyez sur "Entrée".
- Sélectionnez la cellule F1 et tapez "Nom", puis Appuyez sur "Entrée".

- Sélectionnez la cellule G1 et tapez "Score", puis Appuyez sur "Entrée".
- Sélectionnez la cellule E2 et tapez "3", puis Appuyez sur "Entrée".
- Sélectionnez la cellule F2.
- Tapez =RECHERCHEV(E2, A2:C5, 2, FAUX) et Appuyez sur "Entrée". La cellule F2 affichera "Charlie" car c'est le nom associé à l'ID 3.

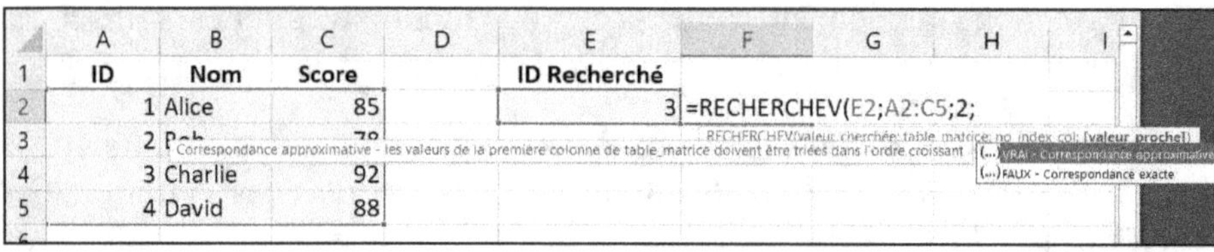

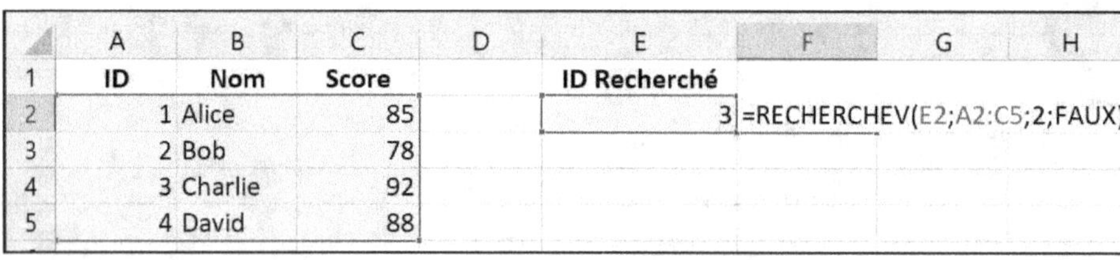

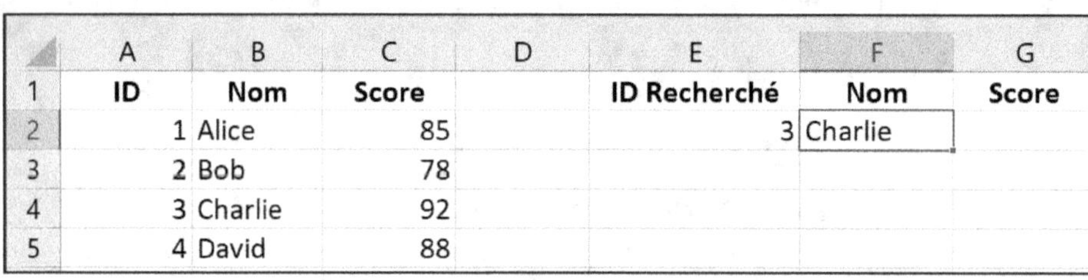

- Sélectionnez la cellule G2.
- Tapez =RECHERCHEV(E2, A2:C5, 3, FAUX) et Appuyez sur "Entrée". La cellule G2 affichera "92" car c'est le score associé à l'ID 3.

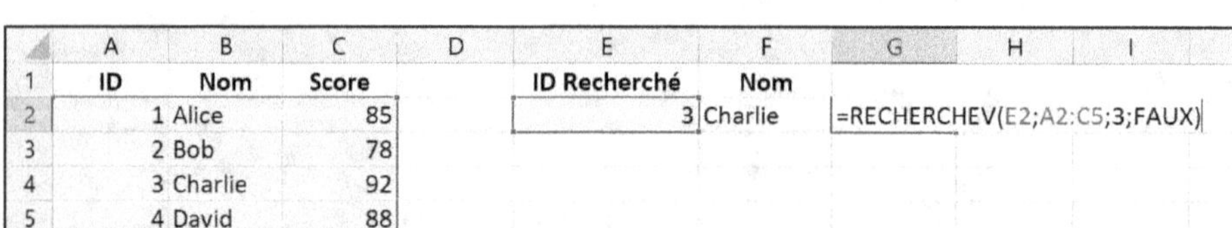

	A	B	C	D	E	F	G
1	**ID**	**Nom**	**Score**		**ID Recherché**	**Nom**	**Score**
2	1	Alice	85		3	Charlie	92
3	2	Bob	78				
4	3	Charlie	92				
5	4	David	88				

5.6.4. Utiliser la fonction RECHERCHEH :

- Dans une nouvelle feuille (Feuil2), entre les données suivantes :
- A1: "ID", B1: "1", C1: "2", D1: "3", E1: "4"
- A2: "Nom", B2: "Alice", C2: "Bob", D2: "Charlie", E2: "David"
- A3: "Score", B3: "85", C3: "78", D3: "92", E3: "88"
- Sélectionnez la cellule B5 et tapez "ID Recherché", puis Appuyez sur "Entrée".
- Sélectionnez la cellule C5 et tapez "Nom", puis Appuyez sur "Entrée".
- Sélectionnez la cellule D5 et tapez "Score", puis Appuyez sur "Entrée".
- Sélectionnez la cellule B6 et tapez "2", puis Appuyez sur "Entrée".
- Sélectionnez la cellule C6.
- Tapez =RECHERCHEH(B6, B1:E2, 2, FAUX) et Appuyez sur "Entrée". La cellule C6 affichera "Bob" car c'est le nom associé à l'ID 2.

	A	B	C	D	E	F
1	**ID**	**1**	**2**	**3**	**4**	
2	Nom	Alice	Bob	Charlie	David	
3	Score	85	78	92	88	
4						
5		ID Recherché	Nom	Score		
6		2	=RECHERCHEH(B6			
7			RECHERCHEH(**valeur_cherchée**; tableau; no_index_lig; [valeur_proche])			

	A	B	C	D	E
1	**ID**	**1**	**2**	**3**	**4**
2	Nom	Alice	Bob	Charlie	David
3	Score	85	78	92	88
4					
5		ID Recherché			
6		2	=RECHERCHEH(B6;B1:E2;2;FAUX)		
7					

	A	B	C	D	E
1	**ID**	**1**	**2**	**3**	**4**
2	Nom	Alice	Bob	Charlie	David
3	Score	85	78	92	88
4					
5		ID Recherché	Nom	Score	
6		2	Bob		
7					

- Sélectionnez la cellule D6.
- Tapez =RECHERCHEH(B6, B1:E3, 3, FAUX) et Appuyez sur "Entrée". La cellule D6 affichera "78" car c'est le score associé à l'ID 2.

	A	B	C	D	E	F
1	**ID**	**1**	**2**	**3**	**4**	
2	Nom	Alice	Bob	Charlie	David	
3	Score	85	78	92	88	
4						
5		ID Recherché	Nom			
6		2	Bob	=RECHERCHEH(B6;B1:E3;3;FAUX)		
7						

	A	B	C	D	E
1	**ID**	**1**	**2**	**3**	**4**
2	Nom	Alice	Bob	Charlie	David
3	Score	85	78	92	88
4					
5		ID Recherché	Nom	Score	
6		2	Bob	78	
7					

Résumé de la leçon : Vous savez maintenant comment utiliser les fonctions RECHERCHEV et RECHERCHEH dans Excel pour rechercher et récupérer des données spécifiques. Ces compétences vous permettront de travailler efficacement avec de grands ensembles de données en trouvant rapidement les informations dont vous avez besoin.

CHAPITRE 6 :
VISUALISATION DES DONNÉES

6.1. Créer et personnaliser un graphique simple
6.2. Créer des graphiques avancés (histogrammes, secteurs)
6.3. Créer des diagrammes et organigrammes

Une image vaut mille mots. Ce chapitre se concentre sur la création de graphiques et d'autres visualisations pour représenter vos données de manière visuelle. Vous apprendrez à créer des graphiques simples et avancés, à personnaliser leur apparence, et à rendre vos données plus compréhensibles grâce à la visualisation.

6.1- Créer et personnaliser un graphique simple

Introduction : Les graphiques sont des outils puissants pour visualiser des données dans Excel. Ils vous permettent de présenter des informations de manière claire et compréhensible. Cette leçon vous montrera comment créer un graphique simple et le personnaliser pour mieux représenter vos données.

Exemple Pratique : Nous allons entrer des données, créer un graphique à partir de ces données, puis personnaliser ce graphique.

Étapes à réaliser :

6.1.1. Ouvrir Excel :

- Cliquez sur l'icône d'Excel pour ouvrir le programme.
- Créez un nouveau classeur :

  "Fichier" > "Nouveau" > "Classeur vierge".

6.1.2. Entrer des données de base :

- Cliquez sur la cellule A1 et tapez "Nom", puis Appuyez sur "Entrée".
- Cliquez sur la cellule B1 et tapez "Score", puis Appuyez sur "Entrée".
- Cliquez sur la cellule A2 et tapez "Alice", puis Appuyez sur "Entrée".
- Cliquez sur la cellule B2 et tapez "85", puis Appuyez sur "Entrée".
- Cliquez sur la cellule A3 et tapez "Bob", puis Appuyez sur "Entrée".
- Cliquez sur la cellule B3 et tapez "78", puis Appuyez sur "Entrée".
- Cliquez sur la cellule A4 et tapez "Charlie", puis Appuyez sur "Entrée".
- Cliquez sur la cellule B4 et tapez "92", puis Appuyez sur "Entrée".
- Cliquez sur la cellule A5 et tapez "David", puis Appuyez sur "Entrée".
- Cliquez sur la cellule B5 et tapez "88", puis Appuyez sur "Entrée".

6.1.3. Sélectionner les données :

- Sélectionnez la plage de données A1:B5 en cliquant et en faisant glisser la souris de la cellule A1 à la cellule B5.

6.1.4. Insérer un graphique :

- Cliquez sur l'onglet "Insertion" dans le ruban en haut de l'écran.
- Dans le groupe "Graphiques", Cliquez sur "Graphiques recommandés".

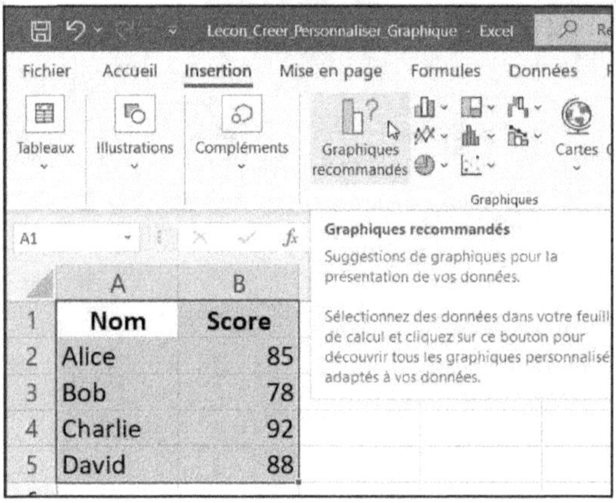

- Dans la fenêtre qui s'ouvre, Sélectionnez le type de graphique que vous souhaitez créer (par exemple, "Histogramme" ou "Colonne") et Cliquez sur "OK".

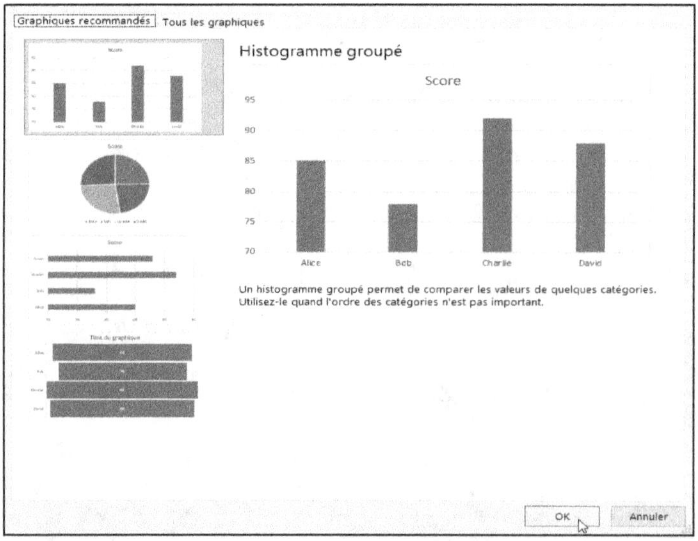

6.1.5. Personnaliser le graphique :

- Une fois le graphique inséré, Cliquez dessus pour le sélectionner. Des onglets supplémentaires apparaîtront dans le ruban : "Création de graphique" et "Format".

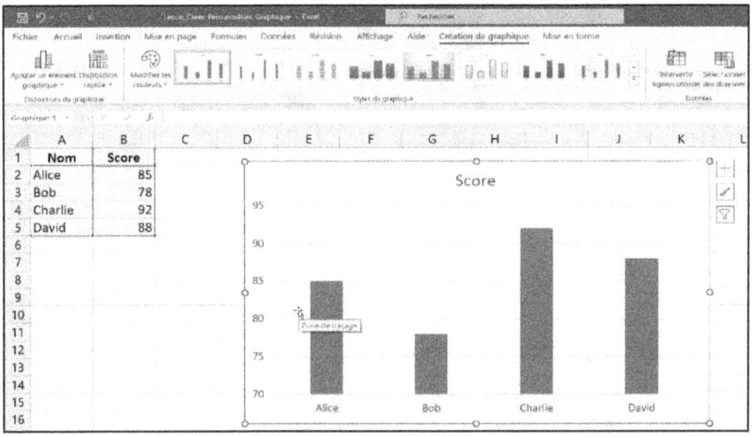

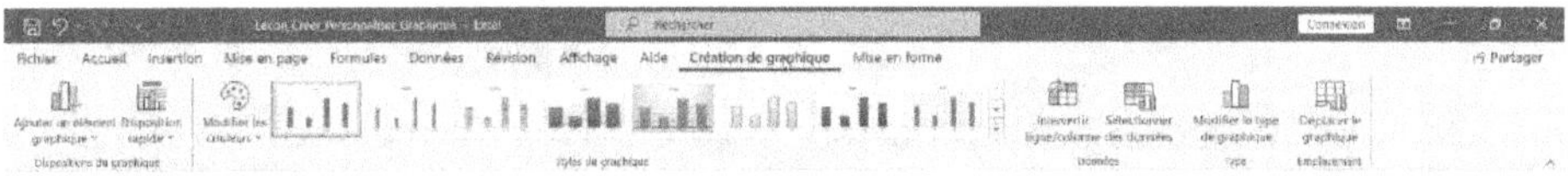

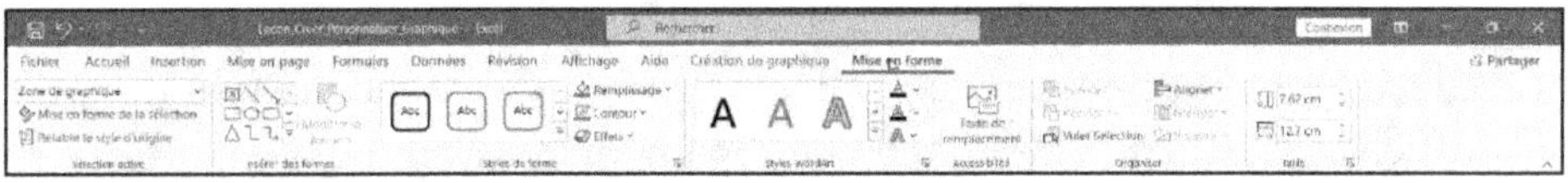

6.1.6. Modifier le titre du graphique :

- Cliquez sur le titre du graphique ("Titre du graphique") pour le sélectionner.

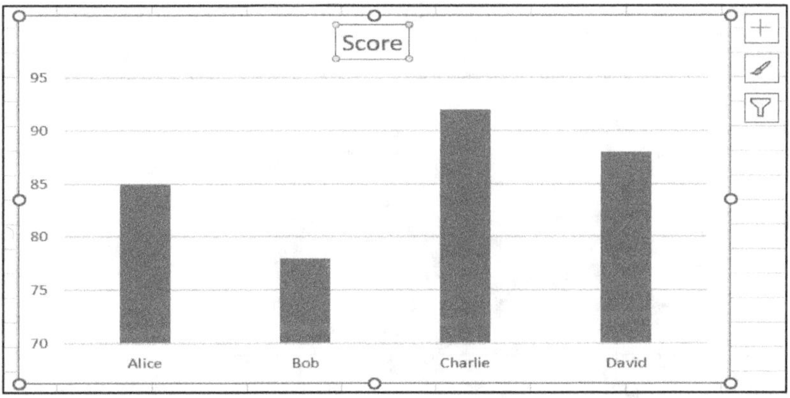

- Tapez "Scores des étudiants" et Appuyez sur "Entrée".

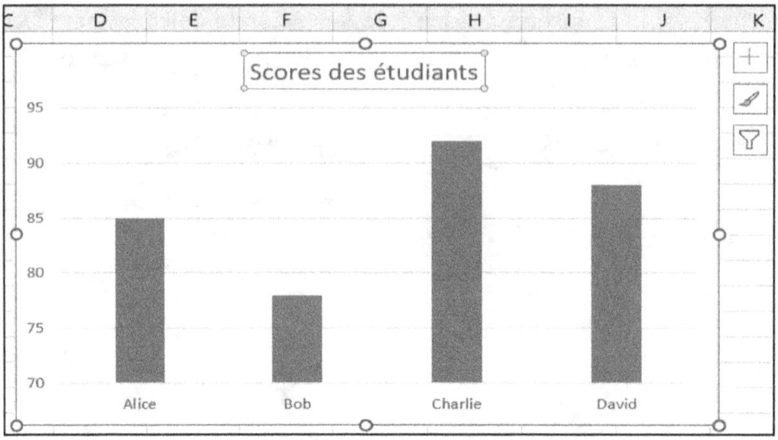

6.1.7. Ajouter des étiquettes de données :

- Cliquez sur le graphique pour le sélectionner.
- Cliquez sur l'onglet "Création de graphique".
- Dans le groupe "Disposition des graphiques", Cliquez sur "Ajouter un élément de graphique".
- Sélectionnez "Étiquettes de données" puis "En dehors de l'extrémité" pour afficher les valeurs des données sur le graphique.

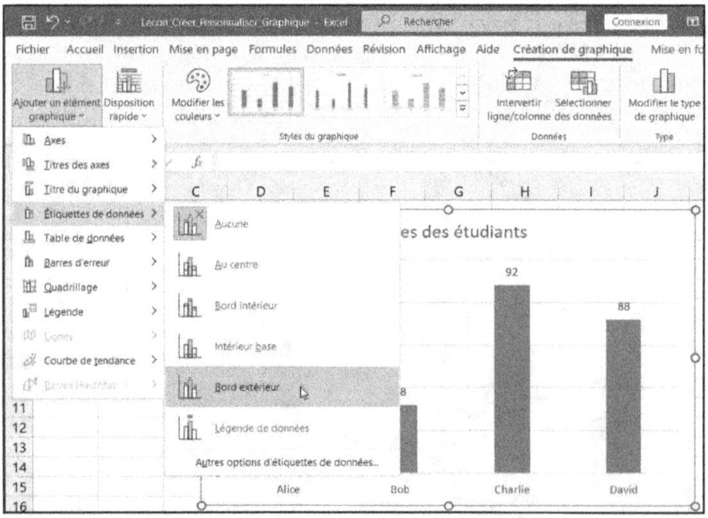

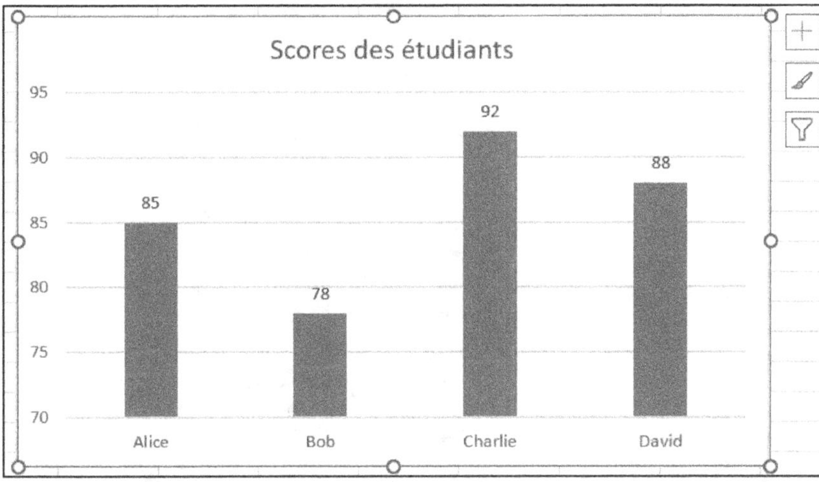

6.1.8. Modifier les couleurs du graphique :

- Cliquez sur le graphique pour le sélectionner.
- Cliquez sur l'onglet "Création de graphique".
- Dans le groupe "Styles de graphique", Cliquez sur "Modifier les couleurs" et Choisissez un jeu de couleurs que vous préférez.

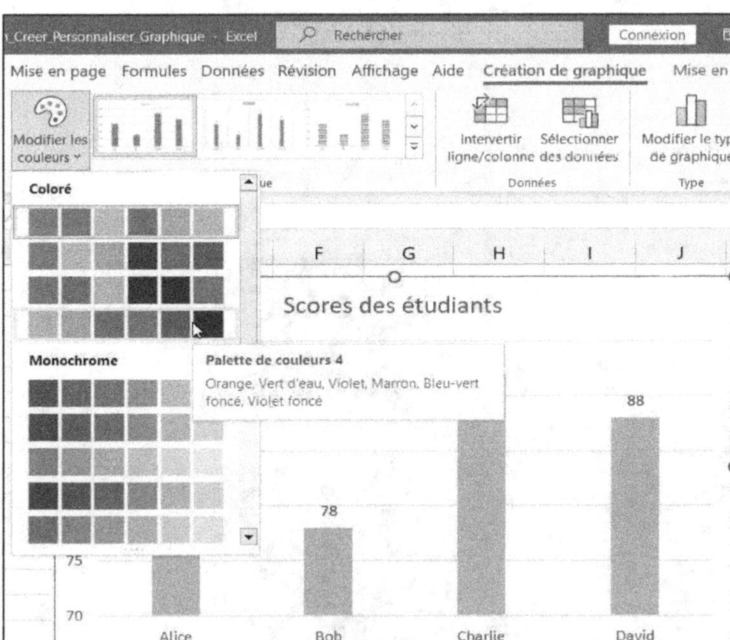

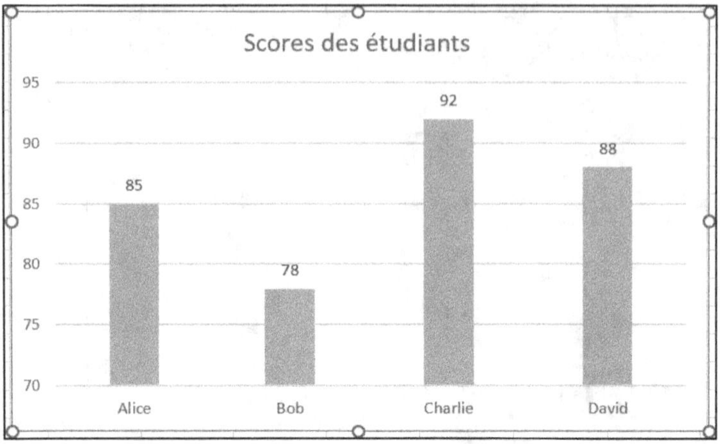

6.1.9. Changer le style du graphique :

- Cliquez sur le graphique pour le sélectionner.
- Cliquez sur l'onglet "Création de graphique".
- Dans le groupe "Styles de graphique", faites défiler les options de style et Choisissez celle qui vous plaît.

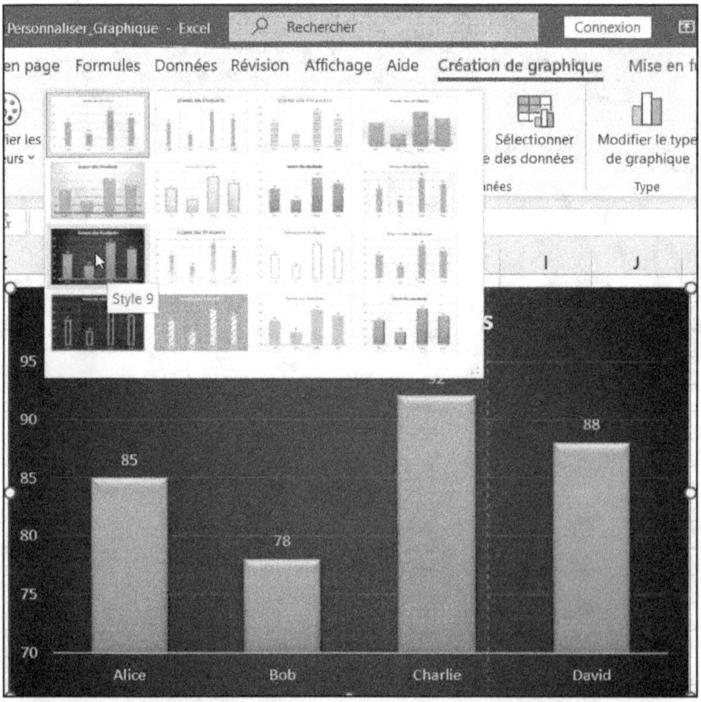

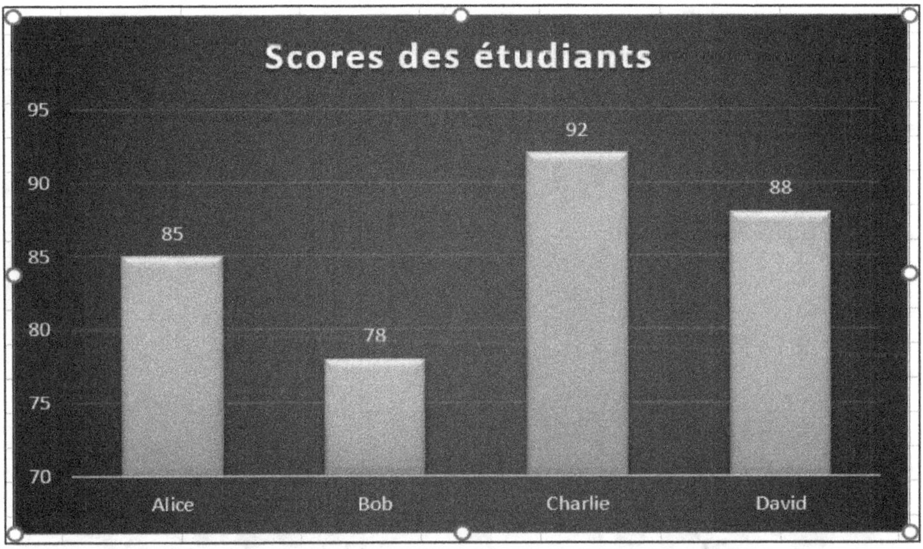

6.1.10. Ajouter des axes de titres :

- Cliquez sur le graphique pour le sélectionner.
- Cliquez sur l'onglet "Création de graphique".
- Dans le groupe "Disposition des graphiques", Cliquez sur "Ajouter un élément de graphique".
- Sélectionnez "Titres des axes" > "Titre de l'axe horizontal principal" et tapez "Étudiants".

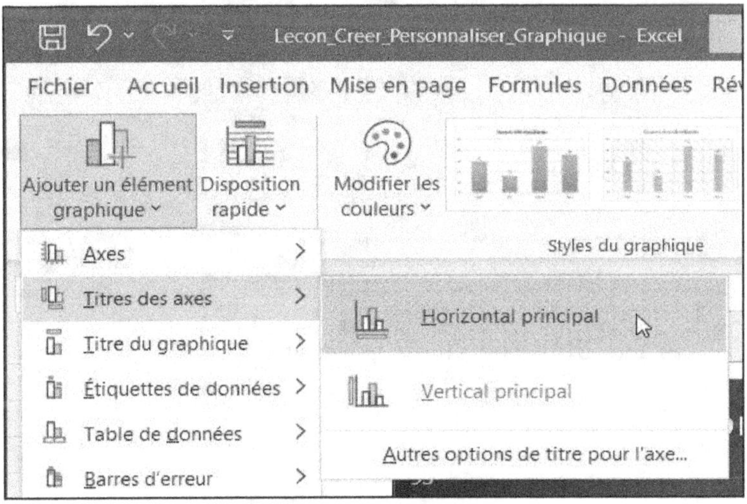

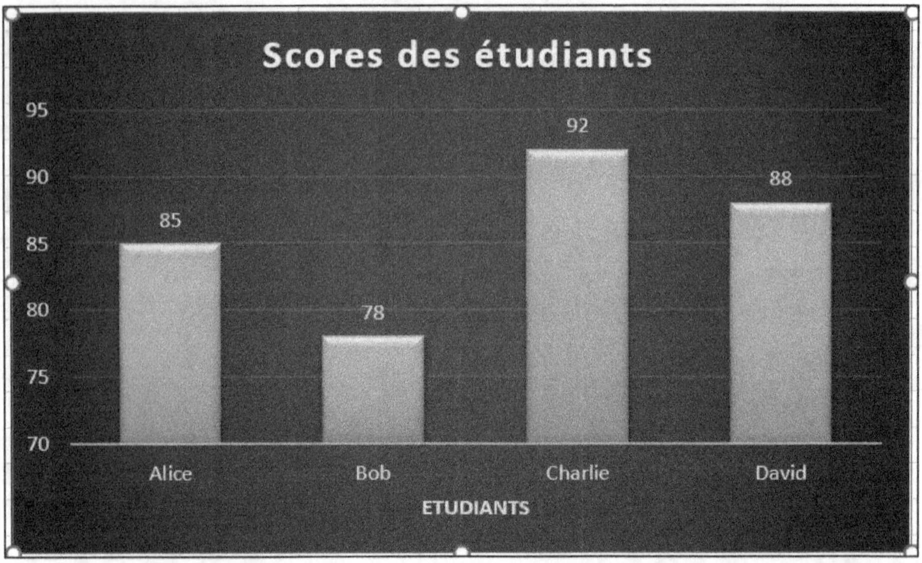

- Sélectionnez "Titres des axes" > "Titre de l'axe vertical principal" et tapez "Score".

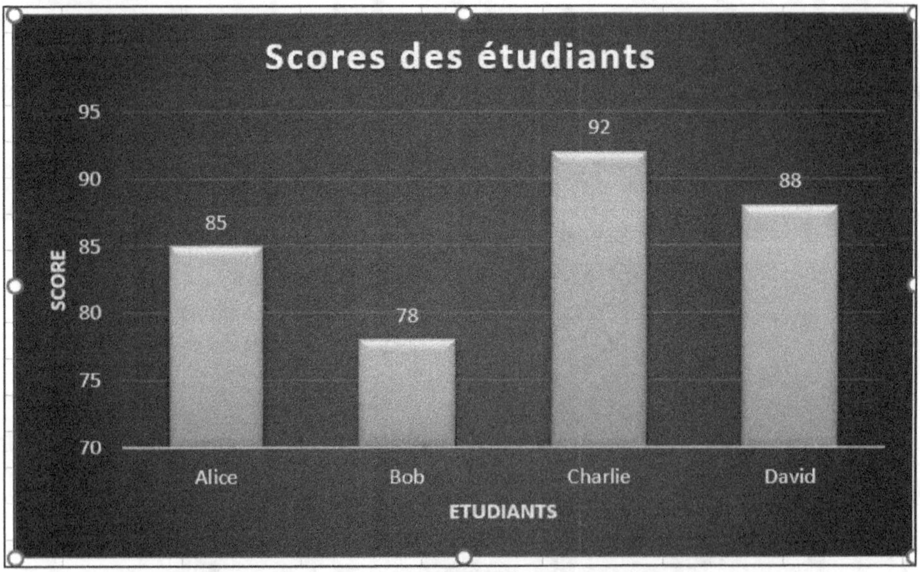

6.1.11. Déplacer et redimensionner le graphique :

- Cliquez sur le graphique et faites-le glisser pour le repositionner sur la feuille de calcul.

- Cliquez et faites glisser les coins du graphique pour le redimensionner selon vos besoins.

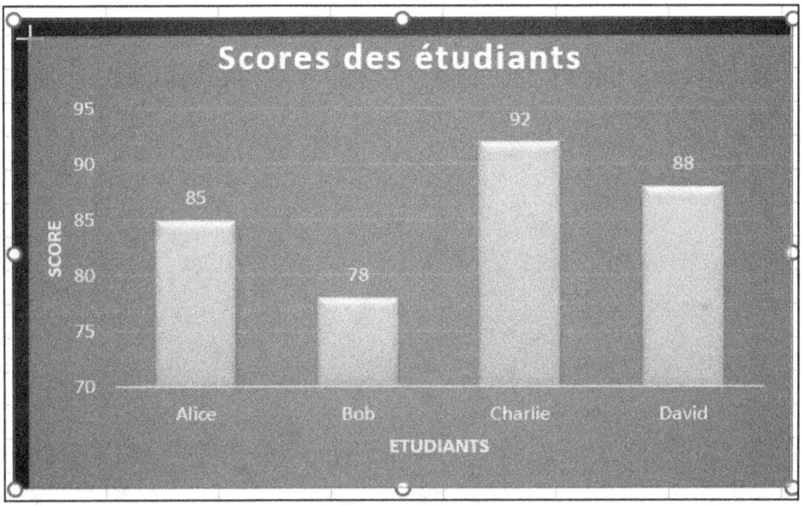

Résumé de la leçon : Vous savez maintenant comment créer et personnaliser un graphique simple dans Excel. Cette compétence vous permettra de représenter visuellement vos données de manière claire et attrayante, facilitant ainsi l'analyse et la présentation des informations.

6.2- Créer des graphiques avancés (histogrammes, secteurs)

Introduction : Les graphiques avancés, comme les histogrammes et les graphiques en secteurs, permettent de visualiser les données de manière claire et intuitive. Ils sont utiles pour présenter des informations complexes de façon compréhensible. Cette leçon vous montrera comment créer et personnaliser des histogrammes et des graphiques en secteurs.

Exemple Pratique : Nous allons entrer des données, créer un histogramme et un graphique en secteurs, puis les personnaliser.

Étapes à réaliser :

6.2.1. Ouvrir Excel :

- Cliquez sur l'icône d'Excel pour ouvrir le programme.
- Créez un nouveau classeur :

  "Fichier" > "Nouveau" > "Classeur vierge".

6.2.2. Entrer des données de base :

- Dans la feuille de calcul, entre les données suivantes :
- A1: "Nom", B1: "Score"
- A2: "Alice", B2: "85"
- A3: "Bob", B3: "78"
- A4: "Charlie", B4: "92"
- A5: "David", B5: "88"
- A6: "Eva", B6: "75"

6.2.3. Créer un histogramme :

- Sélectionnez la plage de données A1:B6.
- Cliquez sur l'onglet "Insertion" dans le ruban en haut de l'écran.

- Dans le groupe "Graphiques", Cliquez sur "Insérer un histogramme ou un graphique en barres".

- Sélectionnez "Histogramme groupé". Un histogramme apparaîtra sur la feuille de calcul.

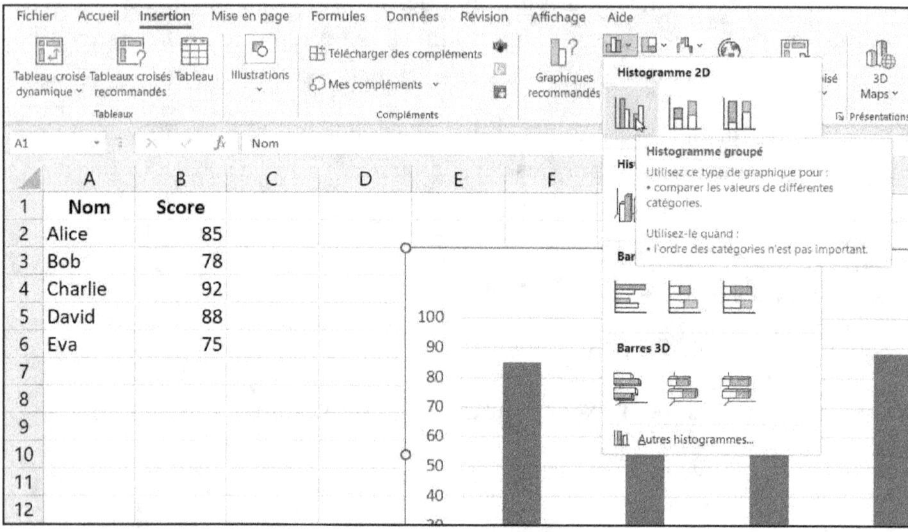

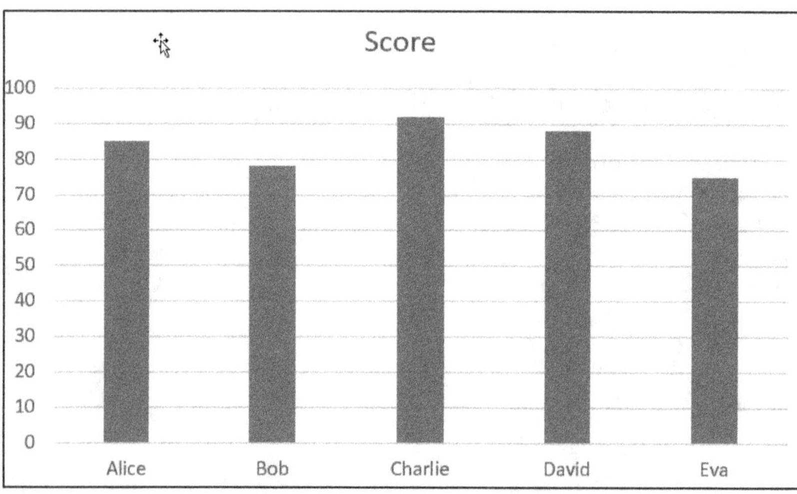

6.2.4. Personnaliser l'histogramme :

- Cliquez sur le graphique pour le sélectionner.

- Cliquez sur l'onglet "Création de graphique" dans le ruban.

- Dans le groupe "Styles de graphique", Choisissez un style que vous préférez.

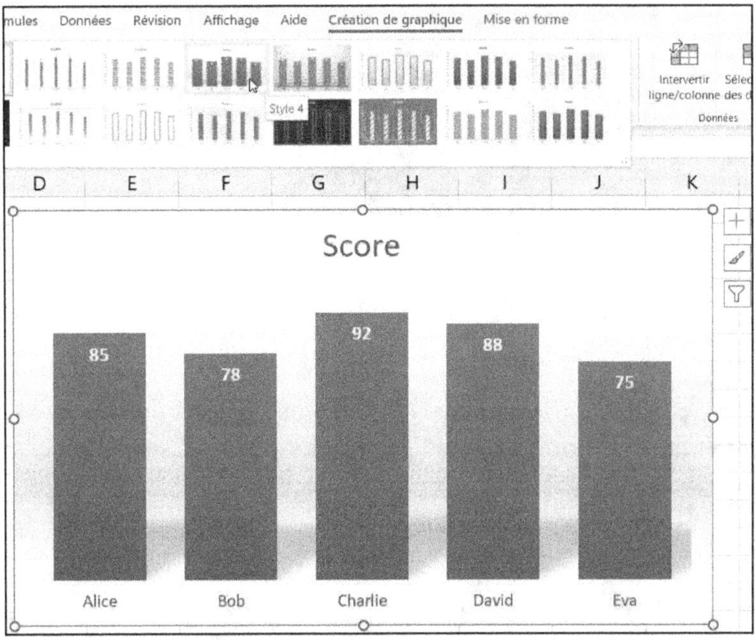

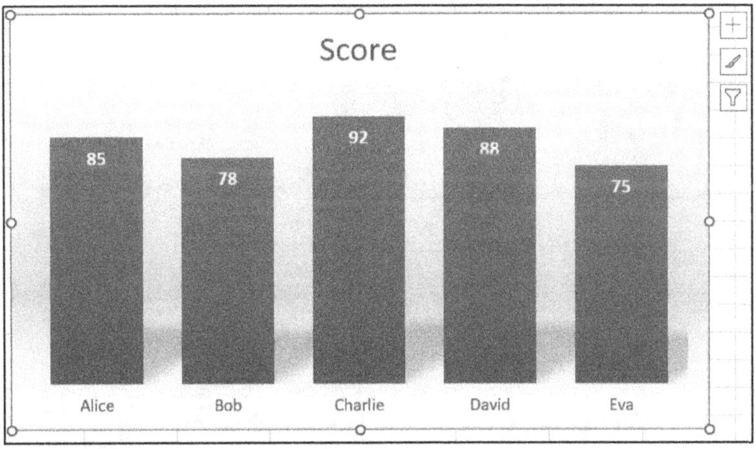

- Cliquez sur "Ajouter un élément de graphique" dans le groupe "Disposition des graphiques" et Sélectionnez "Titres des axes".

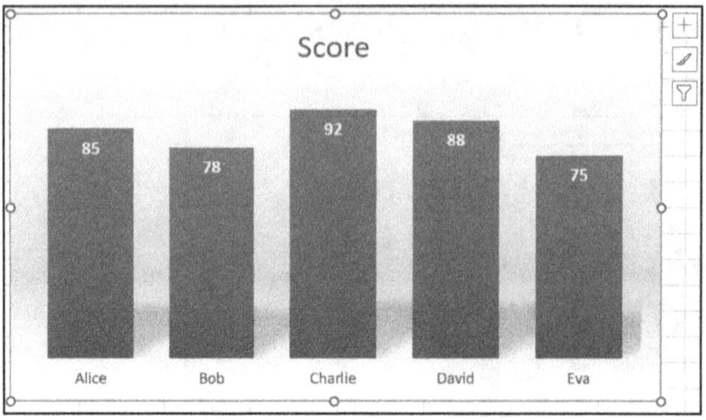

- Ajoutez un titre pour l'axe horizontal ("Nom") et pour l'axe vertical ("Score").
- Cliquez sur le titre du graphique ("Titre du graphique") pour le sélectionner et tapez "Scores des étudiants", puis Appuyez sur "Entrée".

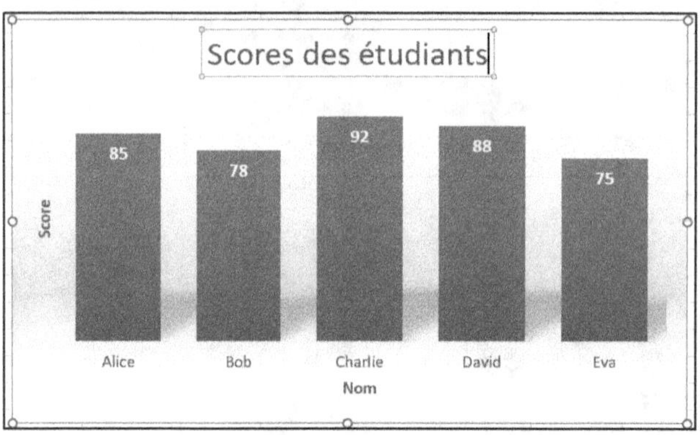

6.2.5. Créer un graphique en secteurs :

- Sélectionnez la plage de données A1:B6.
- Cliquez sur l'onglet "Insertion".
- Dans le groupe "Graphiques", Cliquez sur "Insérer un graphique en secteurs ou en anneau".

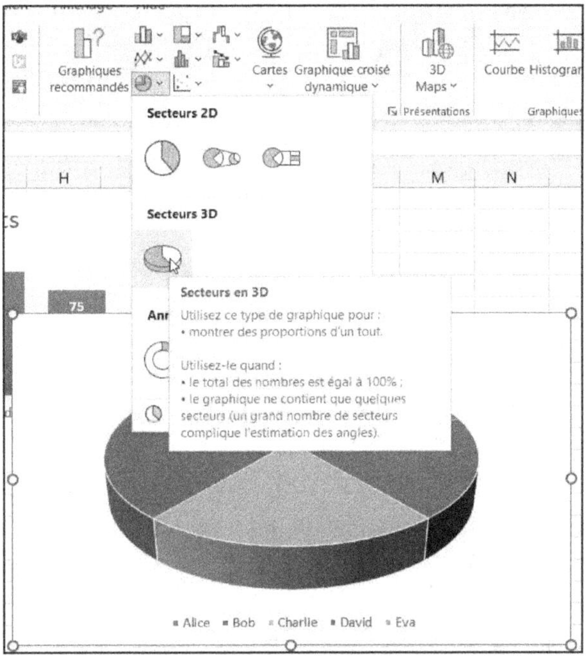

- Sélectionnez "Secteurs". Un graphique en secteurs apparaîtra sur la feuille de calcul.

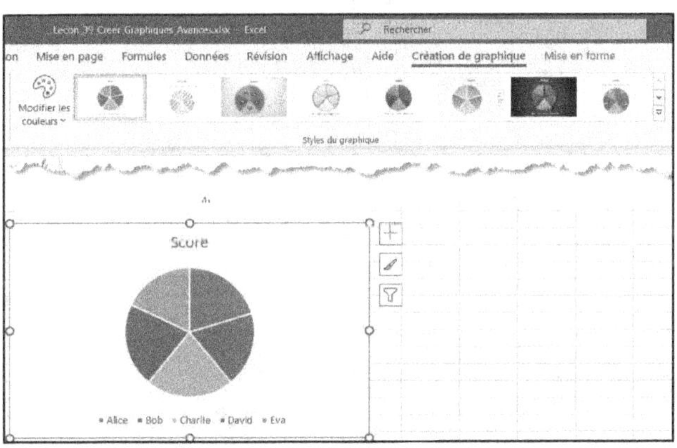

6.2.6. Personnaliser le graphique en secteurs :

- Cliquez sur le graphique pour le sélectionner.
- Cliquez sur l'onglet "Création de graphique".
- Dans le groupe "Styles de graphique", Choisissez un style que vous préférez.

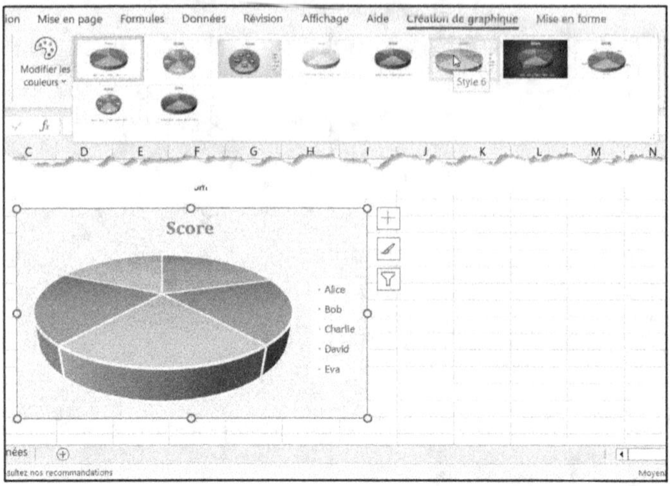

- Cliquez sur "Ajouter un élément de graphique" et Sélectionnez "Étiquettes de données".

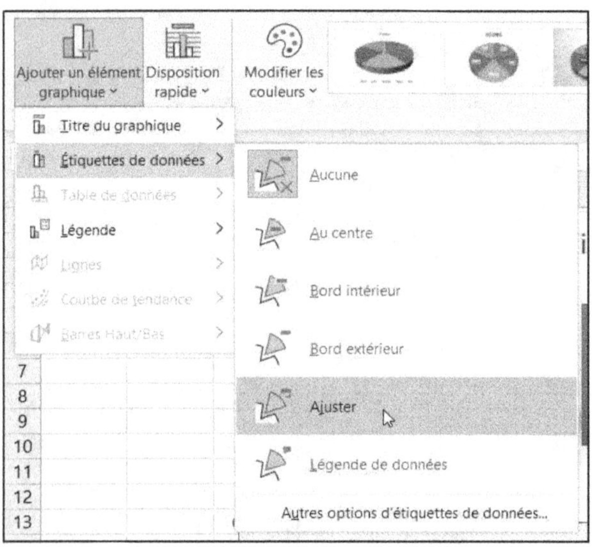

- Choisissez "Meilleur ajustement" pour afficher les valeurs à l'intérieur des secteurs.

- Cliquez sur le titre du graphique et tapez "Répartition des scores des étudiants", puis Appuyez sur "Entrée".

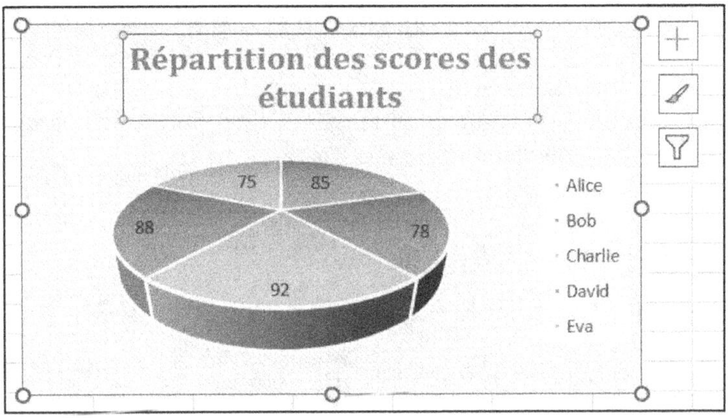

6.2.7. Ajouter des étiquettes de données détaillées :

- Pour l'histogramme, Cliquez sur le graphique pour le sélectionner.
- Cliquez sur "Ajouter un élément de graphique" et Sélectionnez "Étiquettes de données" > "En dehors de l'extrémité" pour afficher les valeurs au-dessus des barres.

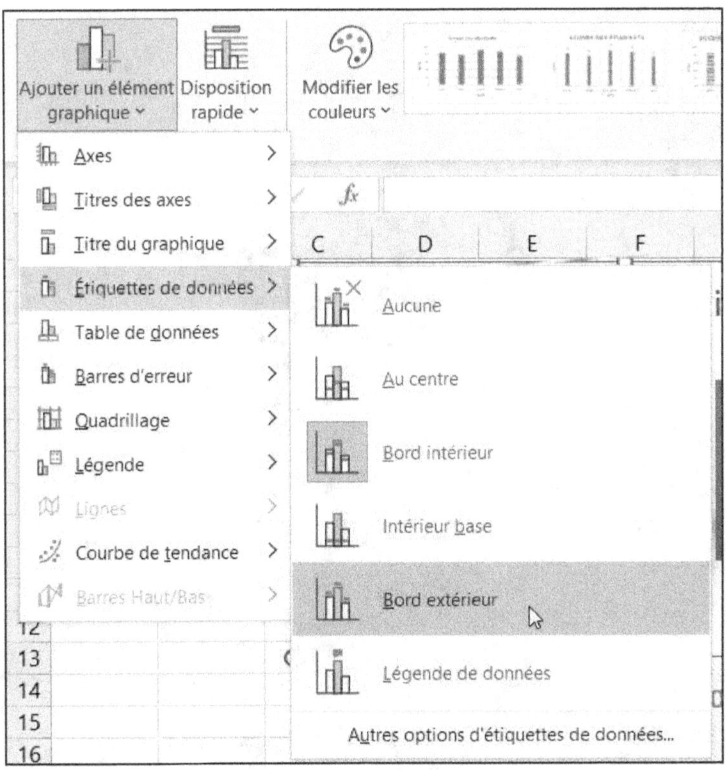

- Pour le graphique en secteurs, Cliquez sur le graphique pour le sélectionner.
- Cliquez sur "Ajouter un élément de graphique" et Sélectionnez "Étiquettes de données" > "Meilleur ajustement" pour afficher les valeurs à l'intérieur des secteurs.

6.2.8. Modifier les couleurs des graphiques :

- Pour l'histogramme, Cliquez sur le graphique pour le sélectionner.
- Cliquez sur l'onglet "Création de graphique".
- Dans le groupe "Styles de graphique", Cliquez sur "Modifier les couleurs" et Choisissez un jeu de couleurs.

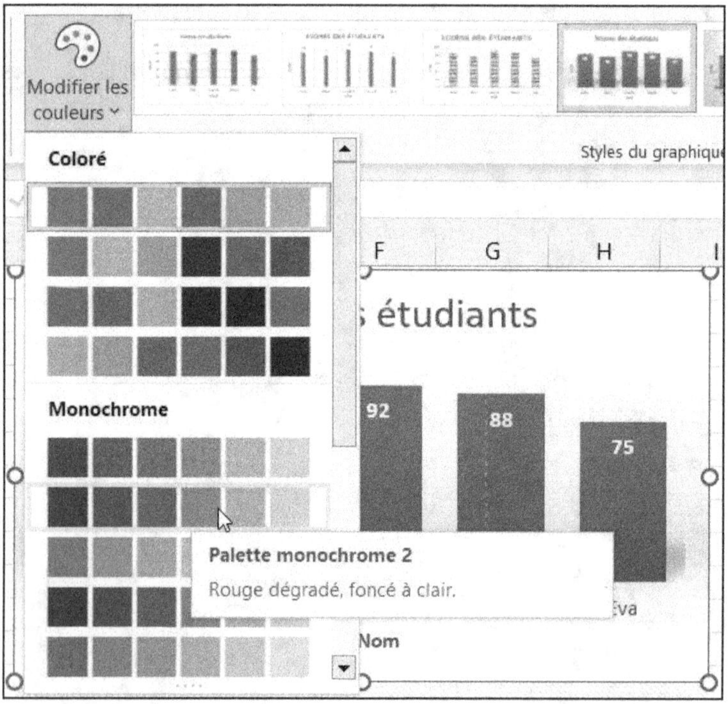

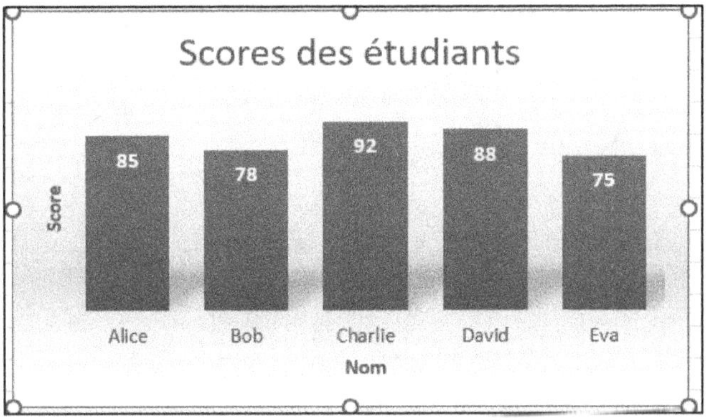

- Pour le graphique en secteurs, Cliquez sur le graphique pour le sélectionner.
- Cliquez sur l'onglet "Création de graphique".
- Dans le groupe "Styles de graphique", Cliquez sur "Modifier les couleurs" et Choisissez un jeu de couleurs.

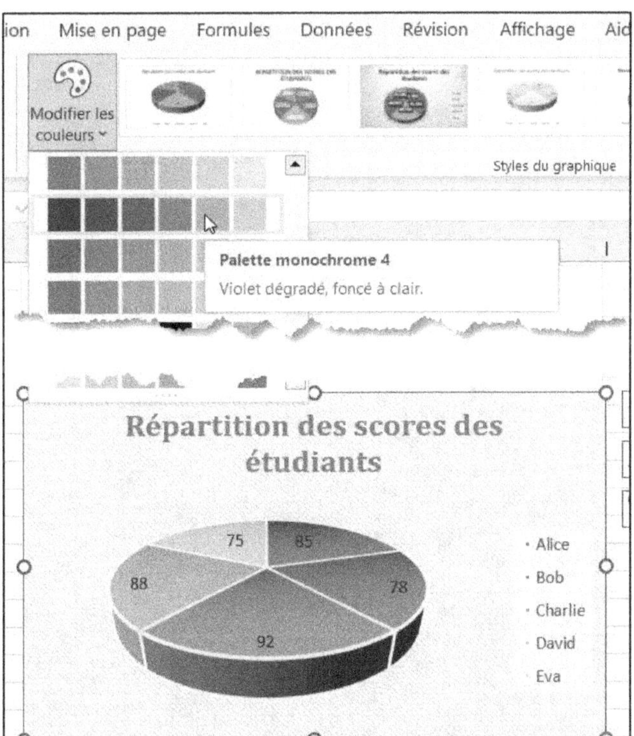

Résumé de la leçon : Vous savez maintenant comment créer et personnaliser des histogrammes et des graphiques en secteurs dans Excel. Ces graphiques vous permettront de visualiser vos données de manière claire et attrayante, facilitant ainsi l'analyse et la présentation des informations.

6.3- Créer des diagrammes et organigrammes

Introduction : Les diagrammes et organigrammes sont des outils visuels efficaces pour représenter des structures hiérarchiques, des processus ou des flux de travail. Excel offre des fonctionnalités intégrées pour créer et personnaliser ces graphiques. Cette leçon vous montrera comment créer et personnaliser des diagrammes et organigrammes dans Excel.

Exemple Pratique : Nous allons créer un organigramme pour une entreprise fictive et un diagramme de flux pour un processus simple.

Étapes à réaliser :

Créer un organigramme

6.3.1. Ouvrir Excel :

- Cliquez sur l'icône d'Excel pour ouvrir le programme.
- Créez un nouveau classeur :

  "Fichier" > "Nouveau" > "Classeur vierge".

6.3.2. Insérer un graphique SmartArt :

- Cliquez sur l'onglet "Insertion" dans le ruban en haut de l'écran.
- Dans le groupe "Illustrations", Cliquez sur "SmartArt".

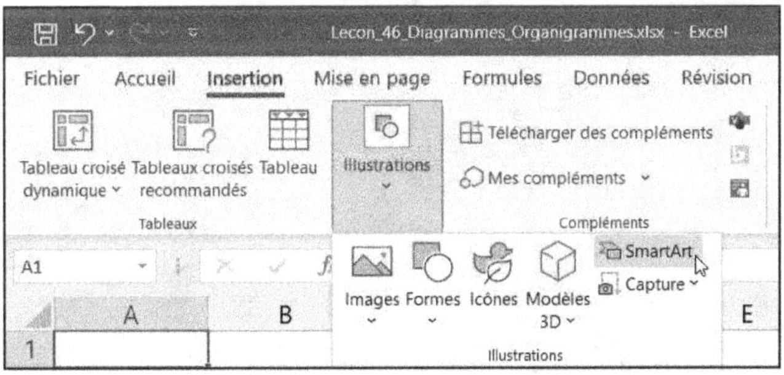

- Dans la fenêtre "Choisir un graphique SmartArt" qui s'ouvre, Sélectionnez "Hiérarchie" dans le panneau de gauche.
- Choisissez le modèle "Organigramme" ou "Organigramme avec images" et Cliquez sur "OK".

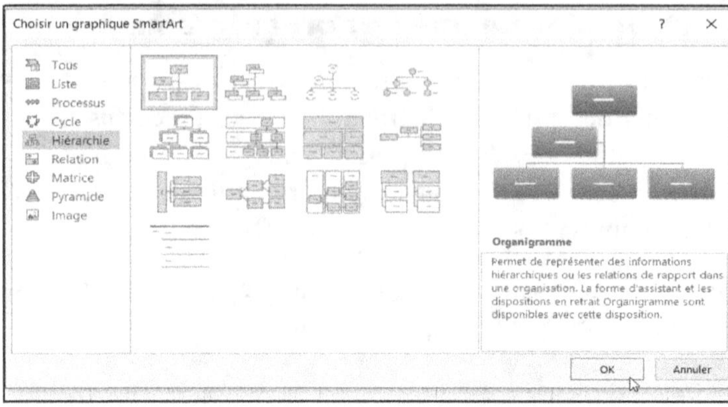

6.3.3. Ajouter des informations à l'organigramme :

- Un organigramme de base apparaîtra dans la feuille de calcul.

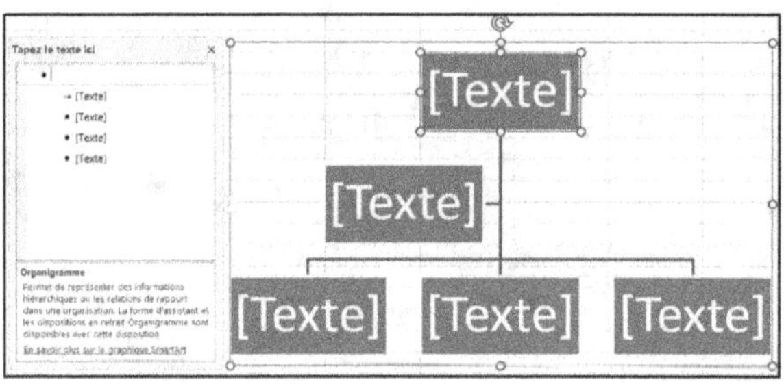

- Cliquez sur les formes de l'organigramme et tapez les noms et les titres des employés. Par exemple :

- Pour la forme supérieure, tapez "Directeur Général".

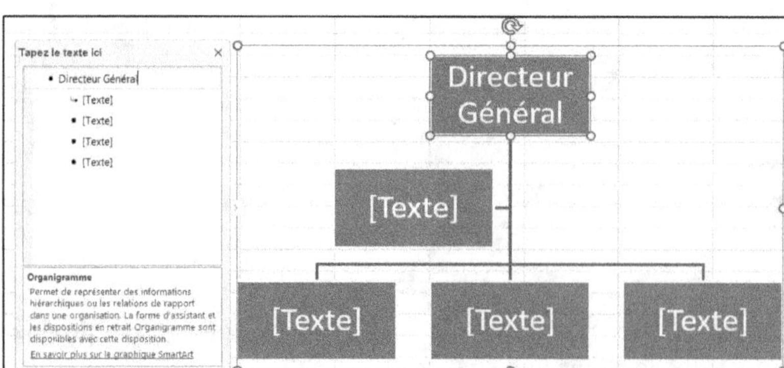

- Pour les formes de niveau suivant, tapez "Directeur Marketing", "Directeur Financier", etc.

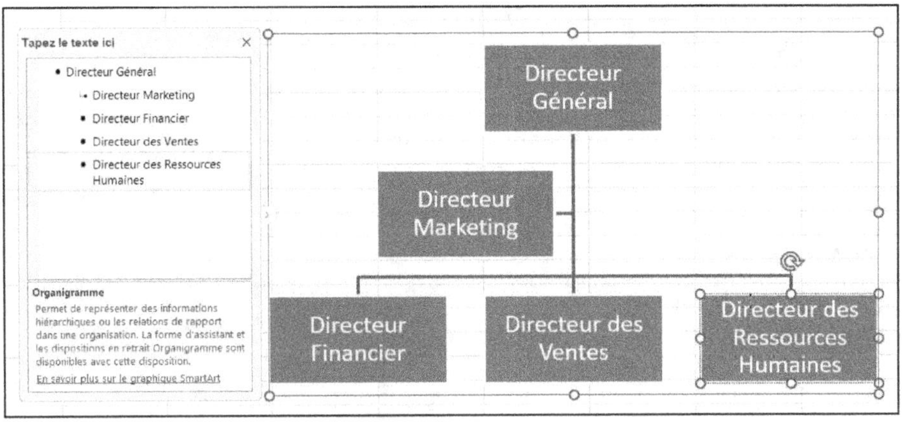

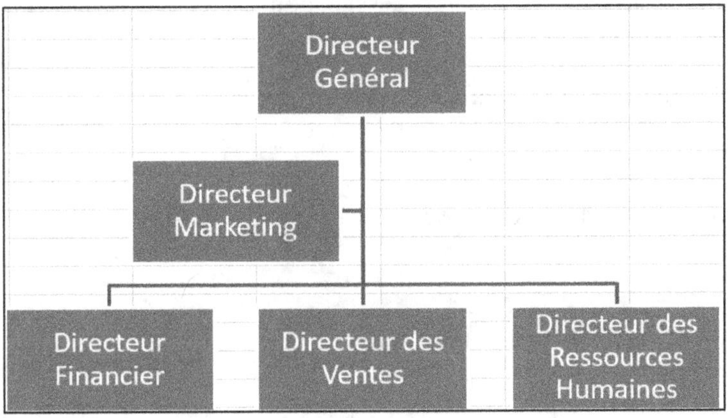

6.3.4. Ajouter ou supprimer des formes :

- Cliquez sur une forme existante pour la sélectionner.
- Cliquez sur l'onglet "Outils SmartArt" > "Création" dans le ruban.
- Dans le groupe "Créer un graphique", Cliquez sur "Ajouter une forme".
- Sélectionnez "Ajouter une forme après" pour ajouter une forme au même niveau, ou "Ajouter une forme en dessous" pour ajouter une forme de niveau inférieur.

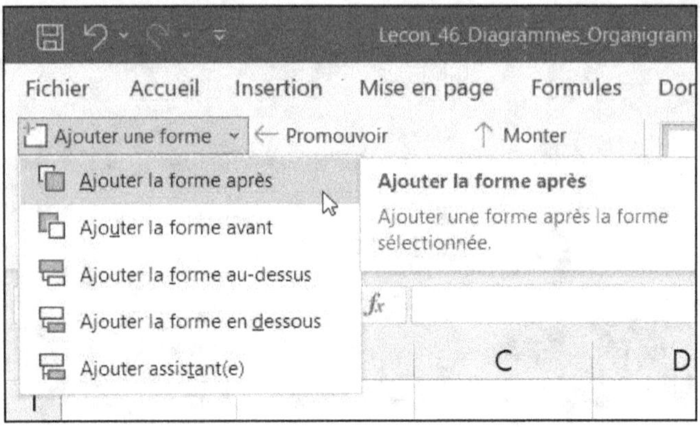

- Pour supprimer une forme, Cliquez dessus pour la sélectionner, puis Appuyez sur la touche "Suppr" de votre clavier.

6.3.5. Personnaliser l'apparence de l'organigramme :

- Cliquez sur l'onglet "Outils SmartArt" > "Format".
- Utilisez les options de style pour modifier les couleurs, les bordures et les effets des formes.

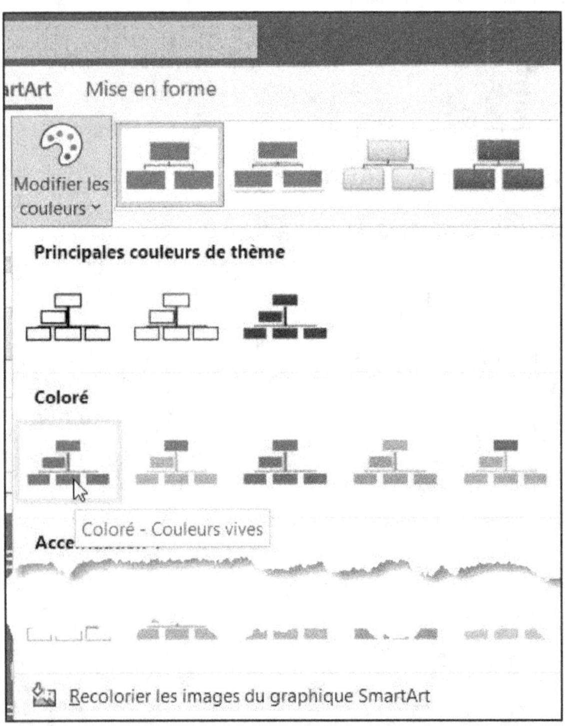

- Cliquez sur l'onglet "Outils SmartArt" > "Création" et Utilisez les options de disposition pour ajuster la mise en page de l'organigramme.

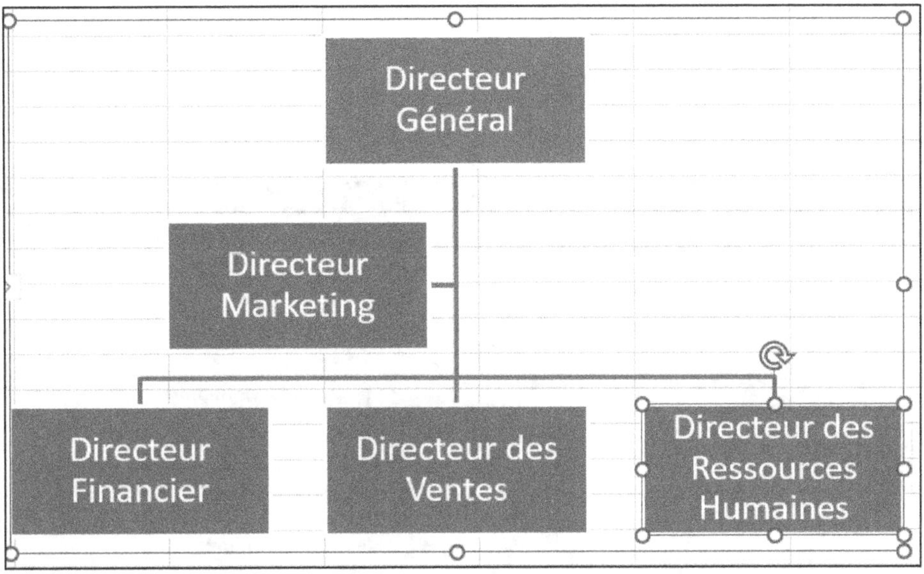

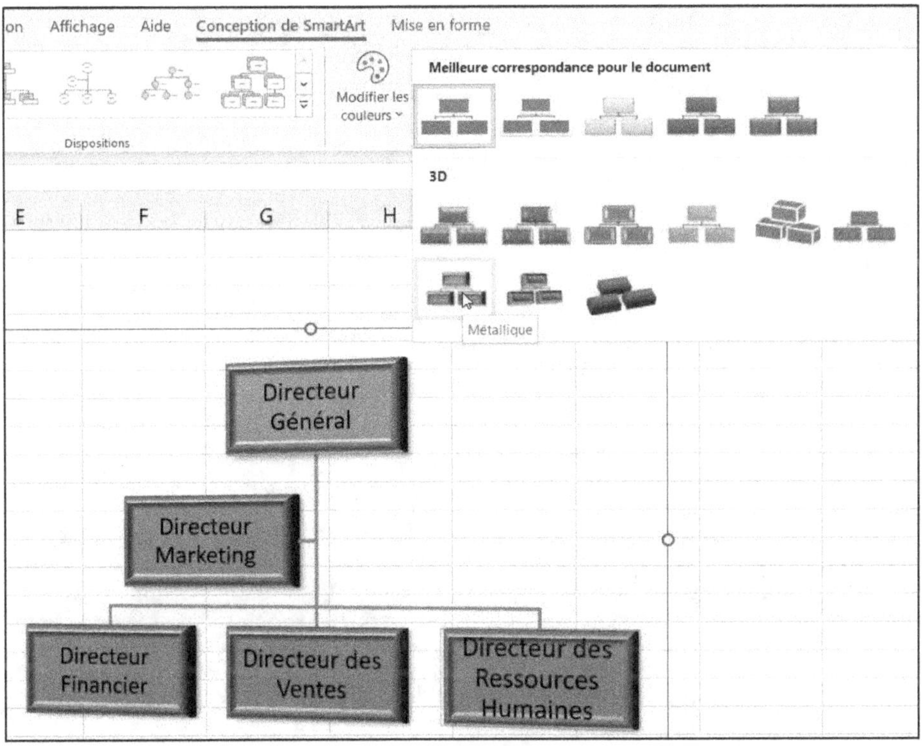

Créer un diagramme de flux

6.3.6. Insérer un graphique SmartArt pour le diagramme de flux :

- Cliquez sur l'onglet "Insertion".
- Dans le groupe "Illustrations", Cliquez sur "SmartArt".

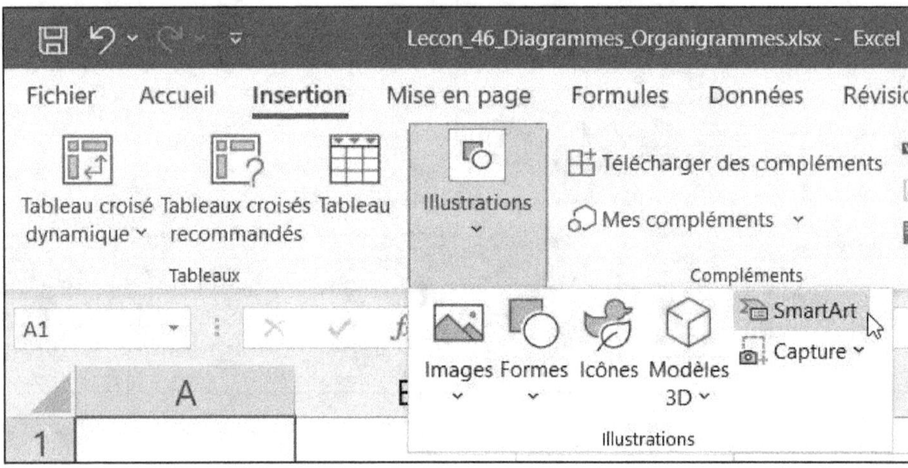

- Dans la fenêtre "Choisir un graphique SmartArt", Sélectionnez "Processus" dans le panneau de gauche.

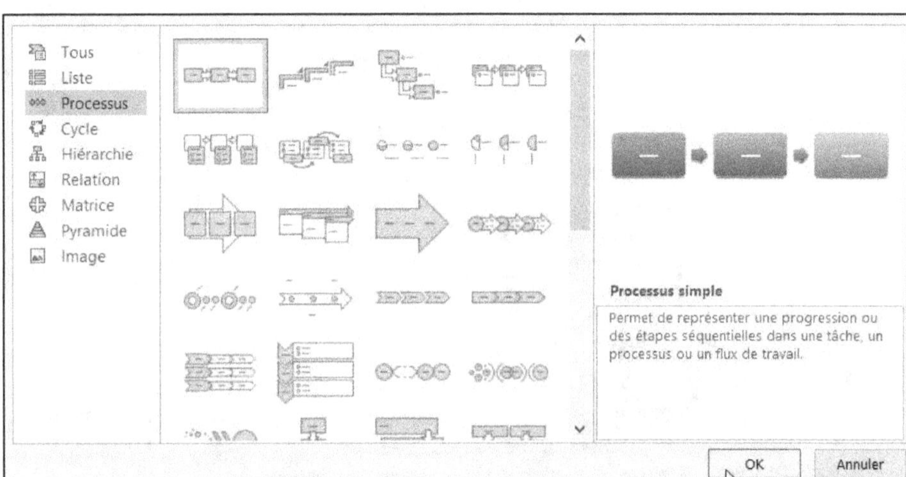

- Choisissez un modèle de diagramme de flux, comme "Processus de base", et Cliquez sur "OK".

6.3.7. Ajouter des informations au diagramme de flux :

- Un diagramme de flux de base apparaîtra dans la feuille de calcul.
- Cliquez sur les formes du diagramme de flux et tapez les Étapes du processus. Par exemple :
- Pour la première forme, tapez "Étapes 1 : Début".
- Pour les formes suivantes, tapez "Étapes 2 : Action", "Étapes 3 : Vérification", etc.

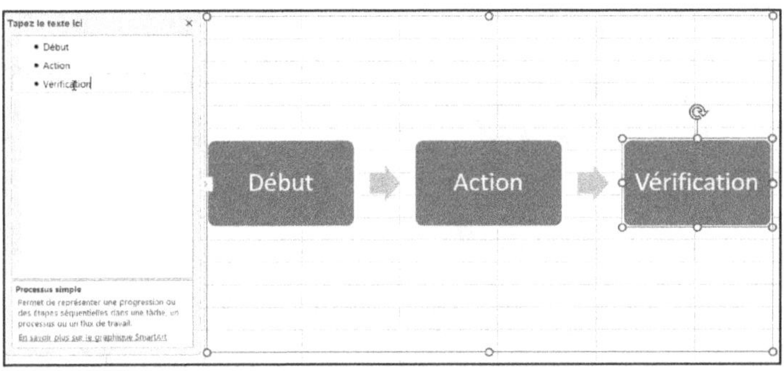

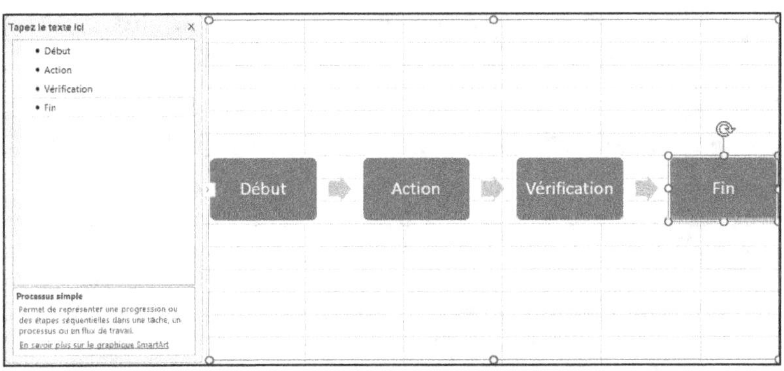

6.3.8. Ajouter ou supprimer des formes :

- Cliquez sur une forme existante pour la sélectionner.
- Cliquez sur l'onglet "Outils SmartArt" > "Création".
- Dans le groupe "Créer un graphique", Cliquez sur "Ajouter une forme".
- Sélectionnez "Ajouter une forme après" pour ajouter une étape au même niveau, ou "Ajouter une forme en dessous" pour ajouter une étapes de niveau inférieur.

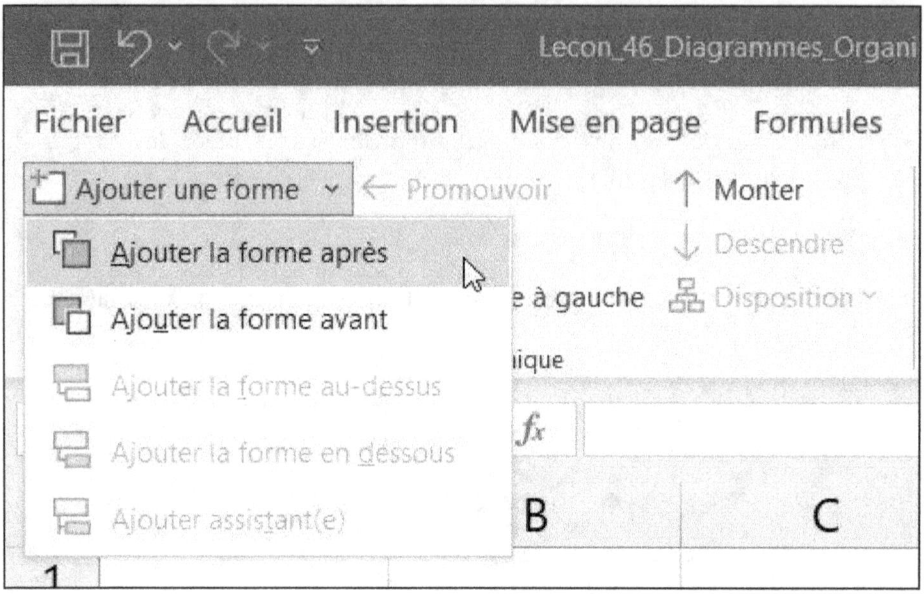

- Pour supprimer une forme, Cliquez dessus pour la sélectionner, puis Appuyez sur la touche "Suppr".

6.3.9. Personnaliser l'apparence du diagramme de flux :

- Cliquez sur l'onglet "Outils SmartArt" > "Format".
- Utilisez les options de style pour modifier les couleurs, les bordures et les effets des formes.

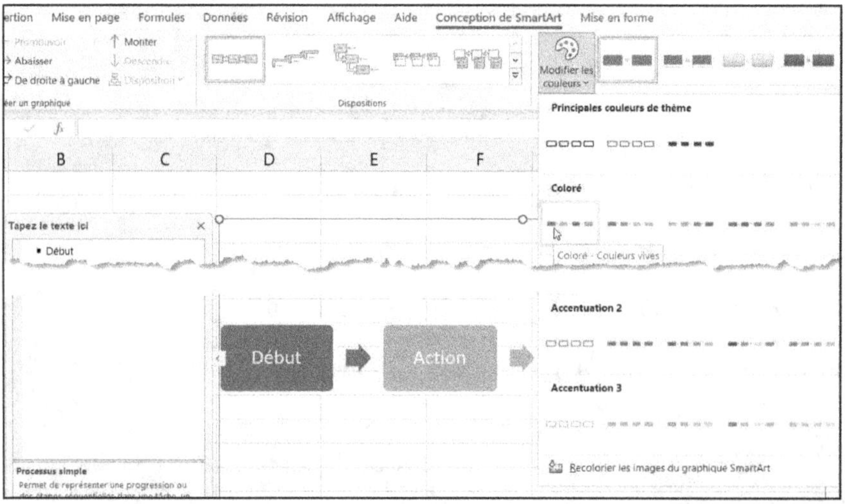

- Cliquez sur l'onglet "Outils SmartArt" > "Création" et Utilisez les options de disposition pour ajuster la mise en page du diagramme de flux.

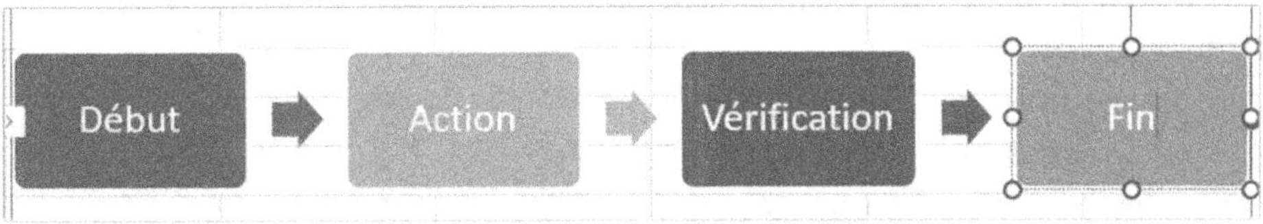

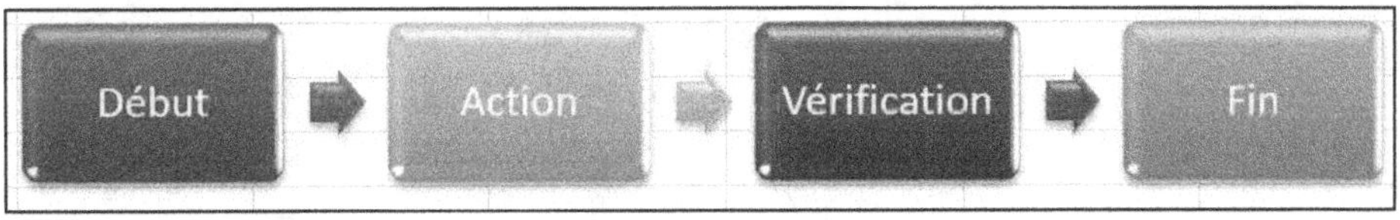

Résumé

Vous savez maintenant comment créer et personnaliser des organigrammes et des diagrammes de flux dans Excel en utilisant SmartArt. Ces compétences vous permettront de représenter visuellement des structures hiérarchiques et des processus de manière claire et compréhensible.

CHAPITRE 7 :
GESTION DES FEUILLES DE CALCUL

7.1. Insérer et supprimer des feuilles de calcul
7.2. Renommer et déplacer des feuilles de calcul
7.3. Créer des liaisons entre différentes feuilles

Excel vous permet de travailler sur plusieurs feuilles de calcul dans un même classeur. Dans ce chapitre, vous apprendrez à insérer, supprimer, renommer, et déplacer des feuilles de calcul. Vous verrez également comment créer des liaisons entre différentes feuilles pour une gestion plus fluide de vos données.

7.1- Insérer et supprimer des feuilles de calcul

Introduction : Insérer et supprimer des feuilles de calcul est une compétence de base essentielle pour organiser et gérer vos données dans Excel. Cela vous permet de structurer vos classeurs en fonction de vos besoins. Cette leçon vous montrera comment ajouter et supprimer des feuilles de calcul.

Exemple Pratique : Nous allons insérer plusieurs feuilles de calcul, les renommer, et en supprimer certaines.

Étapes à réaliser :

7.1.1. Ouvrir Excel :

- Cliquez sur l'icône d'Excel pour ouvrir le programme.
- Créez un nouveau classeur :

  "Fichier" > "Nouveau" > "Classeur vierge".

7.1.2. Insérer une nouvelle feuille de calcul :

- Cliquez sur le symbole "+" à côté de l'onglet de la feuille de calcul en bas de l'écran.

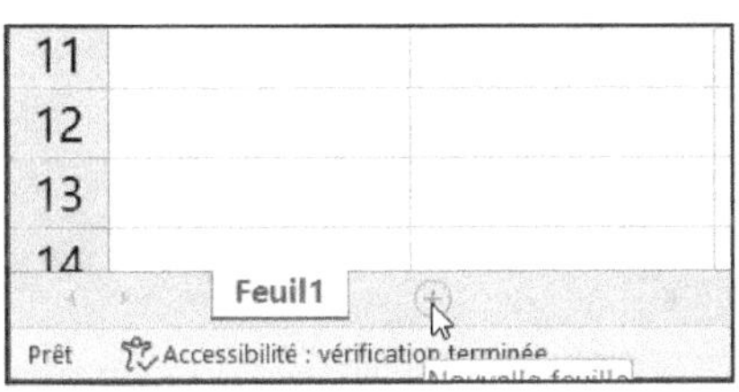

- Une nouvelle feuille de calcul nommée "Feuil2" apparaîtra à côté de "Feuil1".

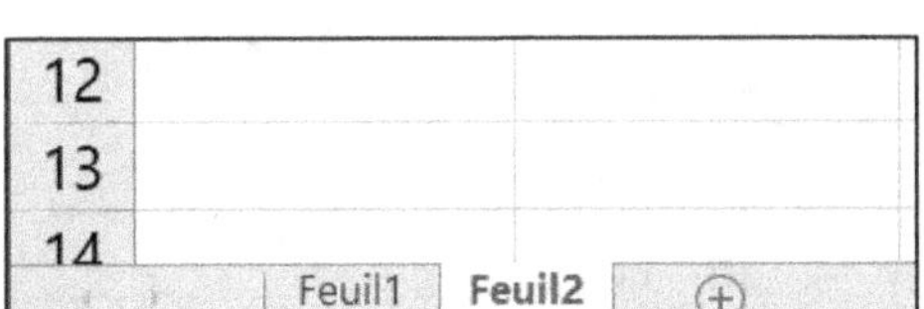

7.1.3. Renommer les feuilles de calcul :

- Cliquez avec le bouton droit de la souris sur l'onglet "Feuil1".

- Sélectionnez "Renommer" dans le menu contextuel.

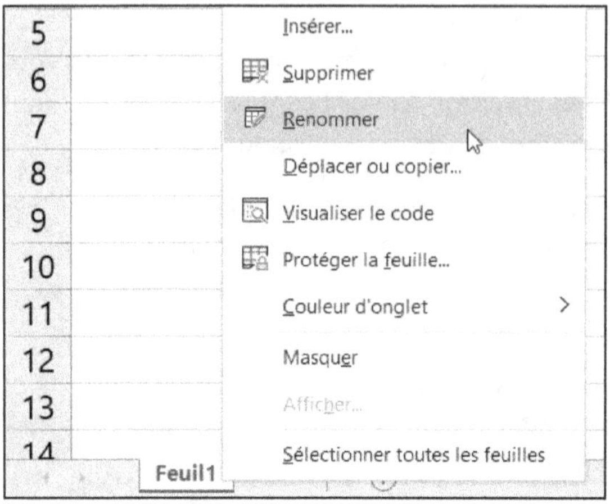

- Tapez "Données 1" et Appuyez sur "Entrée".

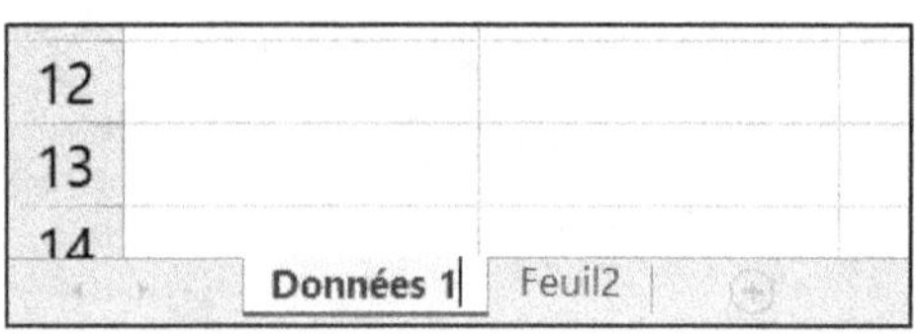

- Répétez les Étapes pour renommer "Feuil2" en "Données 2".

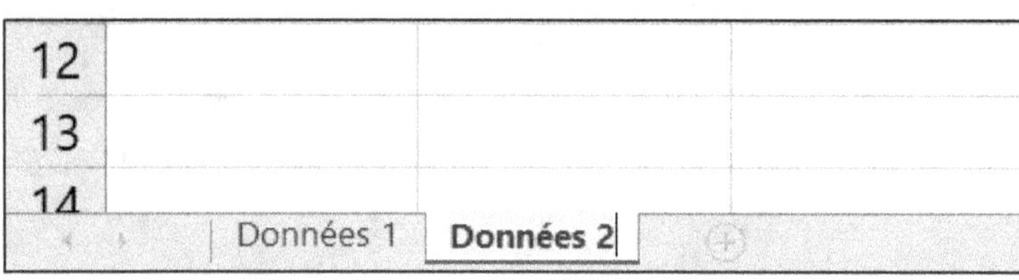

7.1.4. Insérer plusieurs feuilles de calcul :

- Cliquez sur le symbole "+" plusieurs fois pour ajouter deux nouvelles feuilles de calcul.

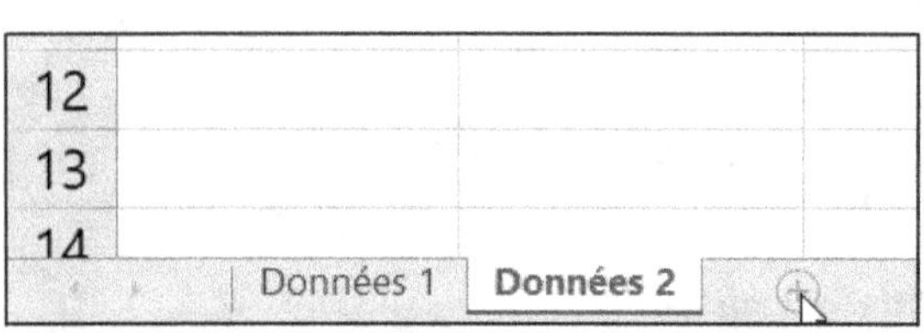

- Renommez "Feuil3" en "Analyse 1" et "Feuil4" en "Analyse 2".

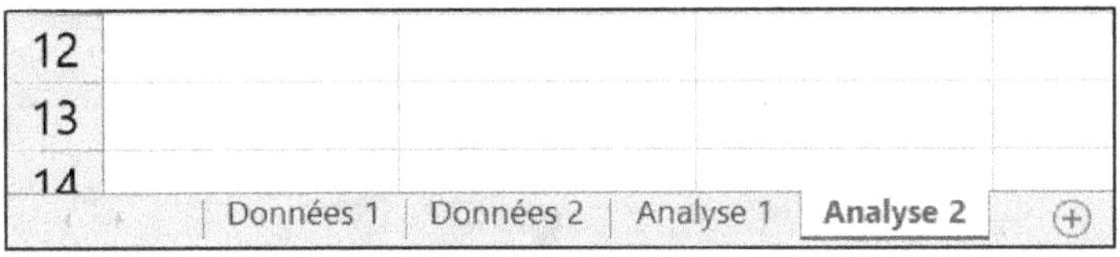

7.1.5. Supprimer une feuille de calcul :

- Cliquez avec le bouton droit de la souris sur l'onglet "Données 2".
- Sélectionnez "Supprimer" dans le menu contextuel.

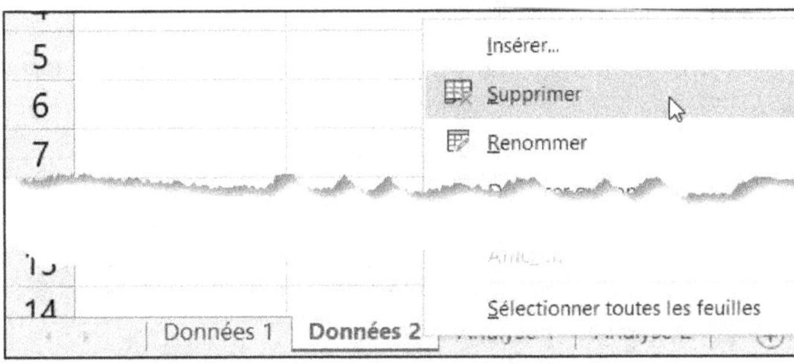

- Une fenêtre de confirmation s'ouvrira. Cliquez sur "Supprimer" pour confirmer.

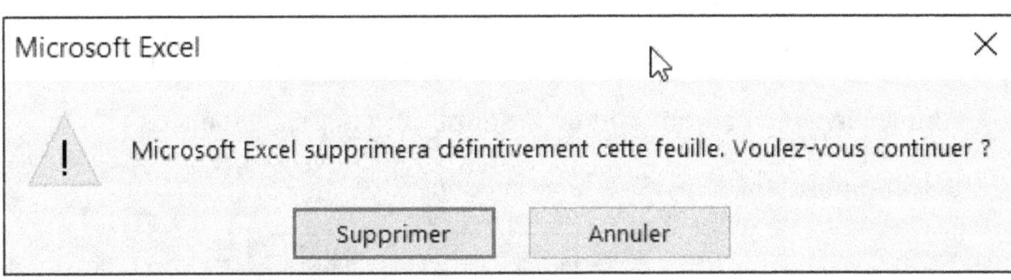

7.1.6. Supprimer plusieurs feuilles de calcul :

- Maintenez la touche "Ctrl" enfoncée et Cliquez sur les onglets "Analyse 1" et "Analyse 2" pour les sélectionner.

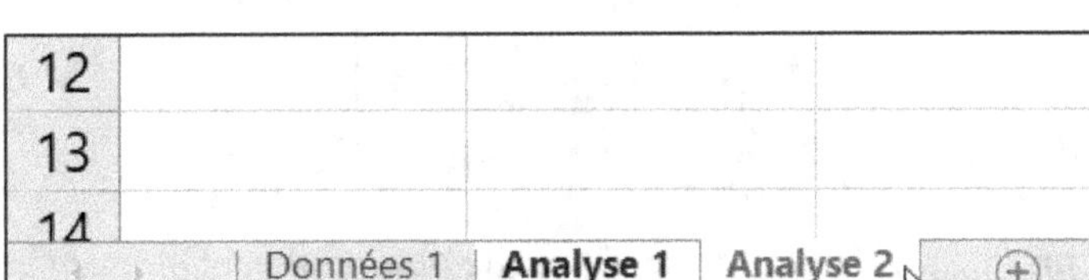

- Cliquez avec le bouton droit de la souris sur l'un des onglets sélectionnés.

- Sélectionnez "Supprimer" dans le menu contextuel.

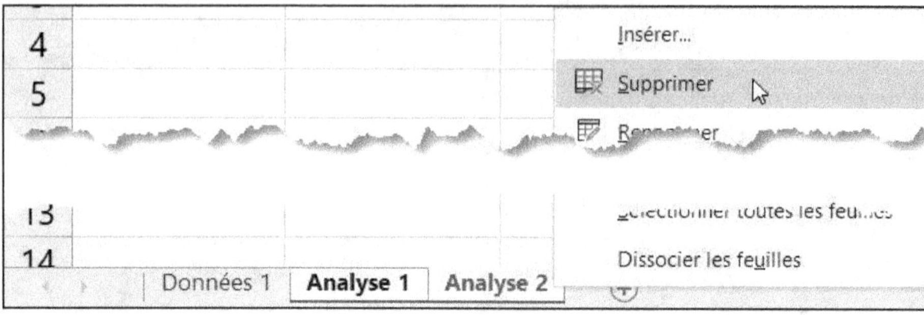

- Une fenêtre de confirmation s'ouvrira. Cliquez sur "Supprimer" pour confirmer.

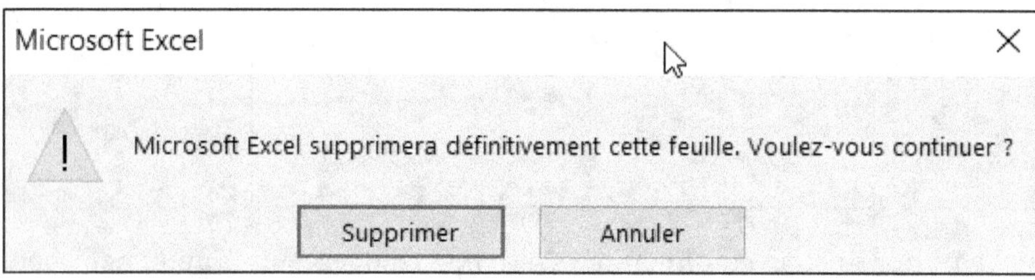

7.1.7. Insérer une feuille de calcul à une position spécifique :

- Cliquez avec le bouton droit de la souris sur l'onglet "Données 1".
- Sélectionnez "Insérer" dans le menu contextuel.

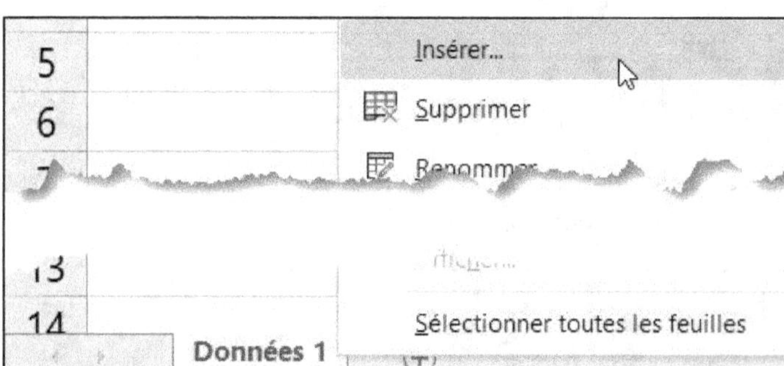

- Dans la fenêtre qui s'ouvre, Sélectionnez "Feuille de calcul" et Cliquez sur "OK".

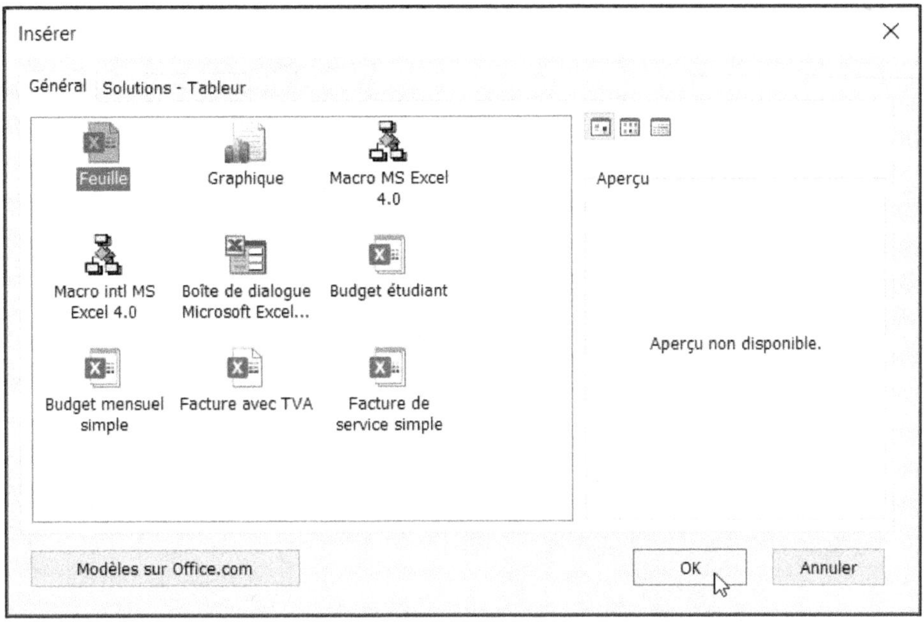

- Une nouvelle feuille de calcul sera insérée avant "Données 1". Renommez-la en "Introduction".

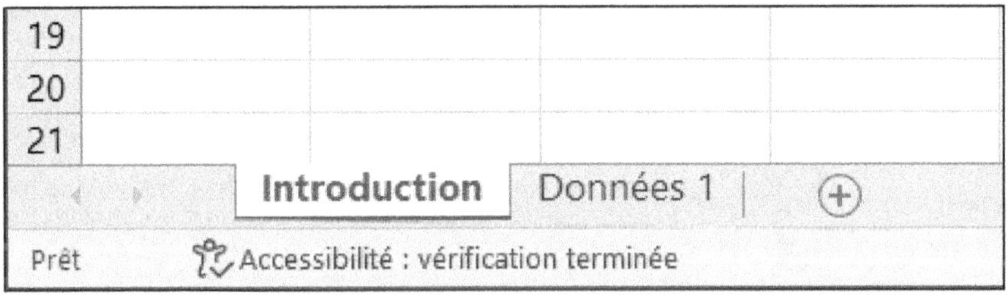

7.1.8. Réorganiser les feuilles de calcul :

- Cliquez et maintenez l'onglet "Introduction", puis faites-le glisser vers la droite pour le placer après "Données 1".

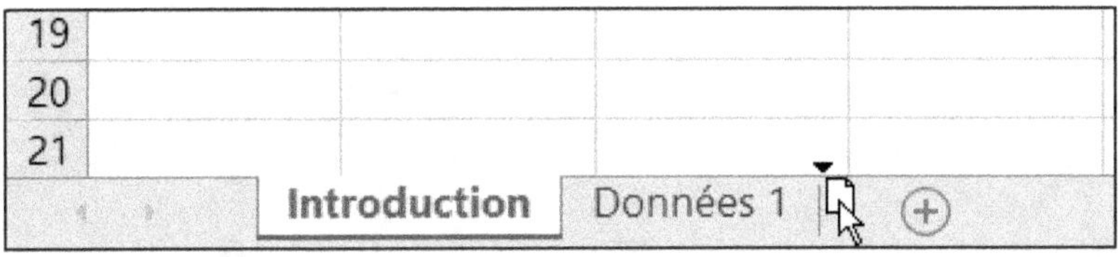

- Relâchez le bouton de la souris pour déposer l'onglet à la nouvelle position.

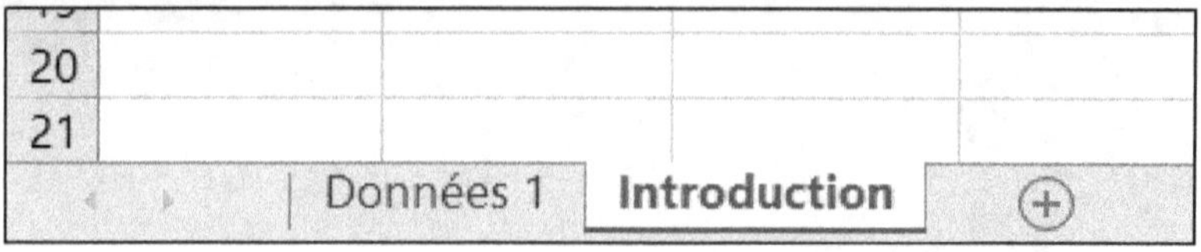

Résumé de la leçon : Vous savez maintenant comment insérer, renommer et supprimer des feuilles de calcul dans Excel. Ces compétences vous permettront de mieux organiser vos classeurs et de structurer vos données de manière logique et efficace.

7.2- Renommer et déplacer des feuilles de calcul

Introduction : Renommer et déplacer des feuilles de calcul est crucial pour organiser et gérer vos données dans Excel de manière efficace. Cette leçon vous montrera comment renommer les feuilles de calcul pour les identifier facilement et comment les déplacer pour structurer votre classeur selon vos besoins.

Exemple Pratique : Nous allons renommer plusieurs feuilles de calcul et les déplacer à différentes positions.

Étapes à réaliser :

7.2.1. Ouvrir Excel :

- Cliquez sur l'icône d'Excel pour ouvrir le programme.
- Créez un nouveau classeur :

  "Fichier" > "Nouveau" > "Classeur vierge".

7.2.2. Insérer des feuilles de calcul :

- Cliquez sur le symbole "+" à côté de l'onglet de la feuille de calcul en bas de l'écran pour ajouter plusieurs feuilles de calcul (par exemple, ajoutez trois nouvelles feuilles).

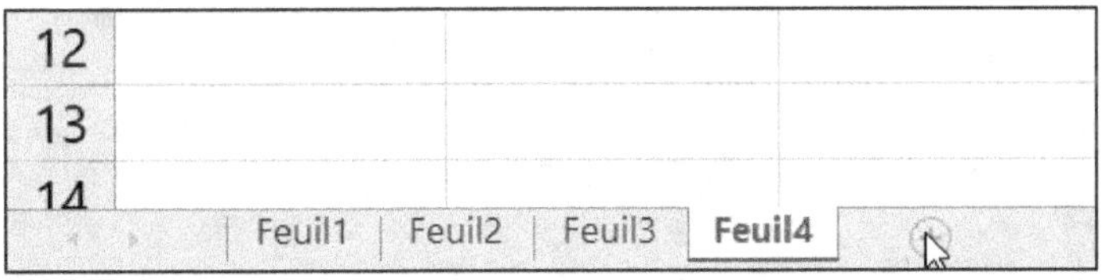

7.2.3. Renommer les feuilles de calcul :

- Cliquez avec le bouton droit de la souris sur l'onglet "Feuil1".
- Sélectionnez "Renommer" dans le menu contextuel.

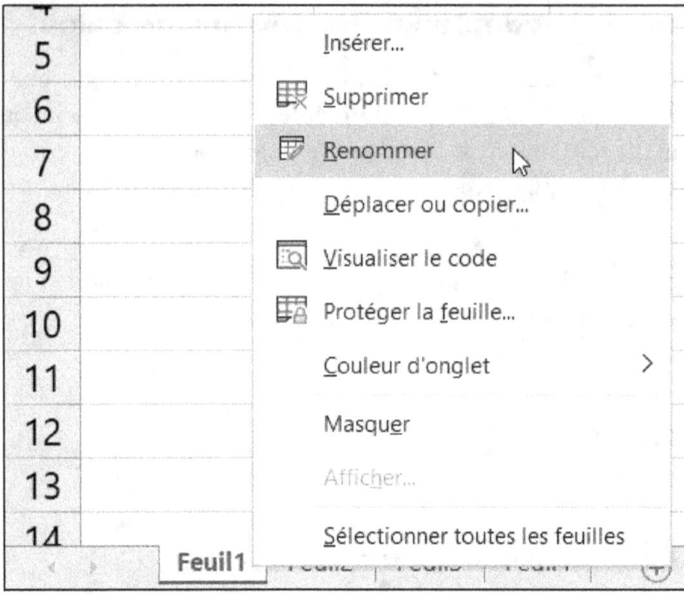

- Tapez "Introduction" et Appuyez sur "Entrée".

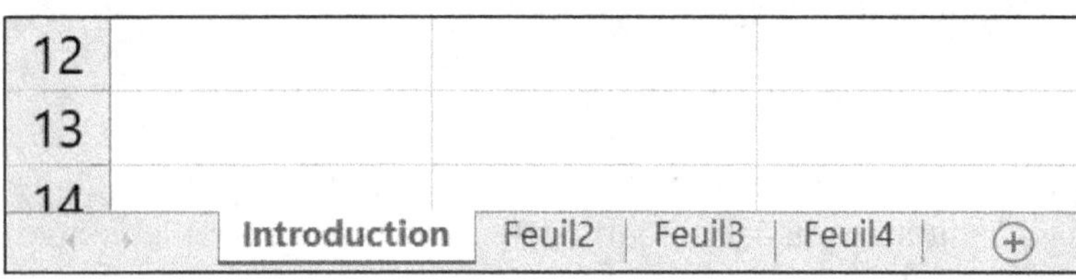

- Répétez les Étapes pour renommer "Feuil2" en "Données", "Feuil3" en "Analyse" et "Feuil4" en "Conclusion".

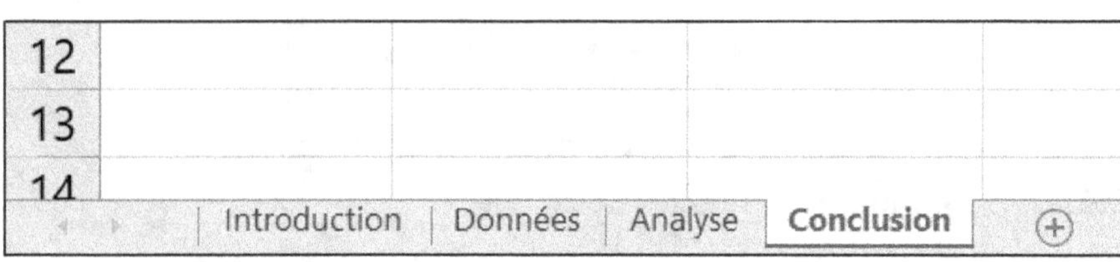

7.2.4. Déplacer une feuille de calcul :

- Cliquez et maintenez l'onglet "Conclusion".

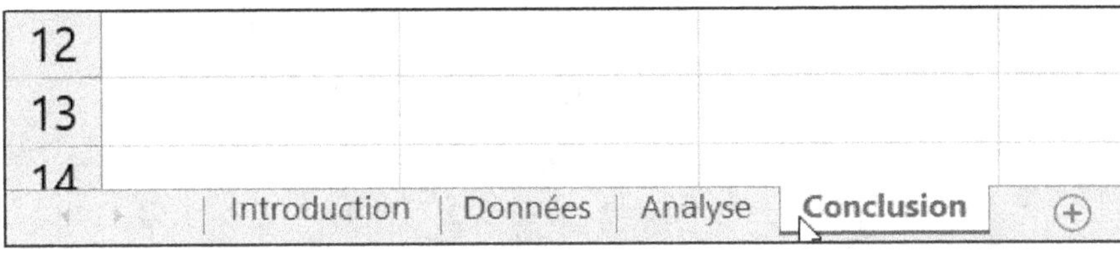

- Faites glisser l'onglet vers la gauche pour le placer après "Introduction".

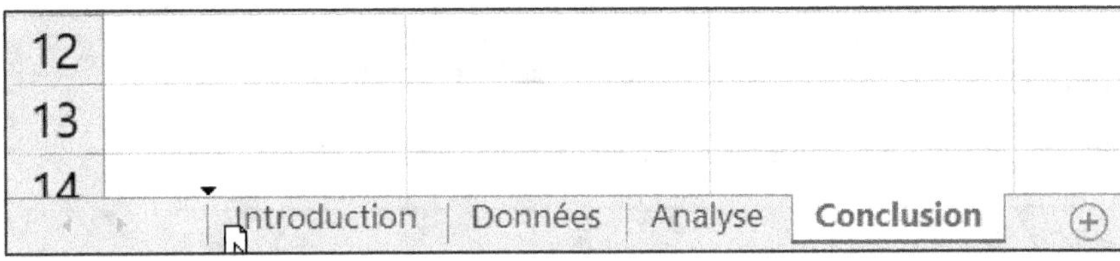

- Relâchez le bouton de la souris pour déposer l'onglet à la nouvelle position.

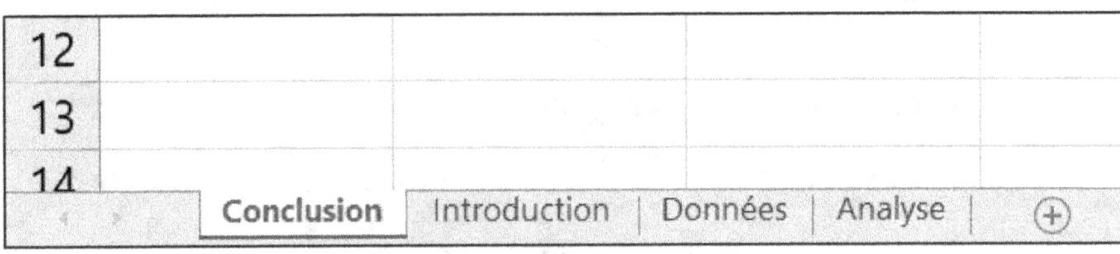

7.2.5. Déplacer plusieurs feuilles de calcul en même temps :

- Maintenez la touche "Ctrl" enfoncée et Cliquez sur les onglets "Données" et "Analyse" pour les sélectionner.

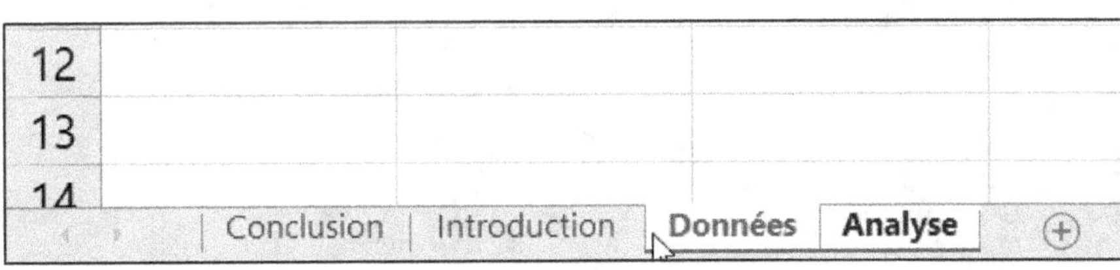

- Cliquez et maintenez l'un des onglets sélectionnés et faites-les glisser ensemble vers la position souhaitée (par exemple, après "Conclusion").

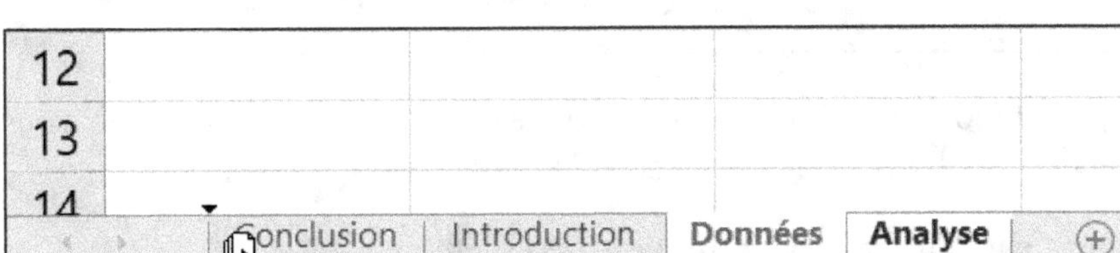

- Relâchez le bouton de la souris pour déposer les onglets à la nouvelle position.

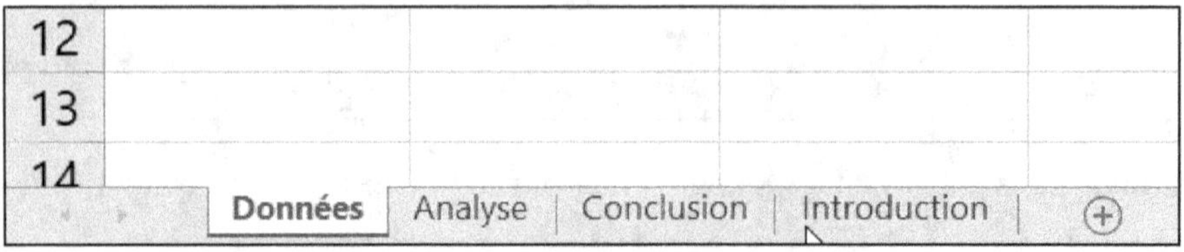

7.2.6. Renommer une feuille de calcul directement :

- Double-Cliquez sur l'onglet "Introduction".

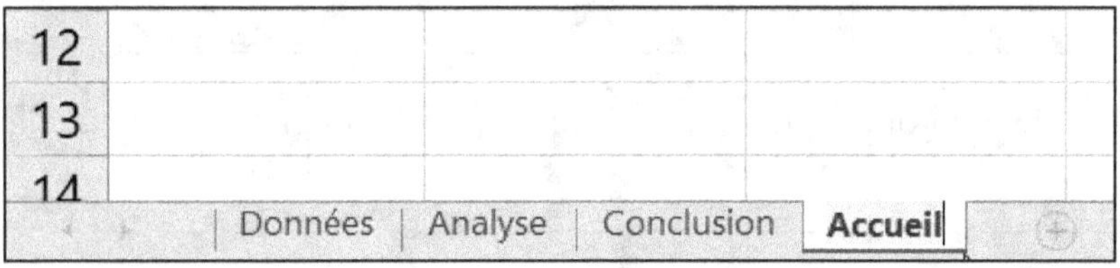

- Tapez "Accueil" et Appuyez sur "Entrée" pour renommer la feuille.

7.2.7. Déplacer une feuille de calcul à l'aide du menu contextuel :

- Cliquez avec le bouton droit de la souris sur l'onglet "Accueil".
- Sélectionnez "Déplacer ou copier..." dans le menu contextuel.

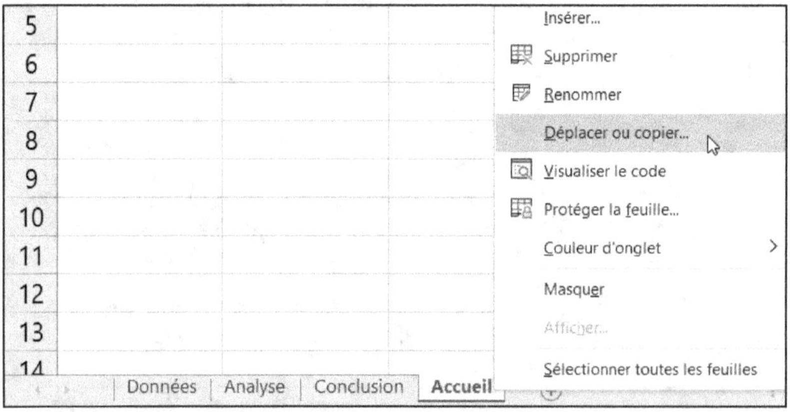

- Dans la fenêtre qui s'ouvre, Sélectionnez la feuille après laquelle vous souhaitez déplacer la feuille "Accueil".
- Cliquez sur "OK" pour confirmer le déplacement.

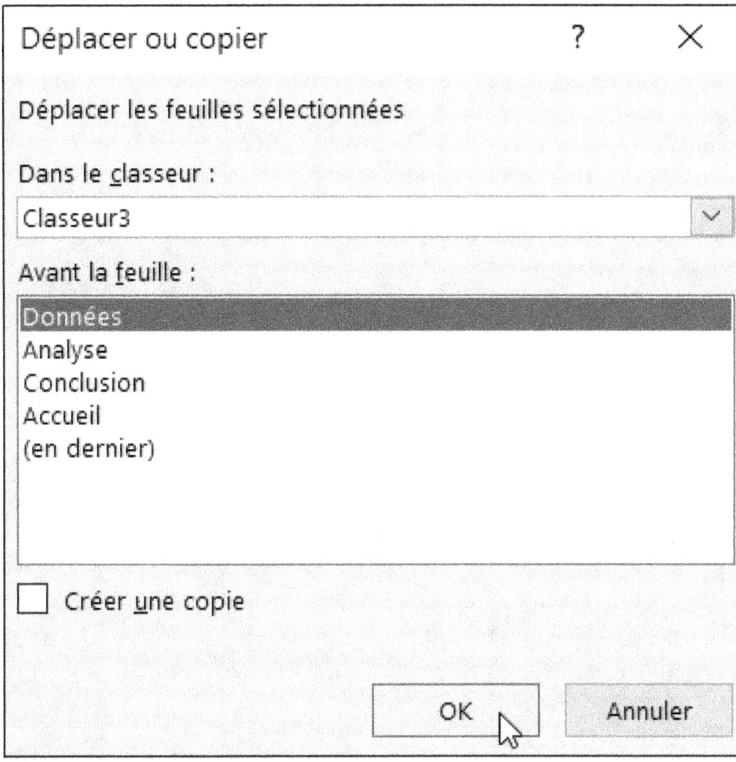

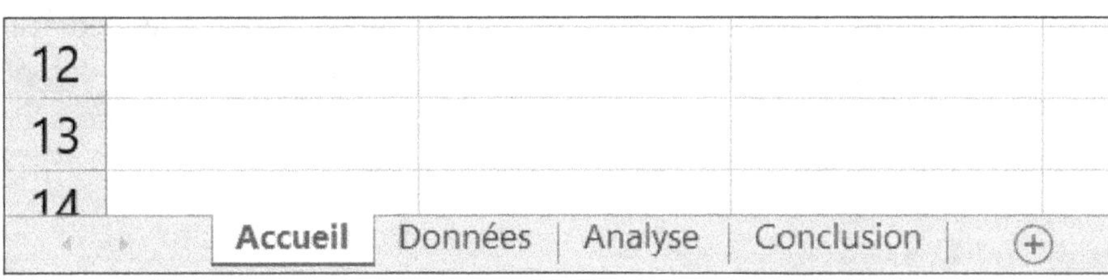

7.2.8. Utiliser le ruban pour renommer une feuille :

- Sélectionnez la feuille de calcul que vous voulez renommer (par exemple, "Analyse").
- Cliquez sur l'onglet "Accueil" dans le ruban.
- Dans le groupe "Cellules", Cliquez sur "Format".
- Sélectionnez "Renommer la feuille" et tapez le nouveau nom, puis Appuyez sur "Entrée".

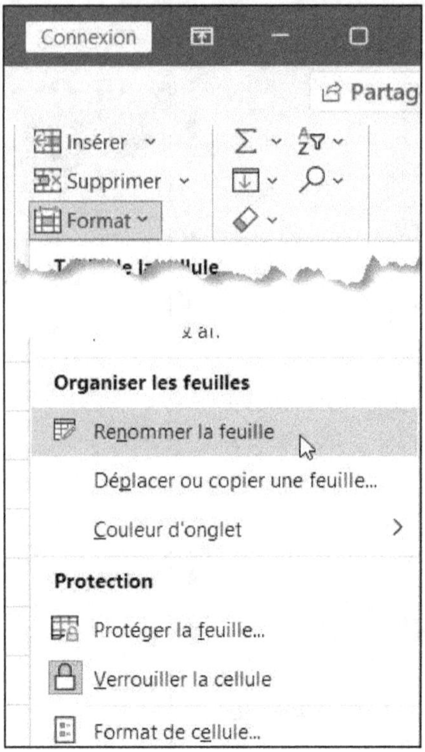

Résumé de la leçon : Vous savez maintenant comment renommer et déplacer des feuilles de calcul dans Excel. Ces compétences vous permettront de structurer vos classeurs de manière logique et d'organiser vos données de façon claire et accessible.

7.3- Créer des liaisons entre différentes feuilles

Introduction : Créer des liaisons entre différentes feuilles dans Excel vous permet de consolider des données provenant de plusieurs sources en un seul endroit. Cela est particulièrement utile pour organiser des informations dispersées sur plusieurs feuilles. Cette leçon vous montrera comment créer des liaisons entre différentes feuilles et utiliser des formules pour référencer des cellules situées dans d'autres feuilles.

Exemple Pratique : Nous allons entrer des données sur plusieurs feuilles et créer des liaisons entre elles pour consolider les informations.

Étapes à réaliser :

7.3.1. Ouvrir Excel :

- Cliquez sur l'icône d'Excel pour ouvrir le programme.
- Créez un nouveau classeur :

  "Fichier" > "Nouveau" > "Classeur vierge".

7.3.2. Entrer des données dans différentes feuilles :

- **Feuille 1** :
- Renommez la première feuille en "Ventes Janvier".
- Dans la feuille "Ventes Janvier", entre les données suivantes :
- A1: "Produit", B1: "Quantité", C1: "Prix unitaire"
- A2: "Stylo", B2: "20", C2: "1.5"
- A3: "Cahier", B3: "10", C3: "3"

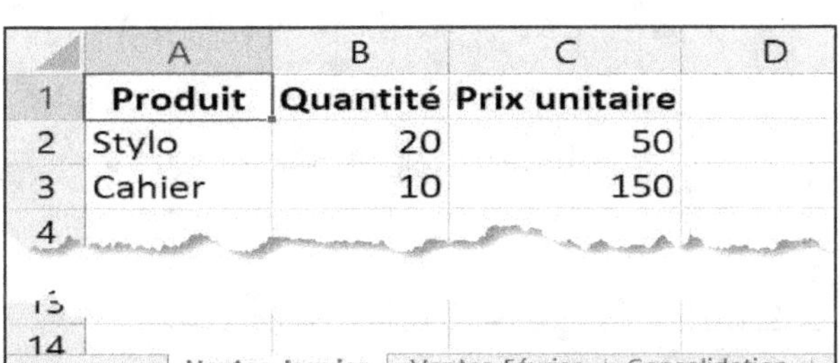

	A	B	C	D
1	**Produit**	**Quantité**	**Prix unitaire**	
2	Stylo	20	50	
3	Cahier	10	150	
4				
13				
14				

Ventes_Janvier | Ventes_Février | Consolidation

- **Feuille 2** :

- Ajoutez une nouvelle feuille en cliquant sur le symbole "+" en bas de l'écran et renommez-la en "Ventes Février".
- Dans la feuille "Ventes Février", entre les données suivantes :
- A1: "Produit", B1: "Quantité", C1: "Prix unitaire"
- A2: "Stylo", B2: "15", C2: "1.5"
- A3: "Cahier", B3: "8", C3: "3"

	A	B	C	D
1	**Produit**	**Quantité**	**Prix unitaire**	
2	Stylo	15	50	
3	Cahier	8	150	
4				
14				

Ventes_Janvier | **Ventes_Février** | Consolidation

7.3.3. Consolider les données dans une nouvelle feuille :

- Ajoutez une nouvelle feuille et renommez-la en "Consolidation".
- Dans la feuille "Consolidation", entrez les données suivantes :
- A1: "Produit", B1: "Total Janvier", C1: "Total Février", D1: "Total Année"
- A2: "Stylo", A3: "Cahier"

	A	B	C	D
1	**Produit**	**Total Janvier**	**Total Février**	**Total Année**
2	Stylo			
3	Cahier			
4				
14				

Ventes_Janvier | Ventes_Février | **Consolidation** | (+)

7.3.4. Créer des liaisons entre les feuilles :

- **Total Janvier** :
- Sélectionnez la cellule B2 dans la feuille "Consolidation".
- Tapez =, puis naviguez vers la feuille "Ventes Janvier" et Cliquez sur la cellule B2 (quantité de stylos vendus en janvier).

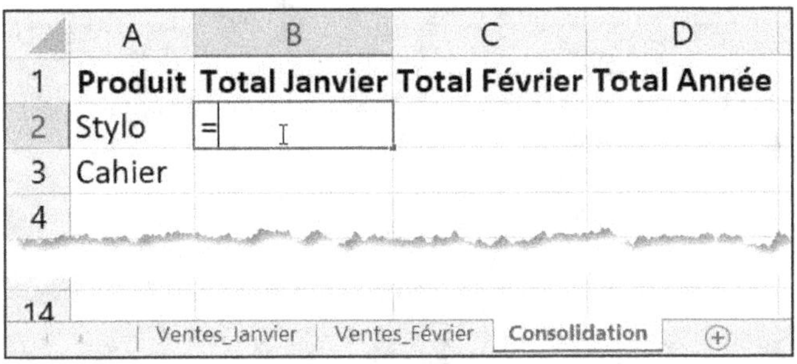

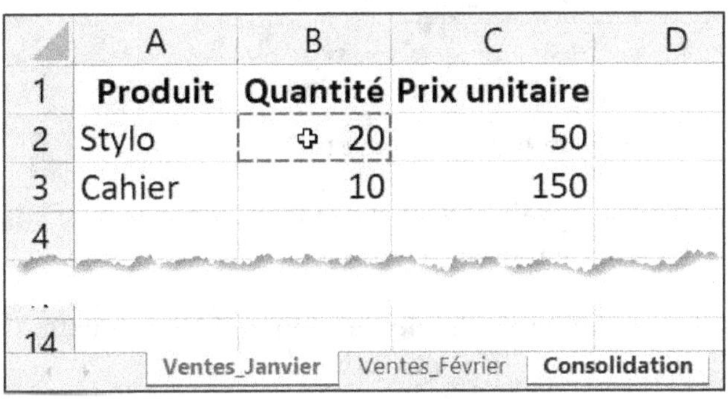

- Appuyez sur "Entrée". La cellule B2 de la feuille "Consolidation" affichera "20".

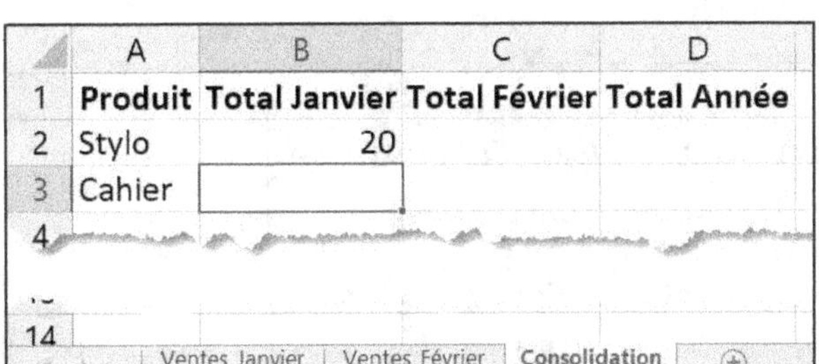

- Répétez cette opération pour la cellule B3 en pointant vers la cellule B3 de "Ventes Janvier". La cellule B3 de la feuille "Consolidation" affichera "10".

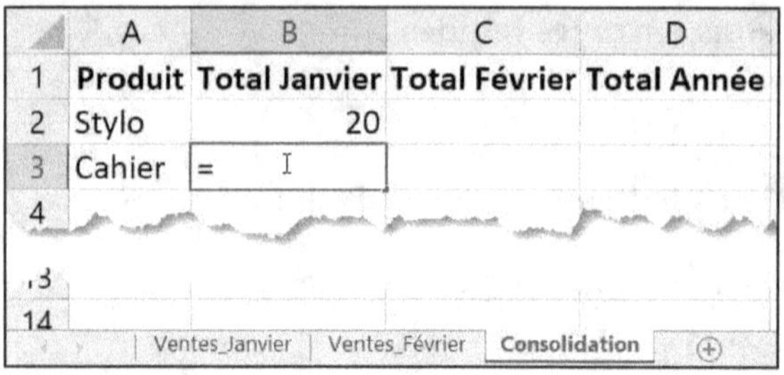

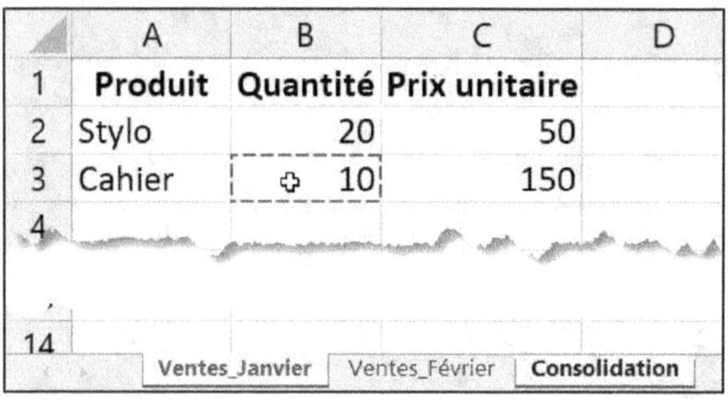

- **Total Février** :
- Sélectionnez la cellule C2 dans la feuille "Consolidation".
- Tapez =, puis navigue vers la feuille "Ventes Février" et Cliquez sur la cellule B2 (quantité de stylos vendus en février).
- Appuyez sur "Entrée". La cellule C2 de la feuille "Consolidation" affichera "15".
- Répétez cette opération pour la cellule C3 en pointant vers la cellule B3 de "Ventes Février". La cellule C3 de la feuille "Consolidation" affichera "8".

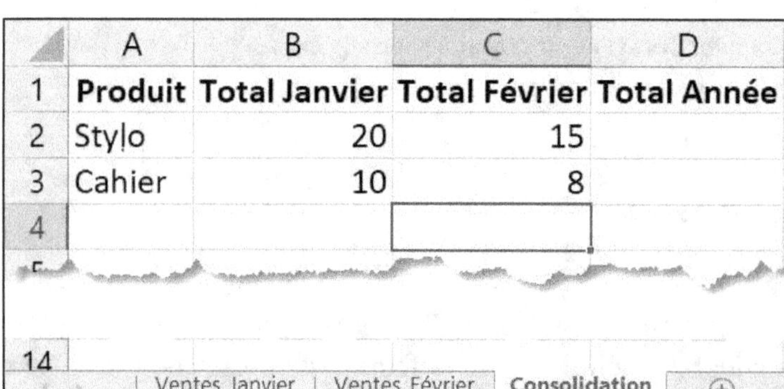

7.3.5. Calculer le total annuel :

- Sélectionnez la cellule D2 dans la feuille "Consolidation".
- Tapez =B2+C2 et Appuyez sur "Entrée". La cellule D2 affichera "35" (total des ventes de stylos pour janvier et février).

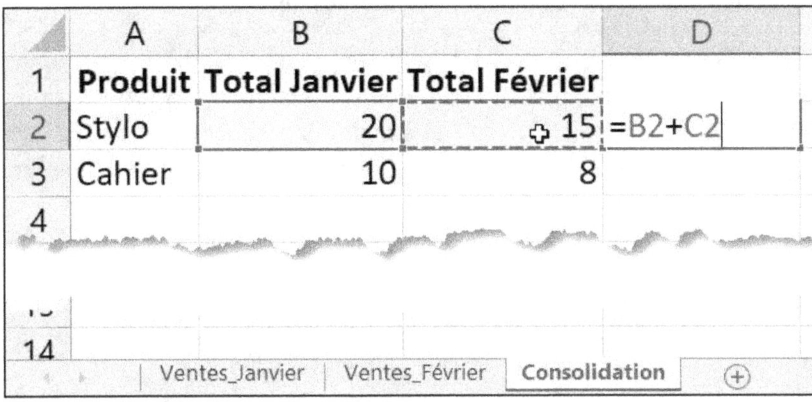

	A	B	C	D
1	**Produit**	**Total Janvier**	**Total Février**	
2	Stylo	20	15	=B2+C2
3	Cahier	10	8	
4				
14				

- Utilisez La poignée de recopie pour copier la formule de D2 à D3. La cellule D3 affichera "18" (total des ventes de cahiers pour janvier et février).

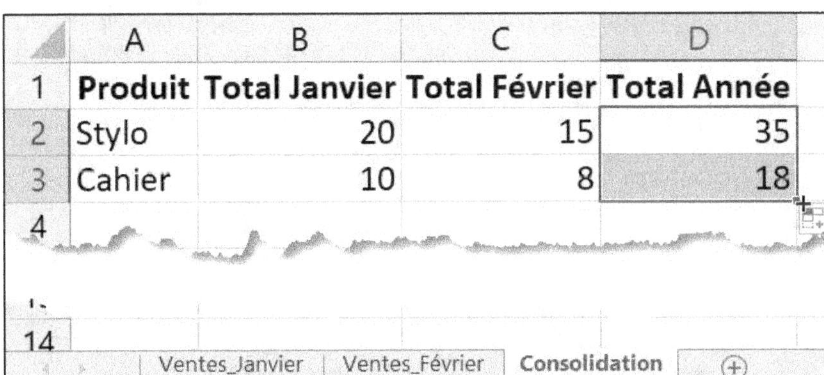

	A	B	C	D
1	**Produit**	**Total Janvier**	**Total Février**	**Total Année**
2	Stylo	20	15	35
3	Cahier	10	8	18
4				
14				

7.3.6. Mettre à jour les données et vérifier les liaisons :

- Modifiez les quantités ou les prix dans les feuilles "Ventes Janvier" et "Ventes Février".
- Les cellules liées dans la feuille "Consolidation" se mettront automatiquement à jour pour refléter les changements.

7.3.7. Utiliser des références absolues et relatives :

- Pour les liaisons entre feuilles, les références sont généralement absolues par défaut (par exemple, ='Ventes Janvier'!$B$2).
- Si vous souhaitez utiliser des références relatives, Vous pouvez ajuster manuellement les références en supprimant les signes $.

Résumé de la leçon : Vous savez maintenant comment créer des liaisons entre différentes feuilles dans Excel pour consolider et organiser des informations. Ces compétences vous permettront de travailler efficacement avec des données réparties sur plusieurs feuilles et de les analyser de manière centralisée.

CHAPITRE 8 : IMPRESSION ET PARTAGE DES DOCUMENTS

8.1. Insérer des en-têtes et des pieds de page
8.2. Imprimer un classeur ou une sélection
8.3. Partager un classeur
8.4. Utiliser les commentaires et les notes

Une fois votre travail terminé, vous devrez peut-être l'imprimer ou le partager avec d'autres. Ce chapitre vous expliquera comment préparer votre classeur pour l'impression, insérer des en-têtes et pieds de page, et partager vos documents de manière sécurisée et professionnelle.

8.1- Insérer des en-têtes et des pieds de page

Introduction : Les en-têtes et les pieds de page dans Excel permettent d'ajouter des informations supplémentaires, comme le titre du document, la date, le numéro de page, etc. Cela est particulièrement utile pour les documents imprimés. Cette leçon vous montrera comment insérer et personnaliser des en-têtes et des pieds de page.

Exemple Pratique : Nous allons insérer et personnaliser des en-têtes et des pieds de page dans une feuille de calcul.

Étapes à réaliser :

8.1.1. Accéder à l'onglet Mise en page :

- Cliquez sur l'onglet "Mise en page" dans le ruban en haut de l'écran.

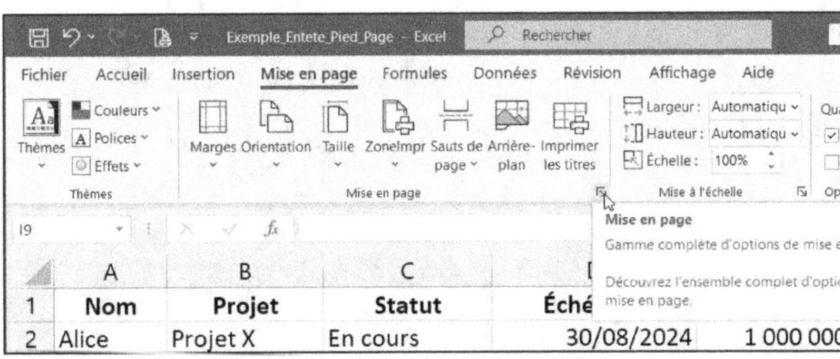

8.1.2. Ouvrir l'outil d'en-têtes et pieds de page :

- Dans le groupe "Mise en page", Cliquez sur "Imprimer les titres".
- Une nouvelle fenêtre "Mise en page" s'ouvre. Cliquez sur l'onglet "En-tête/Pied de page".

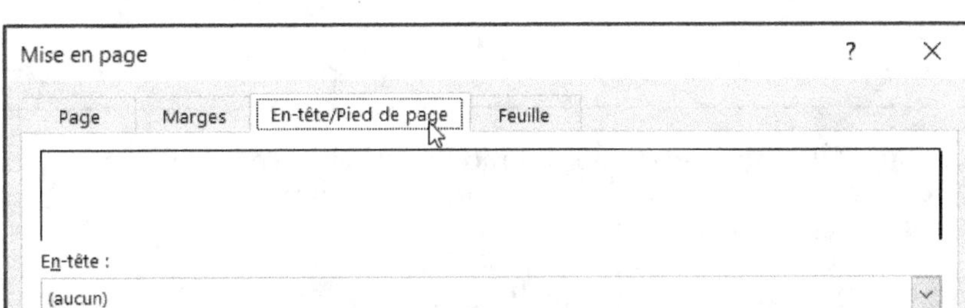

8.1.3. Insérer un en-tête :

- Cliquez sur "En-tête personnalisé...".

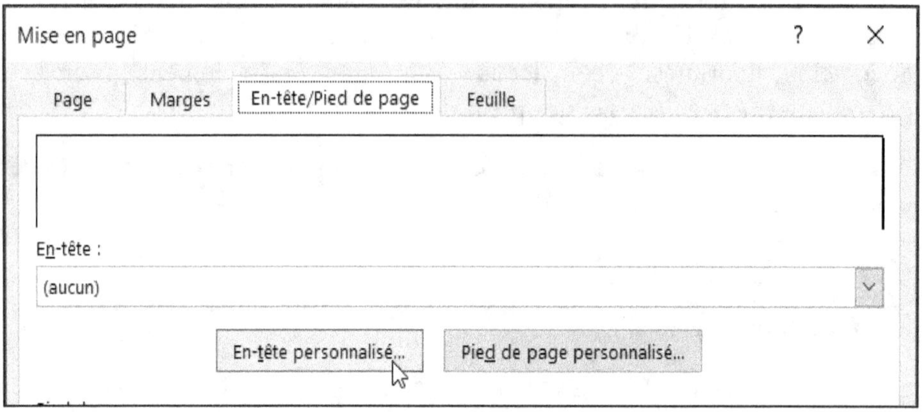

- Une nouvelle fenêtre s'Ouvrez avec trois sections : Gauche, Centre, Droite.
- Cliquez dans la section "Centre" et tapez "Scores des étudiants".
- Pour ajouter la date, Cliquez sur l'icône "Insérer la date" (le calendrier). La commande &[Date] apparaît, ce qui insérera la date actuelle.

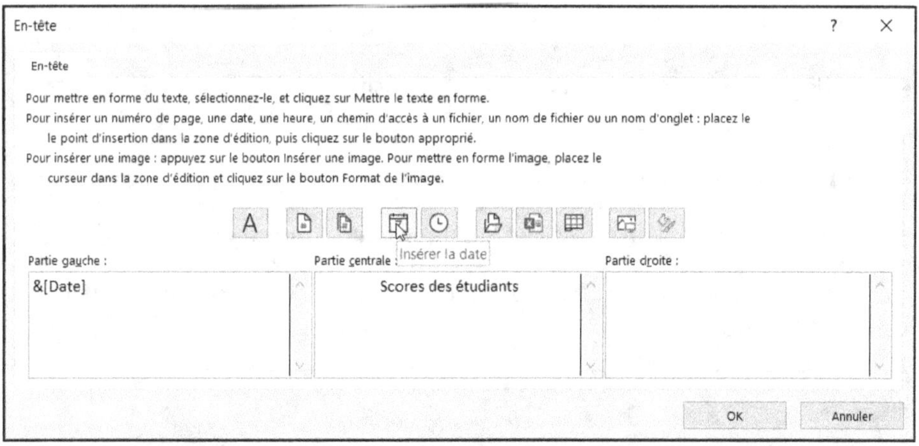

- Cliquez sur "OK" pour appliquer les modifications à l'en-tête.

8.1.4. Insérer un pied de page :

- Cliquez sur "Pied de page personnalisé...".

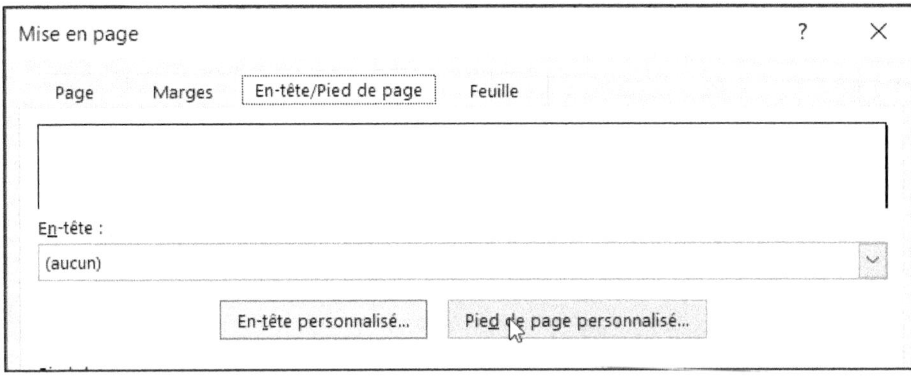

- Une nouvelle fenêtre s'ouvre avec trois sections : Gauche, Centre, Droite.
- Cliquez dans la section "Droite" et Cliquez sur l'icône "Insérer le numéro de page" (le papier avec un #). La commande &[Page] apparaît, ce qui insérera le numéro de page.
- Pour ajouter le nombre total de pages, tapez un espace après &[Page], puis tapez "de" et Cliquez sur l'icône "Insérer le nombre de pages" (le papier avec deux #). La commande &[Pages] apparaît, ce qui insérera le nombre total de pages.
- Le texte devrait ressembler à ceci : "Page &[Page] de &[Pages]".

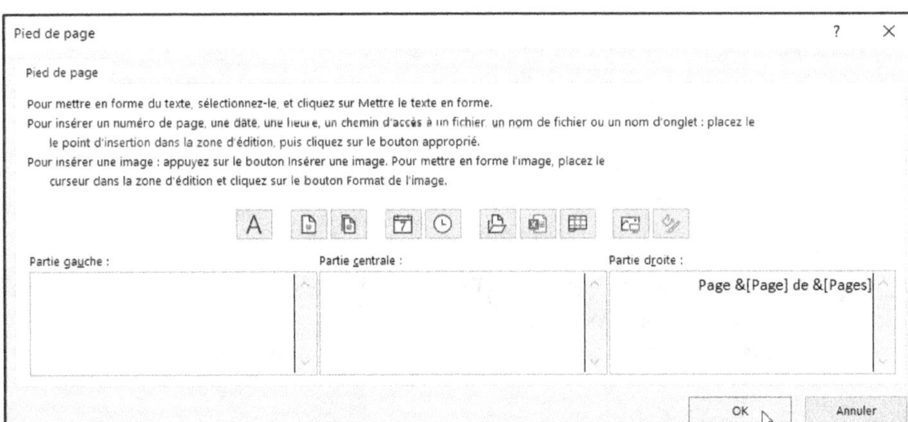

- Cliquez sur "OK" pour appliquer les modifications au pied de page.

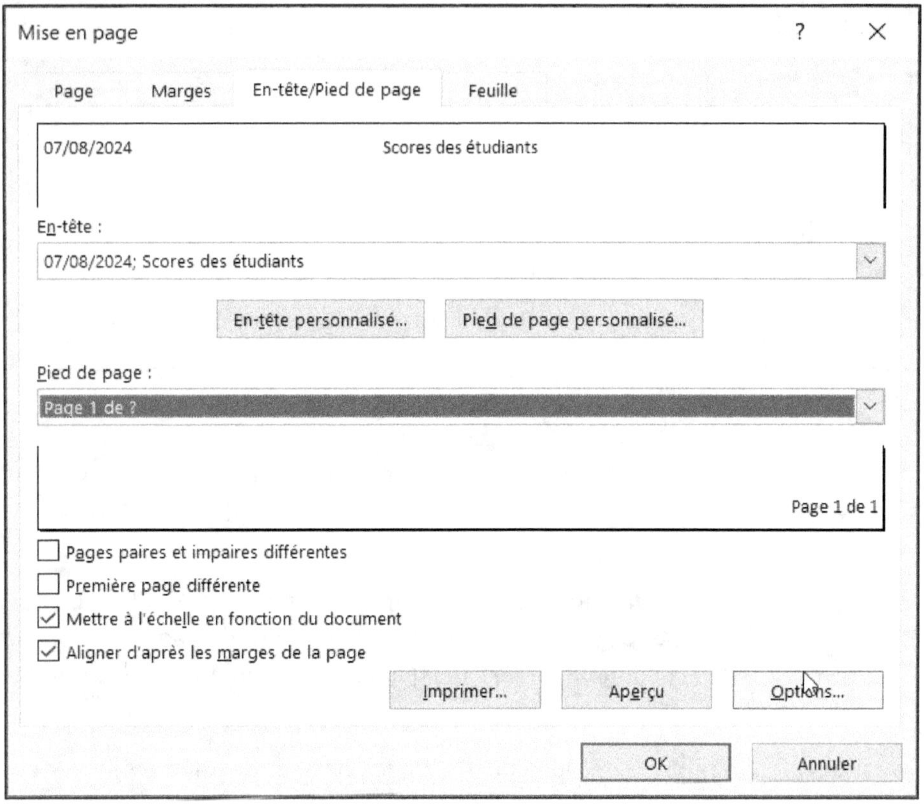

8.1.5. Voir les en-têtes et pieds de page :

- Cliquez sur l'onglet "Affichage" dans le ruban.
- Dans le groupe "Affichages classeur", Cliquez sur "Mise en page". Cela vous permettra de voir comment les en-têtes et pieds de page apparaîtront lorsque le document sera imprimé.

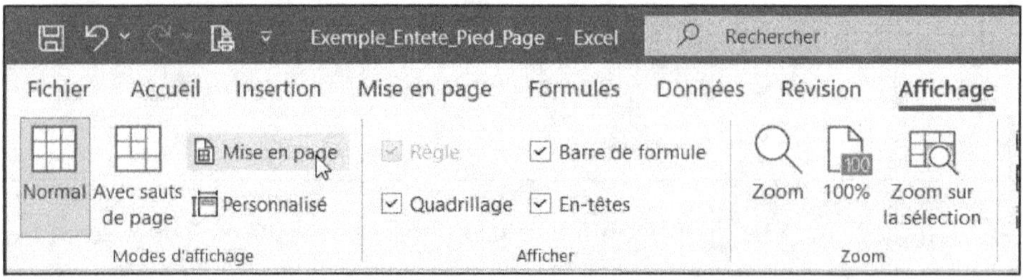

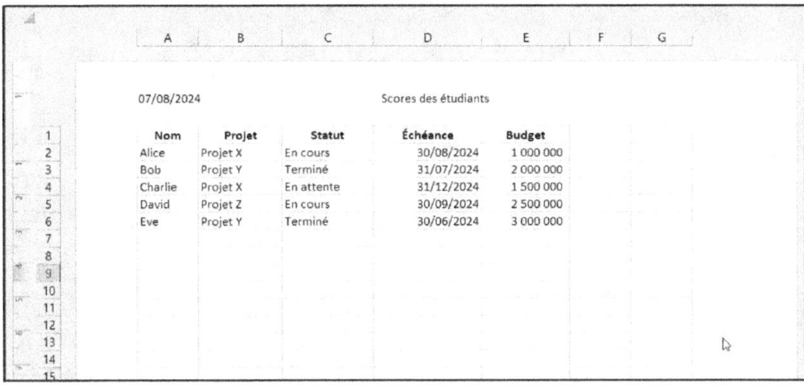

8.1.6. Modifier les en-têtes et pieds de page en mode Mise en page :

- En mode Mise en page, Cliquez directement sur l'en-tête ou le pied de page pour le modifier.
- Fais vos modifications directement dans les sections Gauche, Centre ou Droite.

8.1.7. Revenir à l'affichage normal :

- Cliquez sur l'onglet "Affichage" dans le ruban.
- Dans le groupe "Affichages classeur", Cliquez sur "Normal" pour revenir à l'affichage par défaut.

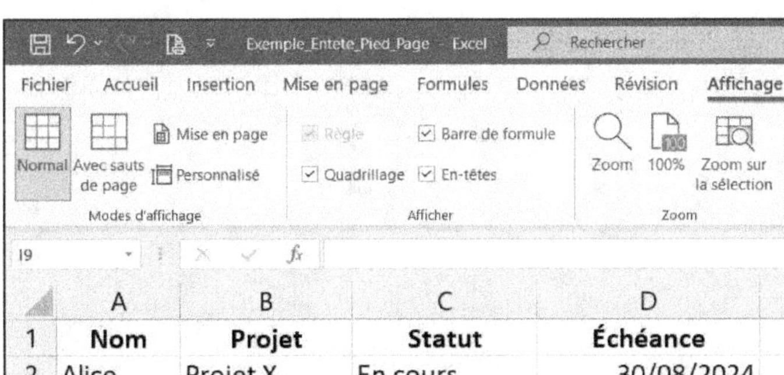

Résumé de la leçon : Vous savez maintenant comment insérer et personnaliser des en-têtes et des pieds de page dans Excel. Cette compétence vous permettra d'ajouter des informations importantes à vos documents, les rendant plus professionnels et faciles à lire.

8.2- Imprimer un classeur ou une sélection

Introduction : Imprimer un classeur ou une sélection dans Excel est une compétence essentielle pour partager des informations sous forme papier. Cette leçon vous montrera comment imprimer un classeur entier ou une partie spécifique de celui-ci.

Exemple Pratique : Nous allons entrer des données, ajuster les paramètres d'impression et imprimer une sélection.

Étapes à réaliser :

8.2.1. Ouvrir Excel :

- Cliquez sur l'icône d'Excel pour ouvrir le programme.
- Créez un nouveau classeur :

  "Fichier" > "Nouveau" > "Classeur vierge".

8.2.2. Entrer des données de base :

	A	B	C	D	E
1	**Nom**	**Projet**	**Statut**	**Échéance**	**Budget**
2	Alice	Projet X	En cours	30/08/2024	1 000 000
3	Bob	Projet Y	Terminé	31/07/2024	2 000 000
4	Charlie	Projet X	En attente	31/12/2024	1 500 000
5	David	Projet Z	En cours	30/09/2024	2 500 000
6	Eve	Projet Y	Terminé	30/06/2024	3 000 000

8.2.3. Accéder à la fenêtre d'impression :

- Cliquez sur l'onglet "Fichier" dans le coin supérieur gauche de l'écran.

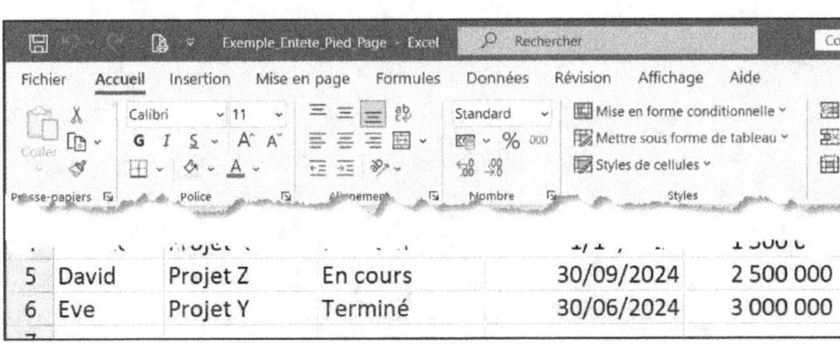

- Sélectionnez "Imprimer" dans le menu. Une fenêtre d'aperçu avant impression s'ouvrira.

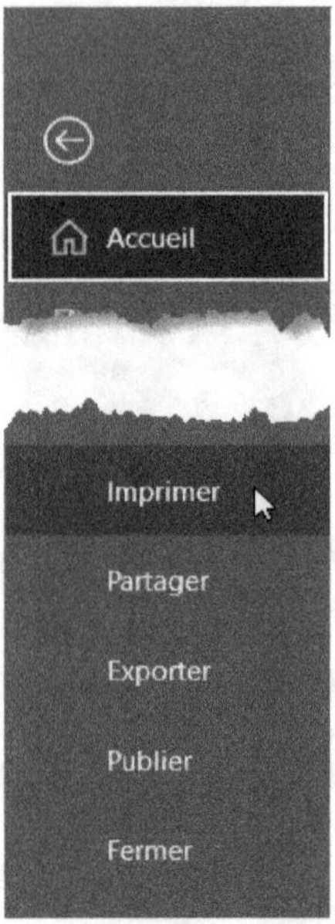

8.2.4. Imprimer tout le classeur :

- Dans la fenêtre d'aperçu avant impression, sous "Paramètres", assurez-vous que "Imprimer le classeur entier" est sélectionné.
- Cliquez sur le bouton "Imprimer" pour envoyer le document à l'imprimante.

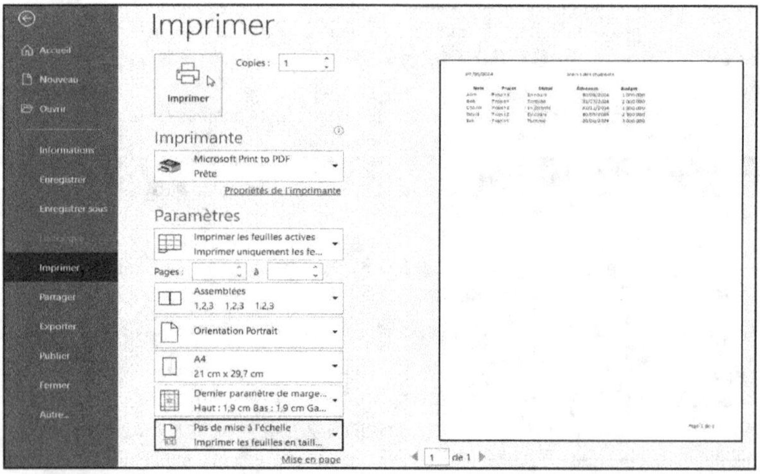

8.2.5. Imprimer une sélection spécifique :

- Revenez à la feuille de calcul en cliquant sur la flèche de retour en haut à gauche de la fenêtre d'aperçu avant impression.

- Sélectionnez la plage de données que vous souhaitez imprimer (par exemple, de A1 à B5).
- Cliquez sur l'onglet "Fichier" puis "Imprimer".
- Sous "Paramètres", Cliquez sur la flèche déroulante à côté de "Imprimer le classeur entier" et Sélectionnez "Imprimer la sélection".
- Cliquez sur le bouton "Imprimer" pour imprimer uniquement la sélection.

8.2.6. Ajuster les paramètres d'impression :

- Dans la fenêtre d'aperçu avant impression, Vous pouvez ajuster divers paramètres :
- **Orientation :** Choisissez "Portrait" ou "Paysage" selon l'orientation que vous préférez.

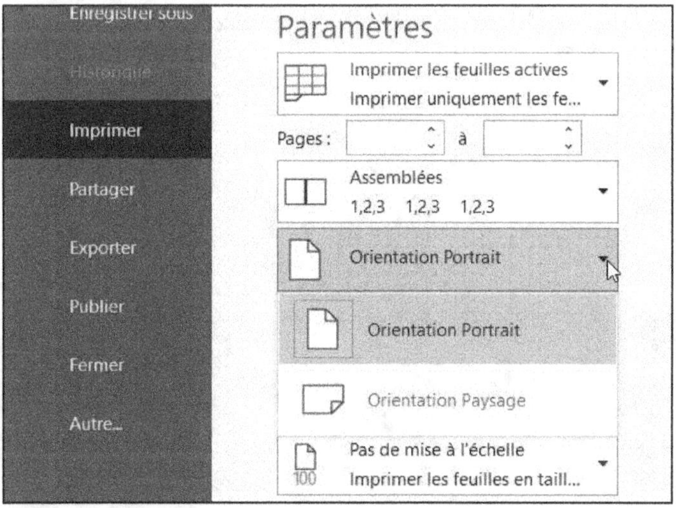

- **Taille de la page :** Sélectionnez la taille de papier appropriée (par exemple, A4).

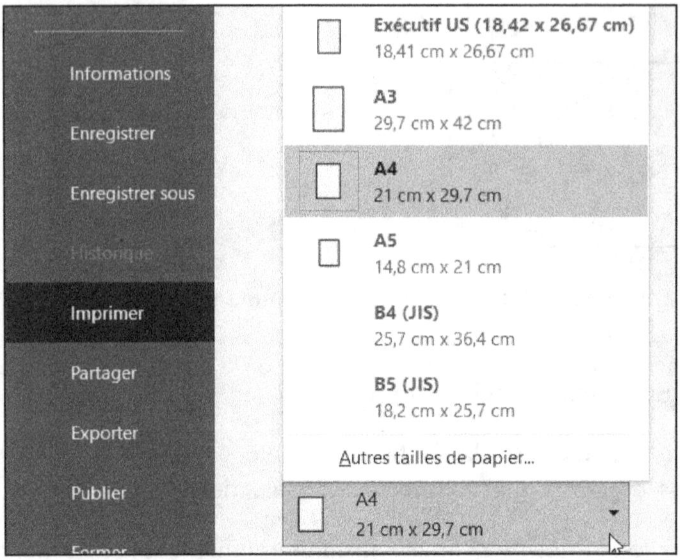

- **Marges :** Cliquez sur "Marges" pour ajuster les marges de la page.

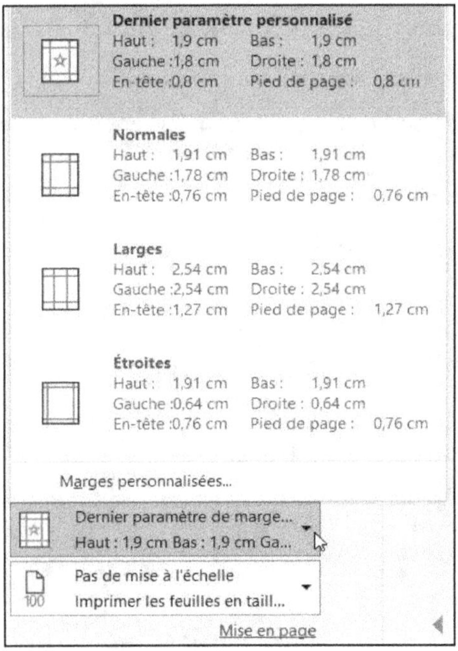

- **Redimensionner :** Sous "Mise à l'échelle", Vous pouvez choisir d'ajuster la feuille à une page ou de la réduire pour qu'elle tienne sur une seule page.

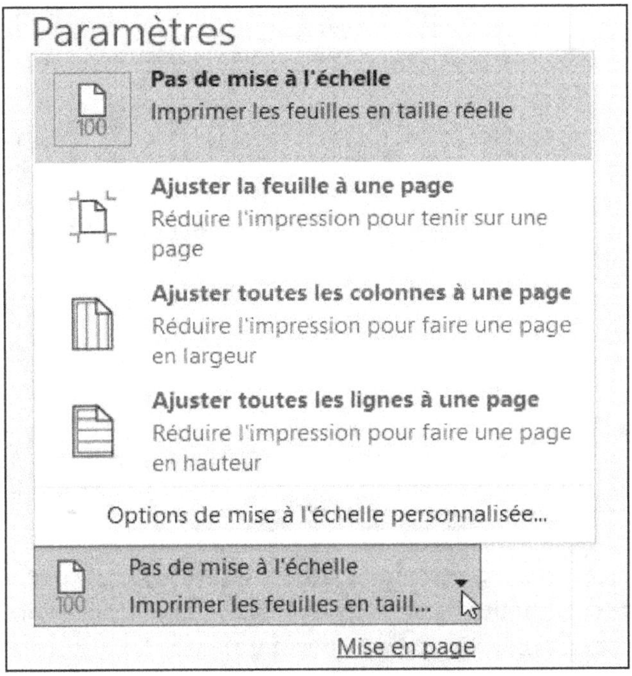

8.2.7. Utiliser les options de mise en page avancées :

- Cliquez sur "Mise en page" en bas de la fenêtre d'aperçu avant impression pour accéder à des options avancées comme l'ajout de titres de colonnes sur chaque page ou la répétition des titres de lignes.

8.2.8. Aperçu avant impression :

- Utilisez la fonction d'aperçu avant impression pour vérifier l'apparence de votre document avant de l'imprimer. faites défiler les pages pour vous assurer que tout est correctement aligné et visible.

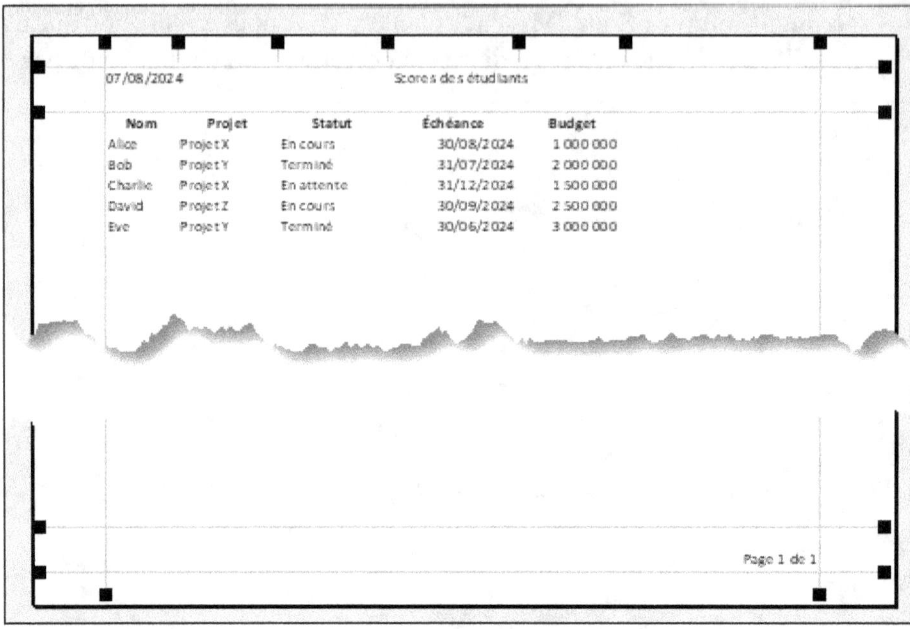

07/08/2024 Scores des étudiants

Nom	Projet	Statut	Échéance	Budget
Alice	Projet X	En cours	30/08/2024	1 000 000
Bob	Projet Y	Terminé	31/07/2024	2 000 000
Charlie	Projet X	En attente	31/12/2024	1 500 000
David	Projet Z	En cours	30/09/2024	2 500 000
Eve	Projet Y	Terminé	30/06/2024	3 000 000

Page 1 de 1

Résumé de la leçon : Vous savez maintenant comment imprimer un classeur entier ou une sélection spécifique dans Excel. Cette compétence vous permettra de partager vos feuilles de calcul sous forme papier, en vous assurant que l'impression est claire et bien organisée.

8.3- Partager un classeur

Introduction : Partager un classeur Excel permet à plusieurs utilisateurs de travailler simultanément sur le même document, facilitant la collaboration et la coordination des projets. Cette leçon vous montrera comment configurer et partager un classeur pour une utilisation collaborative.

Exemple Pratique : Nous allons entrer des données, configurer le partage du classeur, et partager le document avec d'autres utilisateurs.

Étapes à réaliser :

8.3.1. Ouvrir Excel :

- Cliquez sur l'icône d'Excel pour ouvrir le programme.
- Créez un nouveau classeur :

  "Fichier" > "Nouveau" > "Classeur vierge".

8.3.2. Entrer des données de base :

- Dans la feuille de calcul, entre les données suivantes :
- A1: "Nom", B1: "Score"
- A2: "Alice", B2: "85"
- A3: "Bob", B3: "78"
- A4: "Charlie", B4: "92"
- A5: "David", B5: "88"

	A	B	C
1	**Nom**	**Score**	
2	Alice	85	
3	Bob	78	
4	Charlie	92	
5	David	88	

8.3.3. Enregistrer le classeur sur OneDrive :

- Cliquez sur l'onglet "Fichier" dans le coin supérieur gauche de l'écran.

- Sélectionnez "Enregistrer sous".
- Choisissez "OneDrive - Personnel" (ou le nom de votre compte OneDrive professionnel).
- Donnez un nom à votre fichier (par exemple, "Scores Étudiants") et Cliquez sur "Enregistrer".

8.3.4. Activer le partage du classeur :

- Cliquez sur l'onglet "Fichier".
- Sélectionnez "Partager" dans le menu.

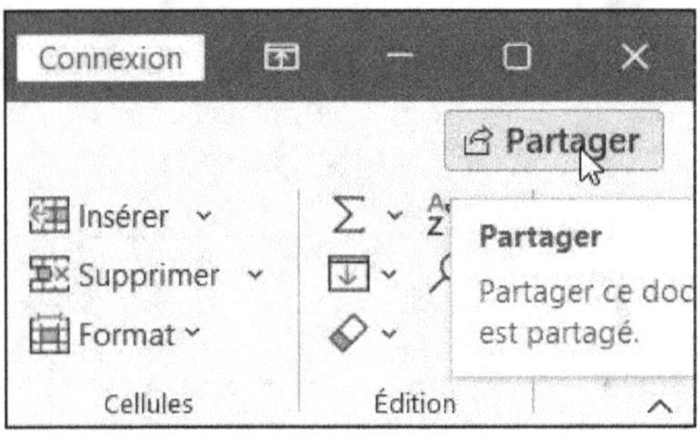

- Cliquez sur "Partager avec d'autres personnes".
- Une fenêtre s'ouvre vous demandant d'entrer les adresses e-mail des personnes avec qui vous souhaitez partager le classeur.
- Entrez les adresses e-mail et Choisissez les permissions que vous souhaitez accorder (peuvent modifier ou peuvent afficher).
- Cliquez sur "Partager".

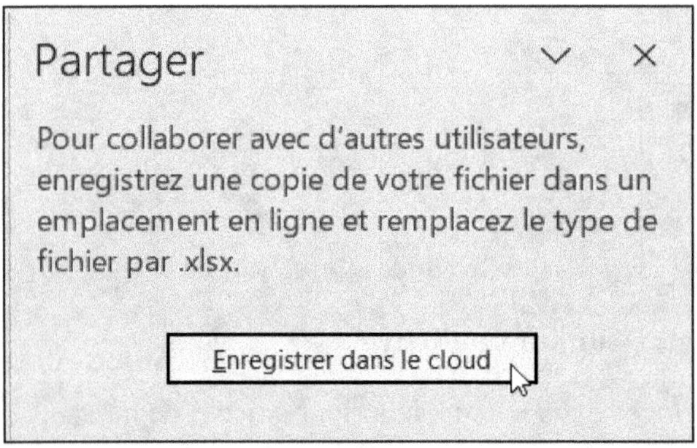

8.3.5. Collaborer en temps réel :

- Une fois le classeur partagé, les utilisateurs avec lesquels vous l'avez partagé recevront une invitation par e-mail.
- Ils pourront ouvrir le classeur et travailler dessus en même temps que vous. Les modifications apportées par chaque utilisateur seront visibles en temps réel.

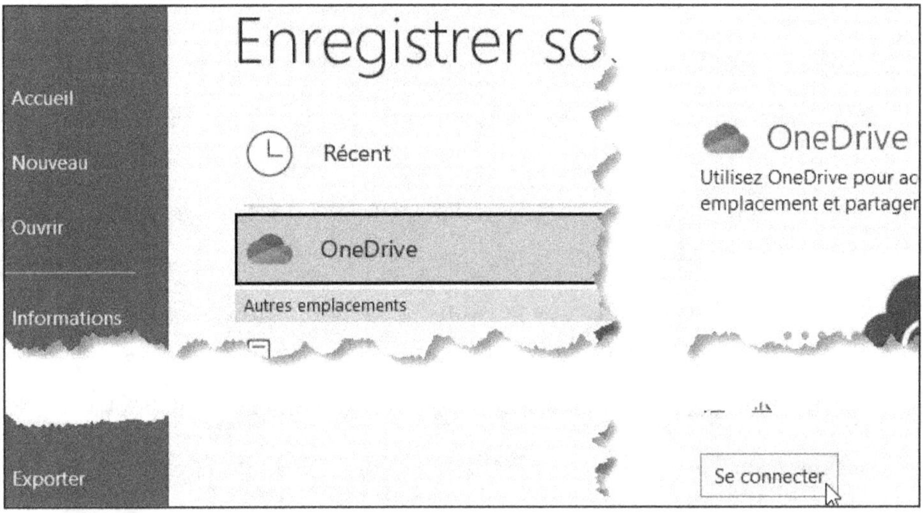

8.3.6. Suivre les modifications :

- Cliquez sur l'onglet "Révision" dans le ruban.

- Dans le groupe "Modifications", Cliquez sur "Suivre les modifications" et Sélectionnez "Mettre en surbrillance les modifications".
- Cochez la case "Suivre les modifications pendant l'édition" et Choisissez les options souhaitées (par exemple, afficher les modifications pour tous les utilisateurs).
- Les modifications apportées au classeur seront mises en surbrillance, vous permettant de voir ce qui a été changé et par qui.

8.3.7. Gérer les versions :

- OneDrive conserve automatiquement les versions précédentes du classeur.
- Pour accéder aux versions précédentes, Cliquez sur l'onglet "Fichier", puis sur "Informations".
- Cliquez sur "Historique des versions" pour voir et restaurer des versions antérieures du classeur si nécessaire.

8.3.8. Partager un lien au lieu de partager directement :

- Cliquez sur l'onglet "Fichier" et Sélectionnez "Partager".
- Cliquez sur "Copier le lien".
- Une fenêtre s'ouvre avec un lien. Cliquez sur "Copier" pour copier le lien dans le presse-papiers.
- Collez ce lien dans un e-mail, un message ou tout autre moyen de communication pour partager le classeur.

Résumé de la leçon : Vous savez maintenant comment partager un classeur Excel pour une collaboration en temps réel en utilisant OneDrive. Ces compétences vous permettront de travailler efficacement avec d'autres utilisateurs sur le même document, en facilitant la coordination et la gestion des projets.

8.4- Utiliser les commentaires et les notes

Introduction : Les commentaires et les notes dans Excel vous permettent de fournir des informations supplémentaires, des explications ou des discussions sur des cellules spécifiques. Les commentaires sont interactifs et utiles pour la collaboration, tandis que les notes sont plus statiques et servent à fournir des annotations ou des détails. Cette leçon vous montrera comment utiliser ces deux fonctionnalités.

Exemple Pratique : Nous allons entrer des données, ajouter des commentaires et des notes, et apprendre à les gérer.

Étapes à réaliser :

8.4.1. Ouvrir Excel :

- Cliquez sur l'icône d'Excel pour ouvrir le programme.
- Créez un nouveau classeur :

  "Fichier" > "Nouveau" > "Classeur vierge".

8.4.2. Entrer des données de base :

- Dans la feuille de calcul, entre les données suivantes :
- A1: "Nom", B1: "Score"
- A2: "Alice", B2: "85"
- A3: "Bob", B3: "78"
- A4: "Charlie", B4: "92"
- A5: "David", B5: "88"

	A	B	C
1	**Nom**	**Score**	
2	Alice	85	
3	Bob	78	
4	Charlie	92	
5	David	88	

8.4.3. Ajouter un commentaire :

- Cliquez sur la cellule B2.
- Cliquez sur l'onglet "Révision" dans le ruban en haut de l'écran.
- Dans le groupe "Commentaires", Cliquez sur "Nouveau commentaire".

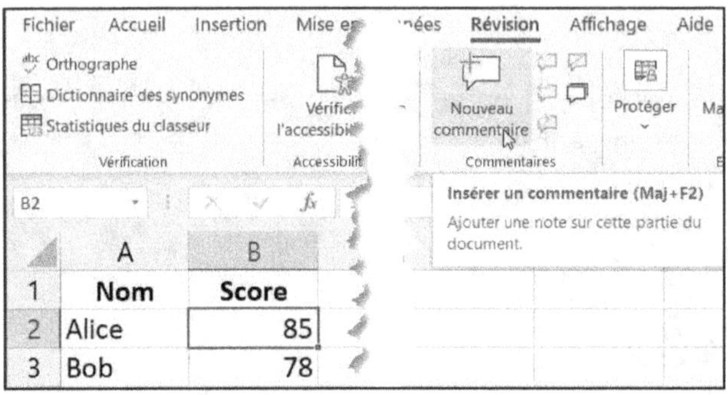

- Une zone de texte s'ouvre à côté de la cellule B2. Tapez "Excellent travail, continue comme ça !" et Cliquez en dehors de la zone de texte pour terminer.

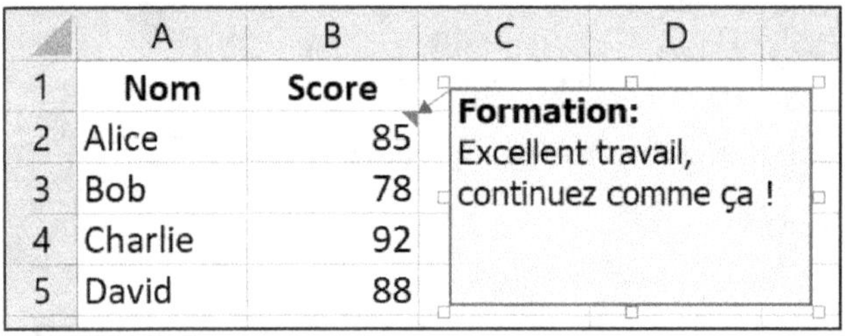

- Un petit triangle rouge apparaît dans le coin supérieur droit de la cellule B2, indiquant qu'un commentaire est attaché à cette cellule.

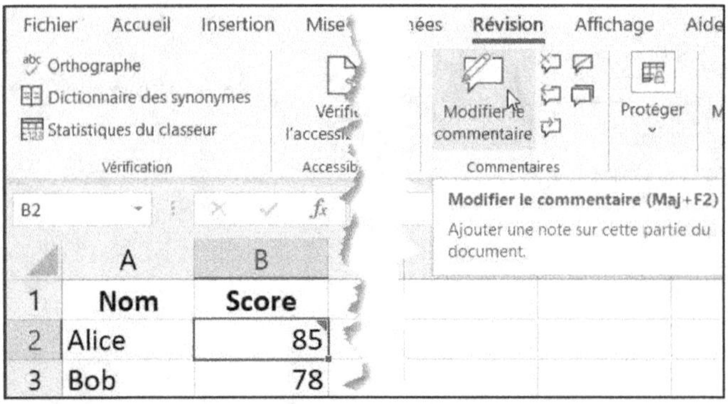

8.4.4. Répondre à un commentaire :

- Cliquez sur la cellule B2.
- Cliquez sur "Afficher les commentaires" dans le groupe "Commentaires".
- Cliquez sur "Répondre" sous le commentaire existant.
- Tapez "Merci !" et Cliquez en dehors de la zone de texte pour terminer.

8.4.5. Ajouter une note :

- Cliquez sur la cellule A2.
- Cliquez sur l'onglet "Révision".
- Dans le groupe "Notes", Cliquez sur "Nouvelle note".
- Une zone de texte s'ouvre à côté de la cellule A2. Tapez "Prénom de l'étudiant" et Cliquez en dehors de la zone de texte pour terminer.
- Un petit triangle noir apparaît dans le coin supérieur droit de la cellule A2, indiquant qu'une note est attachée à cette cellule.

8.4.6. Afficher et modifier une note :

- Cliquez sur la cellule A2.
- Cliquez sur "Afficher les notes" dans le groupe "Notes".
- La note apparaît à côté de la cellule. Pour la modifier, Cliquez directement dans la zone de texte de la note et apporte les modifications nécessaires.
- Cliquez en dehors de la zone de texte pour terminer la modification.

8.4.7. Supprimer un commentaire :

- Cliquez sur la cellule B2.
- Cliquez sur "Afficher les commentaires" pour afficher le commentaire.
- Cliquez sur les trois petits points dans le coin supérieur droit du commentaire et Sélectionnez "Supprimer le commentaire".

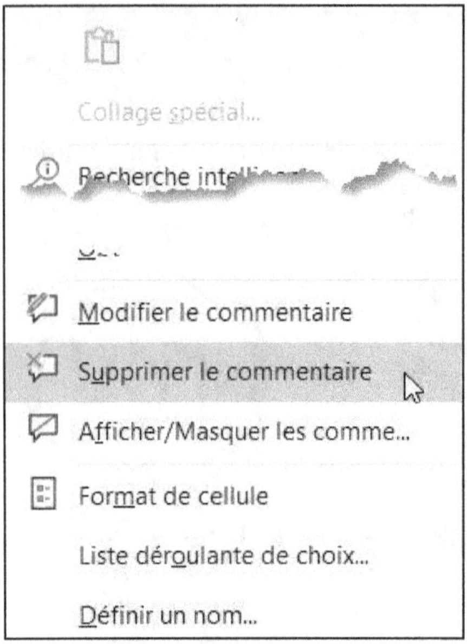

8.4.8. Supprimer une note :

- Cliquez sur la cellule A2.
- Cliquez sur "Afficher les notes" pour afficher la note.
- Cliquez sur la note pour la sélectionner et Appuyez sur "Suppr" pour supprimer la note.

Résumé de la leçon : Vous savez maintenant comment utiliser les commentaires et les notes dans Excel pour fournir des informations supplémentaires ou pour collaborer avec d'autres utilisateurs. Les commentaires sont interactifs et utiles pour la collaboration, tandis que les notes servent à fournir des annotations ou des détails statiques.

CHAPITRE 9 :
UTILISATION AVANCÉE DES FONCTIONS

9.1. Utiliser les fonctions de date et heure (AUJOURD'HUI, MAINTENANT)
9.2. Utiliser les fonctions financières de base (VPM, NPM)
9.3. Utiliser les fonctions statistiques (NB, NBVAL, NB.SI)
9.4. Utiliser les formules matricielles
9.5. Gérer les erreurs dans les formules

Les fonctions avancées d'Excel vous permettent d'aller plus loin dans vos analyses. Dans ce chapitre, vous explorerez des fonctions de date et heure, des fonctions financières, des fonctions statistiques, et apprendrez à gérer les erreurs dans vos formules. Ces outils vous aideront à réaliser des calculs complexes avec facilité.

9.1- Utiliser les fonctions de date et heure (AUJOURD'HUI, MAINTENANT)

Introduction : Les fonctions de date et heure dans Excel vous permettent d'insérer automatiquement la date et l'heure actuelles dans vos feuilles de calcul. Les fonctions AUJOURD'HUI et MAINTENANT sont particulièrement utiles pour suivre les dates et les heures en temps réel. Cette leçon vous montrera comment utiliser ces fonctions.

Exemple Pratique : Nous allons entrer des données, utiliser les fonctions AUJOURD'HUI et MAINTENANT, et voir comment elles se mettent à jour automatiquement.

Étapes à réaliser :

9.1.1. Ouvrir Excel :

- Cliquez sur l'icône d'Excel pour ouvrir le programme.
- Créez un nouveau classeur :

  "Fichier" > "Nouveau" > "Classeur vierge".

9.1.2. Entrer des données de base :

- Dans la feuille de calcul, entre les données suivantes :
- A1: "Nom", B1: "Score", C1: "Date", D1: "Heure"
- A2: "Alice", B2: "85"
- A3: "Bob", B3: "78"
- A4: "Charlie", B4: "92"
- A5: "David", B5: "88"

9.1.3. Utiliser la fonction AUJOURD'HUI :

- Sélectionnez la cellule C2.
- Tapez =AUJOURD'HUI() et Appuyez sur "Entrée". La cellule C2 affichera la date actuelle.

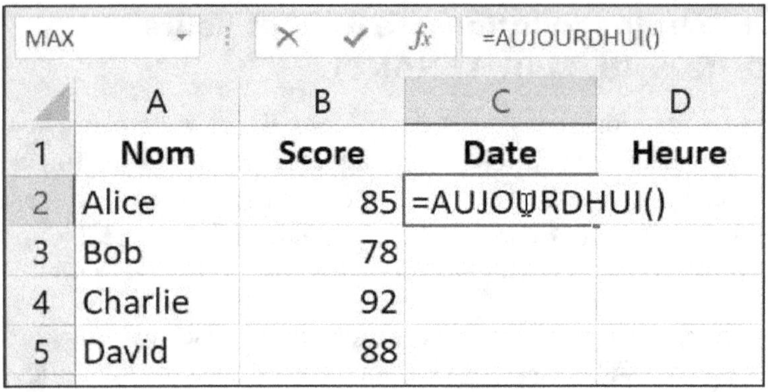
MAX | =AUJOURDHUI()

	A	B	C	D
1	**Nom**	**Score**	**Date**	**Heure**
2	Alice	85	=AUJOURDHUI()	
3	Bob	78		
4	Charlie	92		
5	David	88		

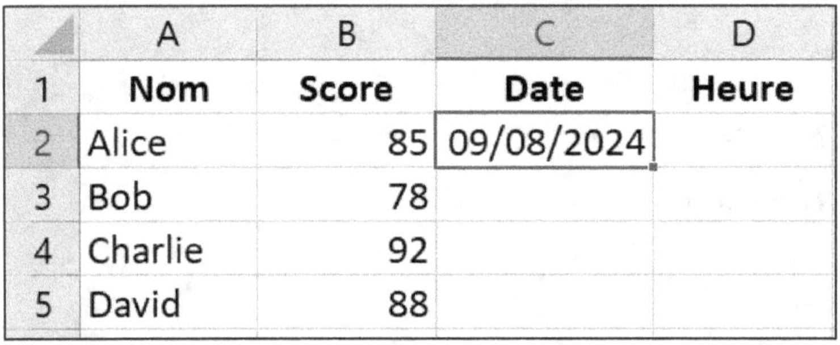

	A	B	C	D
1	**Nom**	**Score**	**Date**	**Heure**
2	Alice	85	09/08/2024	
3	Bob	78		
4	Charlie	92		
5	David	88		

- Utilisez La poignée de recopie pour copier la formule de C2 à C5. Les cellules de la colonne C afficheront toutes la date actuelle.

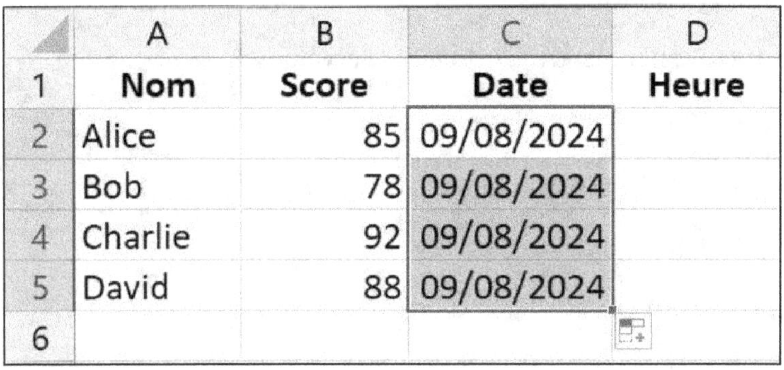

	A	B	C	D
1	**Nom**	**Score**	**Date**	**Heure**
2	Alice	85	09/08/2024	
3	Bob	78	09/08/2024	
4	Charlie	92	09/08/2024	
5	David	88	09/08/2024	
6				

9.1.4. Utiliser la fonction MAINTENANT :

- Sélectionnez la cellule D2.
- Tapez =MAINTENANT() et Appuyez sur "Entrée". La cellule D2 affichera la date et l'heure actuelles.

	A	B	C	D	E
1	**Nom**	**Score**	**Date**	**Heure**	
2	Alice	85	09/08/2024	=MAINTENANT()	
3	Bob	78	09/08/2024		
4	Charlie	92	09/08/2024		
5	David	88	09/08/2024		

	A	B	C	D
1	**Nom**	**Score**	**Date**	**Heure**
2	Alice	85	09/08/2024	#######
3	Bob	78	09/08/2024	
4	Charlie	92	09/08/2024	
5	David	88	09/08/2024	

	A	B	C	D
1	**Nom**	**Score**	**Date**	**Heure**
2	Alice	85	09/08/2024	#######
3	Bob	78	09/08/2024	
4	Charlie	92	09/08/2024	
5	David	88	09/08/2024	

	A	B	C	D
1	**Nom**	**Score**	**Date**	**Heure**
2	Alice	85	09/08/2024	09/08/2024 11:21
3	Bob	78	09/08/2024	
4	Charlie	92	09/08/2024	
5	David	88	09/08/2024	

- Utilisez La poignée de recopie pour copier la formule de D2 à D5. Les cellules de la colonne D afficheront toutes la date et l'heure actuelles.

	A	B	C	D
1	**Nom**	**Score**	**Date**	**Heure**
2	Alice	85	09/08/2024	09/08/2024 11:22
3	Bob	78	09/08/2024	09/08/2024 11:22
4	Charlie	92	09/08/2024	09/08/2024 11:22
5	David	88	09/08/2024	09/08/2024 11:22

9.1.5. Mettre à jour les fonctions :

- Les fonctions AUJOURD'HUI et MAINTENANT se mettent automatiquement à jour chaque fois que le classeur est ouvert ou recalculé.
- Pour forcer une mise à jour, Appuyez sur la touche "F9" pour recalculer toutes les formules du classeur.

9.1.6. Formater les cellules de date et d'heure :

- Sélectionnez les cellules de la colonne C (C2 à C5).

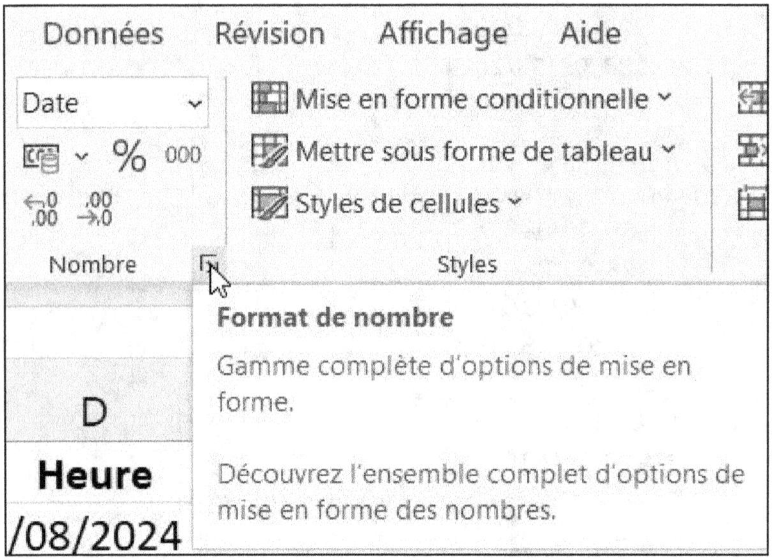

- Cliquez avec le bouton droit de la souris et Sélectionnez "Format de cellule".
- Dans l'onglet "Nombre", Sélectionnez "Date" et Choisissez le format de date souhaité, puis Cliquez sur "OK".

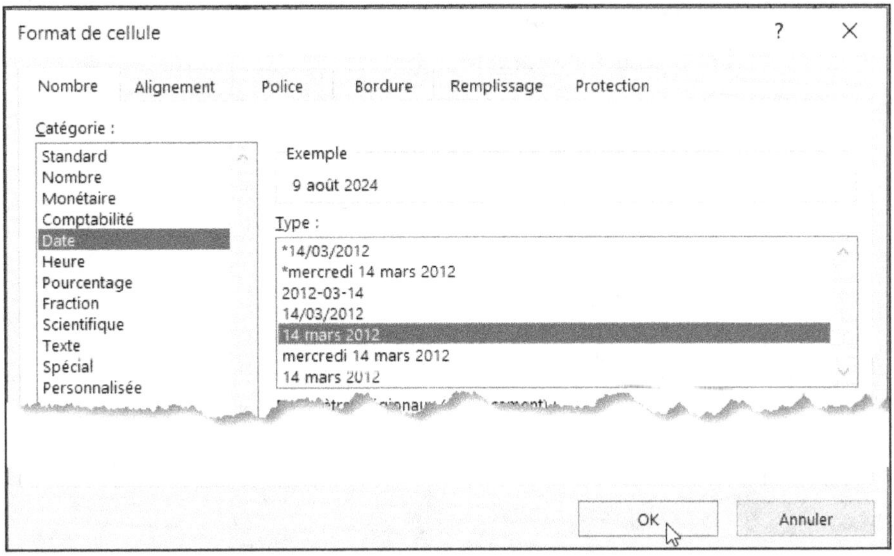

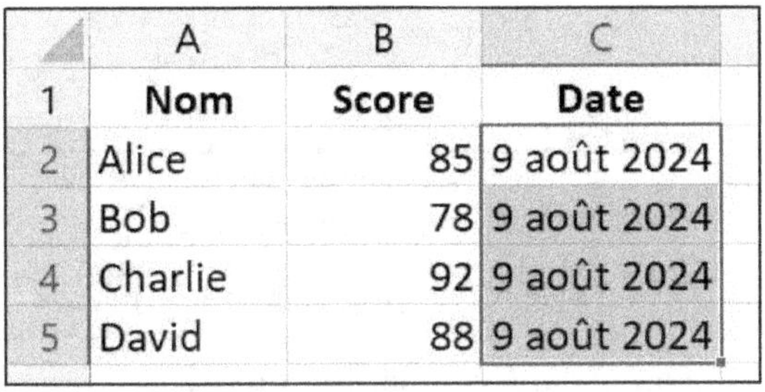

- Sélectionnez les cellules de la colonne D (D2 à D5).
- Cliquez avec le bouton droit de la souris et Sélectionnez "Format de cellule".

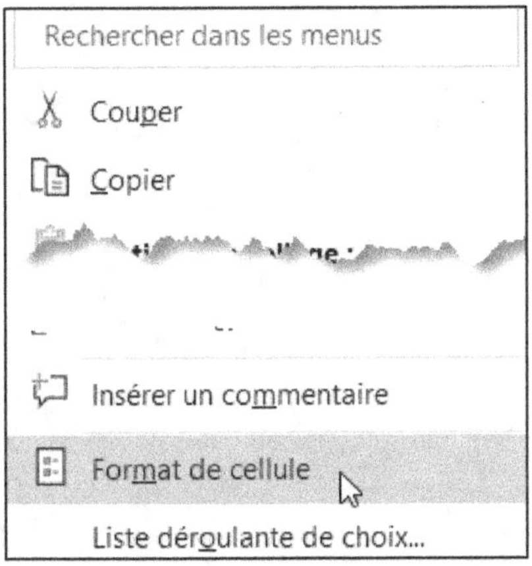

- Dans l'onglet "Nombre", Sélectionnez "Heure" et Choisissez le format d'heure souhaité, puis Cliquez sur "OK".

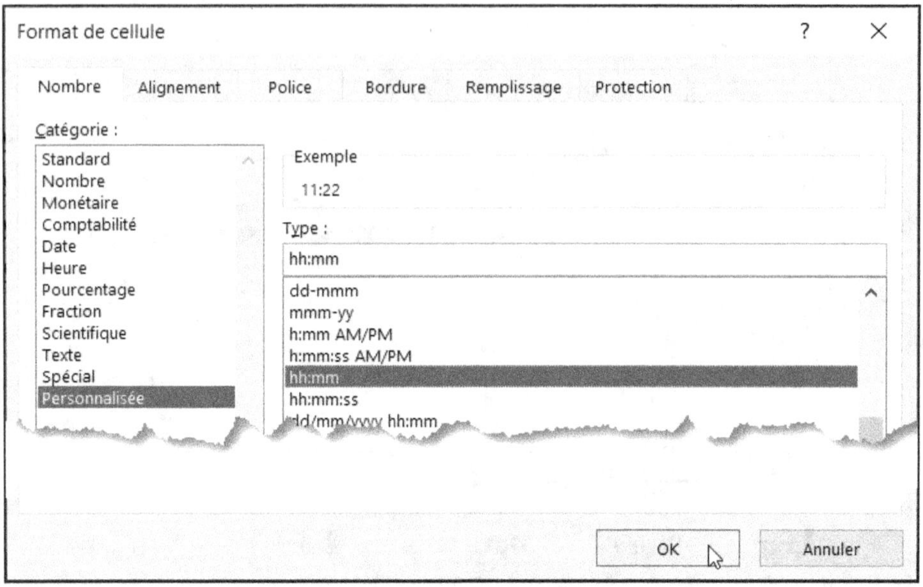

Résumé de la leçon : Vous savez maintenant comment utiliser les fonctions AUJOURD'HUI et MAINTENANT dans Excel pour insérer automatiquement la date et l'heure actuelles. Ces fonctions se mettent à jour en temps réel, vous permettant de suivre les dates et les heures dans vos feuilles de calcul.

9.2- Utiliser les fonctions financières de base (VPM, NPM)

Introduction : Les fonctions financières de base dans Excel, telles que VPM et VAN, vous permettent de calculer les paiements périodiques pour un prêt et la valeur actuelle nette d'un investissement respectivement. Ces fonctions sont essentielles pour les analyses financières et la planification. Cette leçon vous montrera comment utiliser ces fonctions.

Exemple Pratique : Nous allons entrer des données pour un prêt, puis utiliser les fonctions VPM et NPM pour effectuer des calculs financiers.

Étapes à réaliser :

9.2.1. Ouvrir Excel :

- Cliquez sur l'icône d'Excel pour ouvrir le programme.
- Créez un nouveau classeur :

  "Fichier" > "Nouveau" > "Classeur vierge".

9.2.2. Utiliser la fonction VPM

- **Entrer les données du prêt :**
- Dans la feuille de calcul, entre les données suivantes :
- A1: "Montant du prêt", B1: "20 000 000" (montant du prêt en euros)
- A2: "Taux d'intérêt annuel", B2: "5%" (taux d'intérêt annuel)
- A3: "Nombre de paiements", B3: "60" (nombre de paiements mensuels pour un prêt de 5 ans)

	A	B
1	**Description**	**Valeur**
2	Montant du prêt	20 000 000
3	Taux d'intérêt annuel	5%
4	Nombre de paiements	60

- **Calculer le paiement mensuel avec VPM :**
- Sélectionnez la cellule A4 et tapez "Paiement mensuel", puis Appuyez sur "Entrée".
- Sélectionnez la cellule B4.
- Tapez =VPM(B2/12, B4, -B2) et Appuyez sur "Entrée". La cellule B4 affichera le montant du paiement mensuel.

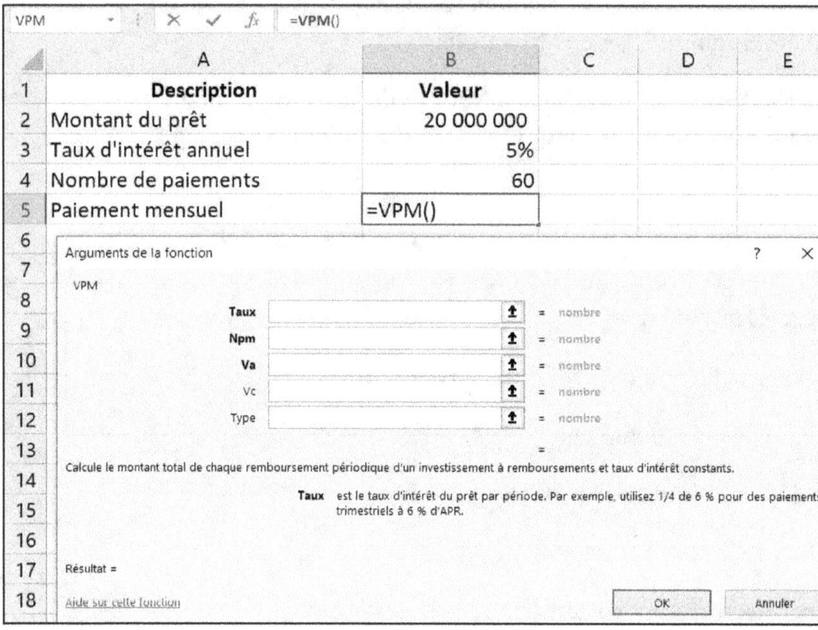

- B2/12 divise le taux d'intérêt annuel par 12 pour obtenir le taux d'intérêt mensuel.

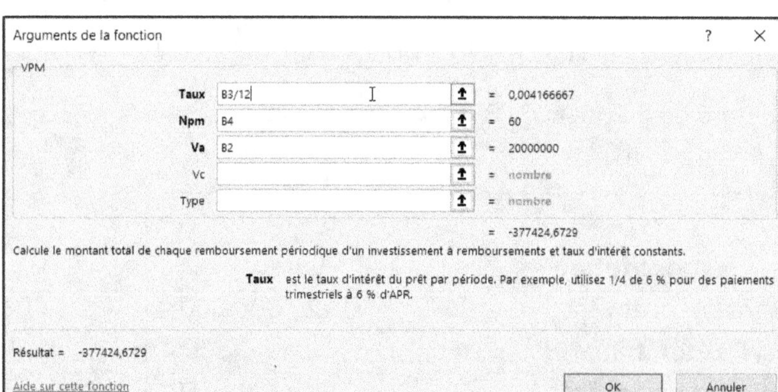

- B4 est le nombre total de paiements mensuels.

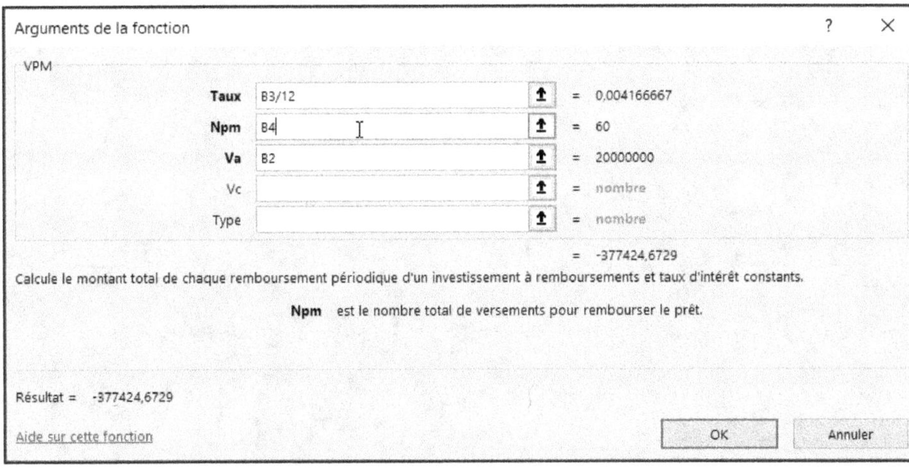

- B2 représente le montant du prêt (le signe négatif est utilisé pour indiquer un paiement sortant).

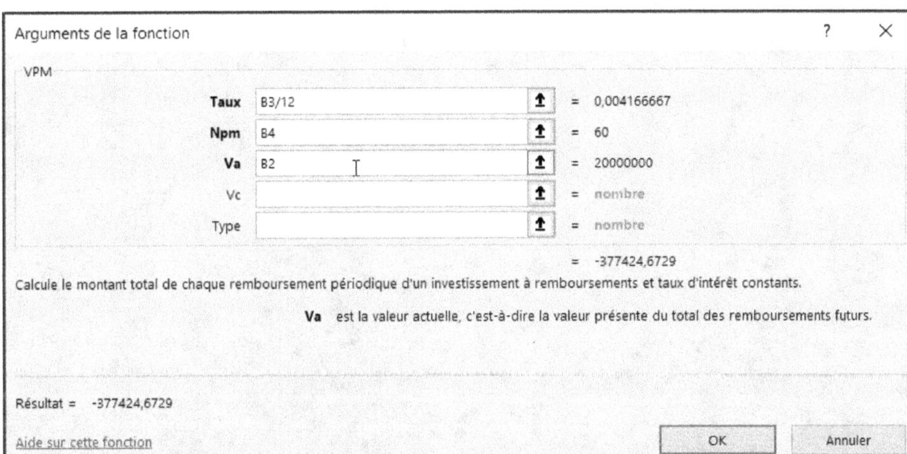

	A	B
1	**Description**	**Valeur**
2	Montant du prêt	20 000 000
3	Taux d'intérêt annuel	5%
4	Nombre de paiements	60
5	Paiement mensuel	-377 424,67
6		

9.3- Utiliser les fonctions statistiques (NB, NBVAL, NB.SI)

Introduction : Les fonctions statistiques dans Excel, telles que NB, NBVAL et NB.SI, vous permettent de compter des cellules selon divers critères. Ces fonctions sont très utiles pour analyser des ensembles de données et extraire des informations significatives. Cette leçon vous montrera comment utiliser ces fonctions.

Exemple Pratique : Nous allons entrer des données, puis utiliser les fonctions NB, NBVAL et NB.SI pour compter les cellules selon différents critères.

Étapes à réaliser :

9.3.1. Ouvrir Excel :

- Cliquez sur l'icône d'Excel pour ouvrir le programme.
- Créez un nouveau classeur :

  "Fichier" > "Nouveau" > "Classeur vierge".

9.3.2. Entrer des données de base :

Dans la feuille de calcul, entre les données suivantes :

- A1: "Nom", B1: "Score"
- A2: "Alicc", B2: "85"
- A3: "Bob", B3: "78"
- A4: "Charlie", B4: "92"
- A5: "David", B5: "88"
- A6: "Eva", B6: ""
- A7: "", B7: "75"

9.3.3. Utiliser la fonction NB :

- La fonction NB compte le nombre de cellules contenant des nombres dans une plage de données.

- Sélectionnez la cellule D1 et tapez "Nombre de scores", puis Appuyez sur "Entrée".
- Sélectionnez la cellule D2.
- Tapez =NB(B2:B7) et Appuyez sur "Entrée". La cellule D2 affichera "4" car il y a quatre cellules contenant des nombres dans la plage B2:B7.

	A	B	C	D
1	**Nom**	**Score**		
2	Alice	85		=NB(B2:B7)
3	Bob	78		
4	Charlie	92		
5	David	88		
6	Eva			
7		75		

D2 | fx | =NB(B2:B7)

	A	B	C	D
1	**Nom**	**Score**		**Nombre de scores**
2	Alice	85		5
3	Bob	78		
4	Charlie	92		
5	David	88		
6	Eva			
7		75		

9.3.4. Utiliser la fonction NBVAL :

- La fonction NBVAL compte le nombre de cellules non vides dans une plage de données.
- Sélectionnez la cellule D3 et tapez "Nombre de cellules non vides", puis Appuyez sur "Entrée".
- Sélectionnez la cellule D4.
- Tapez =NBVAL(B2:B7) et Appuyez sur "Entrée". La cellule D4 affichera "5" car il y a cinq cellules non vides dans la plage B2:B7.

	A	B	C	D	E
1	**Nom**	**Score**		**Nombre de scores**	
2	Alice	85		5	
3	Bob	78			**s non vides**
4	Charlie	92		=NBVAL(B2:B7)	
5	David	88			
6	Eva				
7		75			

D4 =NBVAL(B2:B7)

	A	B	C	D	E
1	**Nom**	**Score**		**Nombre de scores**	
2	Alice	85		5	
3	Bob	78		**Nombre de cellules non vides**	
4	Charlie	92		5	
5	David	88			
6	Eva				
7		75			

	A	B	C	D	E
1	**Nom**	**Score**		**Nombre de scores**	
2	Alice	85		5	
3	Bob	78		**Nombre de cellules non vides**	
4	Charlie	92		5	
5	David	88			**s vides**
6	Eva			=NB.VIDE(B2:B7)	
7		75			

	A	B	C	D	E
1	**Nom**	**Score**		**Nombre de scores**	
2	Alice	85		5	
3	Bob	78		**Nombre de cellules non vides**	
4	Charlie	92		5	
5	David	88		**Nombre de cellules vides**	
6	Eva			1	
7		75			

9.3.5. Utiliser la fonction NB.SI :

- La fonction NB.SI compte le nombre de cellules qui répondent à un critère spécifique dans une plage de données.
- Sélectionnez la cellule D5 et tapez "Nombre de scores > 80", puis Appuyez sur "Entrée".
- Sélectionnez la cellule D6.
- Tapez =NB.SI(B2:B7, ">80") et Appuyez sur "Entrée". La cellule D6 affichera "3" car il y a trois cellules dans la plage B2:B7 avec des scores supérieurs à 80.

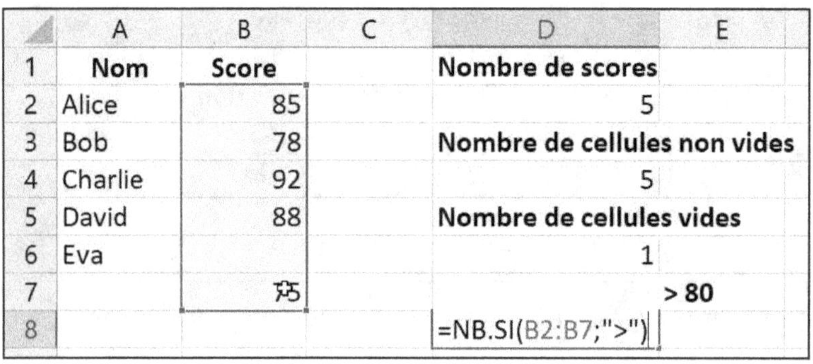

	A	B	C	D	E
1	**Nom**	**Score**		**Nombre de scores**	
2	Alice	85		5	
3	Bob	78		**Nombre de cellules non vides**	
4	Charlie	92		5	
5	David	88		**Nombre de cellules vides**	
6	Eva			1	
7		75		**> 80**	
8				=NB.SI(B2:B7;">")	

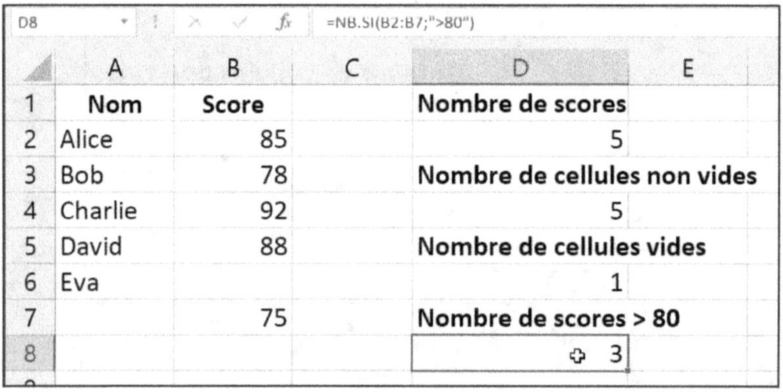

D8 =NB.SI(B2:B7;">80")

	A	B	C	D	E
1	**Nom**	**Score**		**Nombre de scores**	
2	Alice	85		5	
3	Bob	78		**Nombre de cellules non vides**	
4	Charlie	92		5	
5	David	88		**Nombre de cellules vides**	
6	Eva			1	
7		75		**Nombre de scores > 80**	
8				3	

9.3.6. Utiliser la fonction NB.SI avec du texte :

- La fonction NB.SI peut également être utilisée pour compter des cellules contenant du texte répondant à un critère spécifique.
- Sélectionnez la cellule D7 et tapez "Nombre de noms commençant par 'A'", puis Appuyez sur "Entrée".

- Sélectionnez la cellule D8.
- Tapez =NB.SI(A2:A7, "A*") et Appuyez sur "Entrée". La cellule D8 affichera "1" car il y a une cellule dans la plage A2:A7 contenant un nom commençant par "A".

	A	B	C	D	E	F
1	**Nom**	**Score**		**Nombre de scores**		
2	Alice	85		5		
3	Bob	78		**Nombre de cellules non vides**		
4	Charlie	92		5		
5	David	88		**Nombre de cellules vides**		
6	Eva			1		
7		75		**Nombre de scores > 80**		
8				3		
9						**ınt par "A"**
10				=NB.SI(B2:B7;"A*")		

D10 =NB.SI(A2:A7;"A*")

	A	B	C	D	E	F
1	**Nom**	**Score**		**Nombre de scores**		
2	Alice	85		5		
3	Bob	78		**Nombre de cellules non vides**		
4	Charlie	92		5		
5	David	88		**Nombre de cellules vides**		
6	Eva			1		
7		75		**Nombre de scores > 80**		
8				3		
9				**Nombre de noms commençant par "A"**		
10				1		

9.3.7. Combiner NB.SI avec des critères multiples :

- Pour compter les cellules répondant à plusieurs critères, Vous pouvez utiliser la fonction NB.SI.ENS.
- Sélectionnez la cellule D9 et tapez "Nombre de scores > 80 et non vides", puis Appuyez sur "Entrée".
- Sélectionnez la cellule D10.

- Tapez =NB.SI.ENS(B2:B7, ">80", B2:B7, "<>") et Appuyez sur "Entrée". La cellule D10 affichera "3" car il y a trois cellules dans la plage B2:B7 avec des scores supérieurs à 80 et non vides.

Résumé de la leçon : Vous savez maintenant comment utiliser les fonctions statistiques NB, NBVAL et NB.SI dans Excel pour compter des cellules selon divers critères. Ces fonctions vous permettront d'analyser efficacement vos ensembles de données et d'extraire des informations significatives.

9.4- Utiliser les formules matricielles

Introduction : Les formules matricielles dans Excel vous permettent de réaliser des calculs complexes qui impliquent des ensembles de données multiples. Elles peuvent retourner plusieurs valeurs à partir d'une seule formule et sont très puissantes pour les analyses de données avancées. Cette leçon vous montrera comment utiliser les formules matricielles.

Exemple Pratique : Nous allons entrer des données, créer des formules matricielles simples et complexes, et utiliser des fonctions matricielles.

Étapes à réaliser :

9.4.1. Ouvrir Excel :

- Cliquez sur l'icône d'Excel pour ouvrir le programme.
- Créez un nouveau classeur :

  "Fichier" > "Nouveau" > "Classeur vierge".

9.4.2. Entrer des données de base :

- Dans la feuille de calcul, entrez les données suivantes :
- A1: "Produit", B1: "Quantité", C1: "Prix unitaire"
- A2: "Stylo", B2: "20", C2: "50"
- A3: "Cahier", B3: "10", C3: "150"
- A4: "Gomme", B4: "30", C4: "25"

9.4.3. Créer une formule matricielle simple :

- Nous allons multiplier les quantités par les prix unitaires pour obtenir les totaux.
- Sélectionnez la plage de cellules D2:D4.

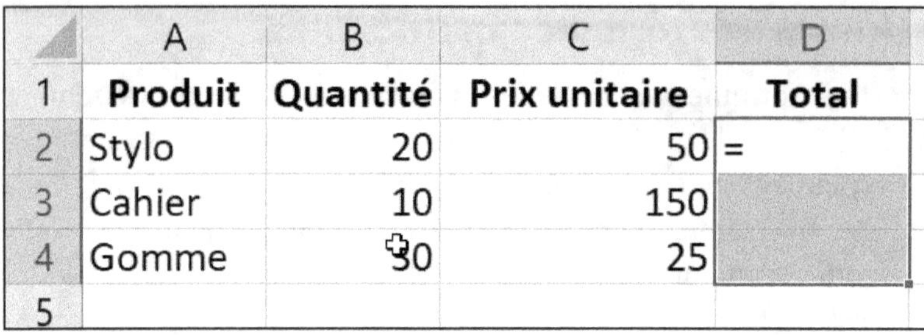

	A	B	C	D
1	**Produit**	**Quantité**	**Prix unitaire**	**Total**
2	Stylo	20	50	=
3	Cahier	10	150	
4	Gomme	30	25	
5				

- Tapez =B2:B4*C2:C4 dans la barre de formule.

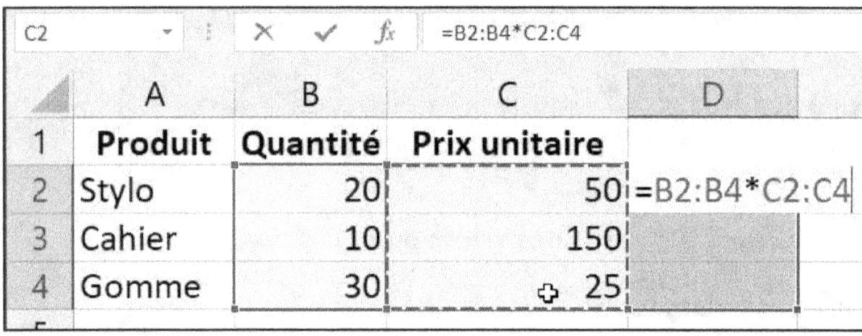

C2 =B2:B4*C2:C4

	A	B	C	D
1	**Produit**	**Quantité**	**Prix unitaire**	
2	Stylo	20	50	=B2:B4*C2:C4
3	Cahier	10	150	
4	Gomme	30	25	

- Appuyez sur "Ctrl + Maj + Entrée". Les cellules D2:D4 afficheront les totaux respectifs : 1000, 1500, et 750.

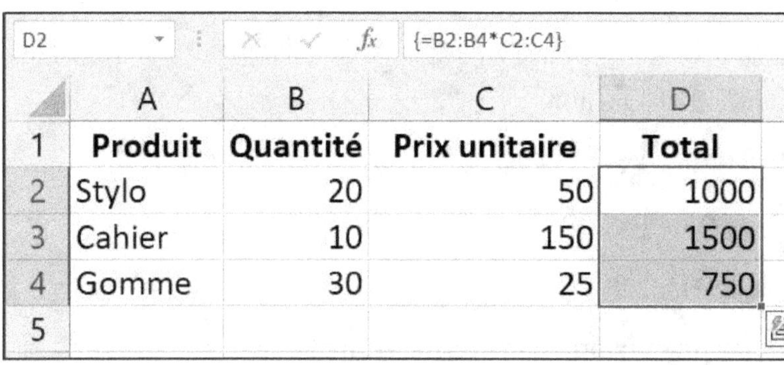

D2 {=B2:B4*C2:C4}

	A	B	C	D
1	**Produit**	**Quantité**	**Prix unitaire**	**Total**
2	Stylo	20	50	1000
3	Cahier	10	150	1500
4	Gomme	30	25	750
5				

- Excel ajoute automatiquement des accolades autour de la formule, indiquant qu'il s'agit d'une formule matricielle : {=B2:B4*C2:C4}.

9.4.4. Utiliser la fonction SOMME avec une formule matricielle :

- Sélectionnez la cellule D5.
- Tapez =SOMME(B2:B4*C2:C4) dans la barre de formule.

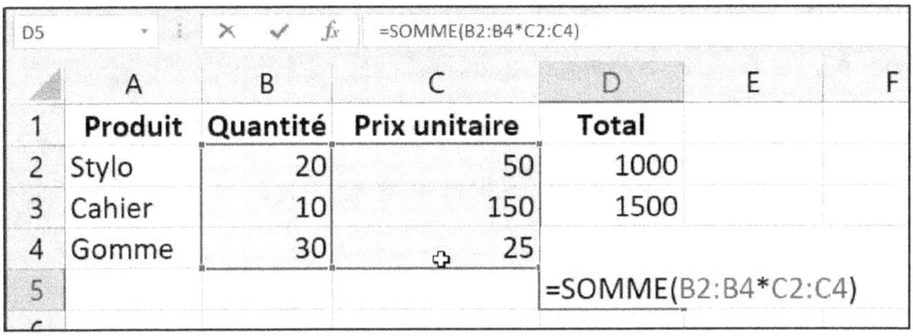

- Appuyez sur "Ctrl + Maj + Entrée". La cellule D5 affichera "3250", qui est le total des produits des quantités et des prix unitaires.

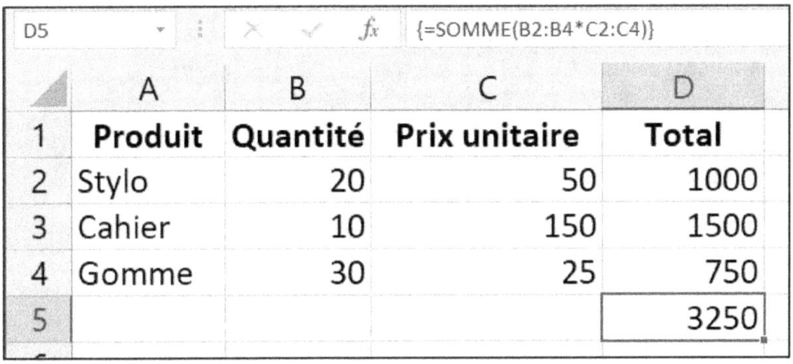

9.4.5. Utiliser la fonction TRANSPOSER :

- La fonction TRANSPOSER vous permet de convertir une plage de cellules horizontales en une plage de cellules verticales, et vice versa.

- Sélectionnez les cellules F1:I1.

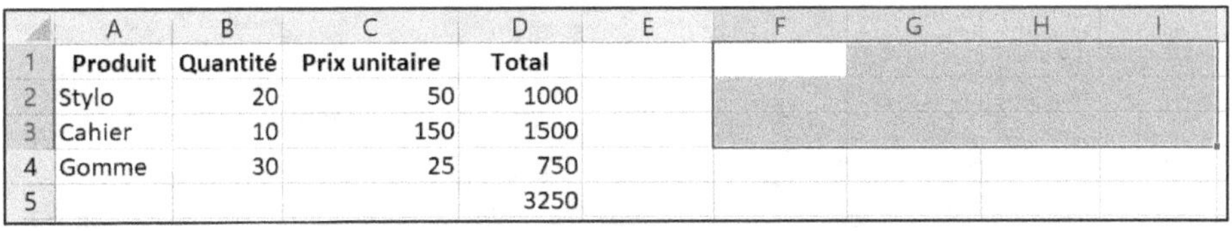

- Tapez =TRANSPOSER(A1:C4) dans la barre de formule.

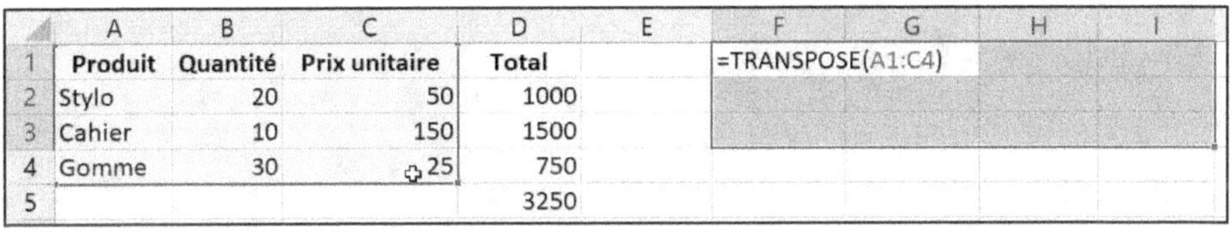

- Appuyez sur "Ctrl + Maj + Entrée". Les cellules F1:I1 afficheront "Produit", "Quantité" et "Prix unitaire".

F1 | {=TRANSPOSE(A1:C4)}

	A	B	C	D	E	F	G	H	I
1	**Produit**	**Quantité**	**Prix unitaire**	**Total**		Produit	Stylo	Cahier	Gomme
2	Stylo	20	50	1000		Quantité	20	10	30
3	Cahier	10	150	1500		Prix unitaire	50	150	25
4	Gomme	30	25	750					
5				3250					

Résumé de la leçon : Vous savez maintenant comment utiliser les formules matricielles dans Excel pour effectuer des calculs complexes impliquant plusieurs ensembles de données. Les formules matricielles vous permettent de réaliser des analyses avancées et d'obtenir des résultats précis à partir de vos données.

9.5- Gérer les erreurs dans les formules

Introduction : Lors de la création et de l'utilisation de formules dans Excel, il est courant de rencontrer des erreurs. Savoir identifier, comprendre et gérer ces erreurs est essentiel pour assurer la précision de vos calculs et analyses. Cette leçon vous montrera comment gérer les erreurs dans les formules et utiliser des fonctions spécifiques pour les traiter.

Exemple Pratique : Nous allons entrer des données, provoquer des erreurs courantes dans les formules, et utiliser des fonctions comme SI.ERREUR pour les gérer.

Étapes à réaliser :

9.5.1. Ouvrir Excel :

- Cliquez sur l'icône d'Excel pour ouvrir le programme.
- Créez un nouveau classeur :

  "Fichier" > "Nouveau" > "Classeur vierge".

9.5.2. Entrer des données de base :

- Dans la feuille de calcul, entre les données suivantes :
- A1: "Numérateur", B1: "Dénominateur", C1: "Résultat"
- A2: "10", B2: "2"
- A3: "15", B3: "0" (pour provoquer une erreur de division par zéro)
- A4: "20", B4: "5"

	A	B	C	D	E	F	G
1	Numérateur	Dénominateur	Résultat	Résultat (sans erreur)	Recherche	Valeur recherchée	Résultat (sans #N/A)
2	10	2					
3	15	0					
4	20	5					

9.5.3. Provoquer une erreur courante :

- Sélectionnez la cellule C2.

- Tapez =A2/B2 et Appuyez sur "Entrée". La cellule C2 affichera "5" (10 divisé par 2).

	A	B	C	D
1	Numérateur	Dénominateur	Résultat	Résultat (sans erreur)
2	10	2	=A2/B2	
3	15	0		
4	20	5		

	A	B	C
1	Numérateur	Dénominateur	Résultat
2	10	2	5
3	15	0	
4	20	5	

- Utilisez La poignée de recopie pour copier la formule de C2 à C4. La cellule C3 affichera une erreur #DIV/0! car la division par zéro est indéfinie.

	A	B	C
1	Numérateur	Dénominateur	Résultat
2	10	2	5
3	15	0	#DIV/0!
4	20	5	4

9.5.4. Identifier les erreurs dans les formules :

- Les erreurs courantes incluent :
- #DIV/0! : Division par zéro.
- #N/A : Valeur non disponible.
- #VALEUR! : Type de donnée incorrect.
- #REF! : Référence de cellule invalide.
- #NOM? : Nom de fonction ou de plage incorrect.

- #NUM! : Problème de nombre.
- #NULL! : Intersection vide entre deux plages de cellules.

9.5.5. Utiliser la fonction SI.ERREUR :

- Sélectionnez la cellule D2 et tapez "Résultat (sans erreur)", puis Appuyez sur "Entrée".
- Sélectionnez la cellule D3.
- Tapez =SI.ERREUR(A2/B2, "Erreur de division") et Appuyez sur "Entrée". La cellule D3 affichera "5" comme auparavant.

	A	B	C	D	E	
1	Numérateur	Dénominateur	Résultat	Résultat (sans erreur)	Recherche	Val
2	10	2	5	=SIERREUR(A2/B2;"Erreur de division")		
3	15	0	#DIV/0!			
4	20	5	4			

- Utilisez La poignée de recopie pour copier la formule de D3 à D5. La cellule D4 affichera "Erreur de division" à la Placez de l'erreur #DIV/0!.

	A	B	C	D
1	Numérateur	Dénominateur	Résultat	Résultat (sans erreur)
2	10	2	5	5
3	15	0	#DIV/0!	Erreur de division
4	20	5	4	4
5				

9.5.6. Utiliser la fonction SI.NON.DISP (pour les erreurs #N/A) :

- Sélectionnez la cellule E1 et tapez "Recherche", puis Appuyez sur "Entrée".
- Sélectionnez la cellule E2 et tapez "Valeur recherchée", puis Appuyez sur "Entrée".
- Sélectionnez la cellule E3.
- Tapez =RECHERCHEV(E2, A2:B4, 2, FAUX) et Appuyez sur "Entrée". La cellule affichera #N/A si la valeur n'est pas trouvée.

	A	B	C	D	E	F	G
1	Numérateur	Dénominateur	Résultat	Résultat (sans erreur)	Recherche	Valeur recherchée	Résultat (sans #N/A)
2	10	2	5	5		=RECHERCHEV(A2;A2:B4;2;FAUX)	
3	15	0	#DIV/0!	Erreur de division			
4	20	5	4	4			

E	F	G
Recherche	Valeur recherchée	Résultat (sans #N/A)
	=RECHERCHEV(A2;$A$2:$B$4;2;FAUX)	
	0	0
	#N/A	Non trouvé

- Pour gérer cette erreur, Utilisez la fonction SI.NON.DISP :
- Sélectionnez la cellule F1 et tapez "Résultat (sans #N/A)", puis Appuyez sur "Entrée".
- Sélectionnez la cellule F2.
- Tapez =SI.NON.DISP(RECHERCHEV(E2, A2:B4, 2, FAUX), "Non trouvé") et Appuyez sur "Entrée".

F	G	H	I
Valeur recherchée	Résultat (sans #N/A)		
2	=SI.NON.DISP(RECHERCHEV(A2;$A$2:$B$4;2;		
0	FAUX);"Non trouvé")		
#N/A	Non trouvé		

9.5.7. Utiliser l'outil de vérification des erreurs :

- Si vous rencontrez une erreur, Cliquez sur la cellule contenant l'erreur.
- Un petit carré jaune avec un point d'exclamation apparaîtra à côté de la cellule. Cliquez dessus pour voir des informations supplémentaires sur l'erreur et des suggestions pour la corriger.

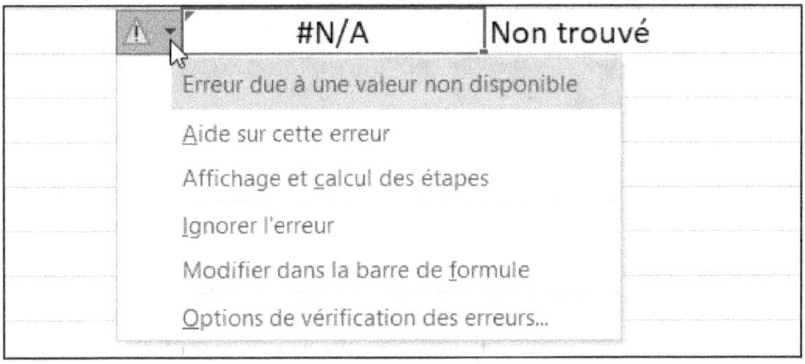

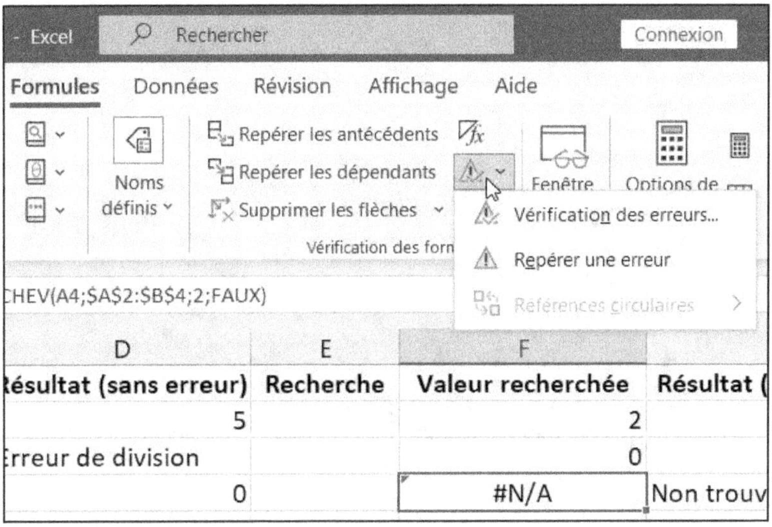

Résumé de la leçon : Vous savez maintenant comment identifier et gérer les erreurs dans les formules Excel. En utilisant des fonctions comme SI.ERREUR et SI.NON.DISP, Vous pouvez traiter les erreurs et afficher des messages personnalisés ou des valeurs alternatives. Ces compétences vous permettront de maintenir l'intégrité et la précision de vos feuilles de calcul.

CHAPITRE 10 :
ANALYSE DES DONNÉES

10.1. Utiliser les tableaux croisés dynamiques
10.2. Utiliser les outils d'analyse de données (Analyse rapide)
10.3. Créer des tableaux de bord simples

Excel est un outil puissant pour l'analyse de données. Ce chapitre vous introduira aux tableaux croisés dynamiques, aux outils d'analyse de données comme l'Analyse rapide et le Solveur. Vous découvrirez comment extraire des informations pertinentes de vos données et prendre des décisions éclairées.

10.1- Utiliser les tableaux croisés dynamiques

Introduction : Les tableaux croisés dynamiques (TCD) sont des outils puissants dans Excel qui permettent de résumer, analyser, explorer et présenter des données. Ils sont particulièrement utiles pour transformer de grandes quantités de données en informations significatives. Cette leçon vous montrera comment créer et utiliser des tableaux croisés dynamiques.

Exemple Pratique : Nous allons entrer des données, créer un tableau croisé dynamique à partir de ces données, et utiliser quelques-unes des fonctionnalités de base des TCD.

Étapes à réaliser :

10.1.1. Ouvrir Excel :

- Cliquez sur l'icône d'Excel pour ouvrir le programme.
- Créez un nouveau classeur :

  "Fichier" > "Nouveau" > "Classeur vierge".

10.1.2. Entrer des données de base :

- Dans la feuille de calcul, entrez les données suivantes :
- A1: "Date", B1: "Produit", C1: "Quantité", D1: "Prix unitaire"
- A2: "01/01/2023", B2: "Stylo", C2: "20", D2: "50"
- A3: "01/01/2023", B3: "Cahier", C3: "10", D3: "150"
- A4: "02/01/2023", B4: "Stylo", C4: "15", D4: "50"
- A5: "02/01/2023", B5: "Cahier", C5: "5", D5: "150"
- A6: "03/01/2023", B6: "Stylo", C6: "25", D6: "50"
- A7: "03/01/2023", B7: "Cahier", C7: "8", D7: "150"

10.1.3. Créer un tableau croisé dynamique :

- Sélectionnez la plage de données A1:D7.
- Cliquez sur l'onglet "Insertion" dans le ruban en haut de l'écran.

- Dans le groupe "Tableaux", Cliquez sur "Tableau croisé dynamique".

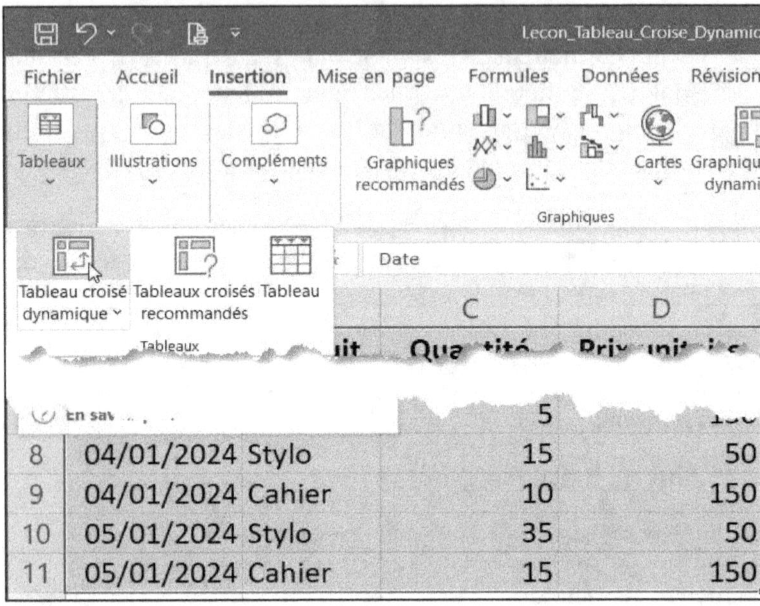

- Une fenêtre s'ouvre. Assurez-vous que la plage de données sélectionnée est correcte et que l'option "Nouvelle feuille de calcul" est sélectionnée.

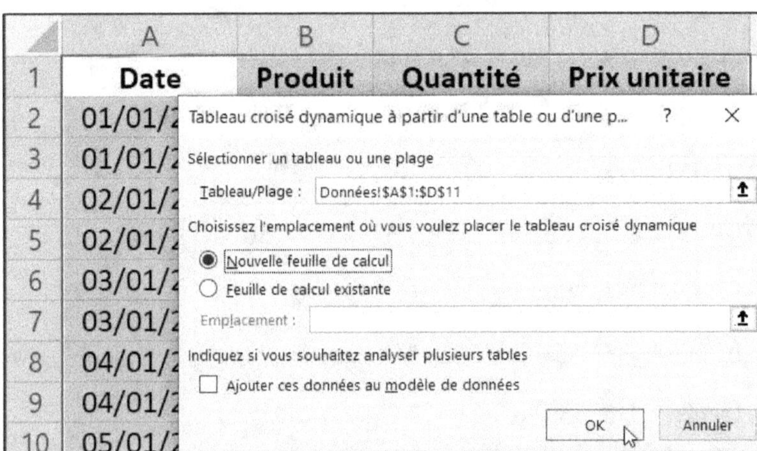

- Cliquez sur "OK". Une nouvelle feuille de calcul avec une zone de tableau croisé dynamique vide s'ouvrira.

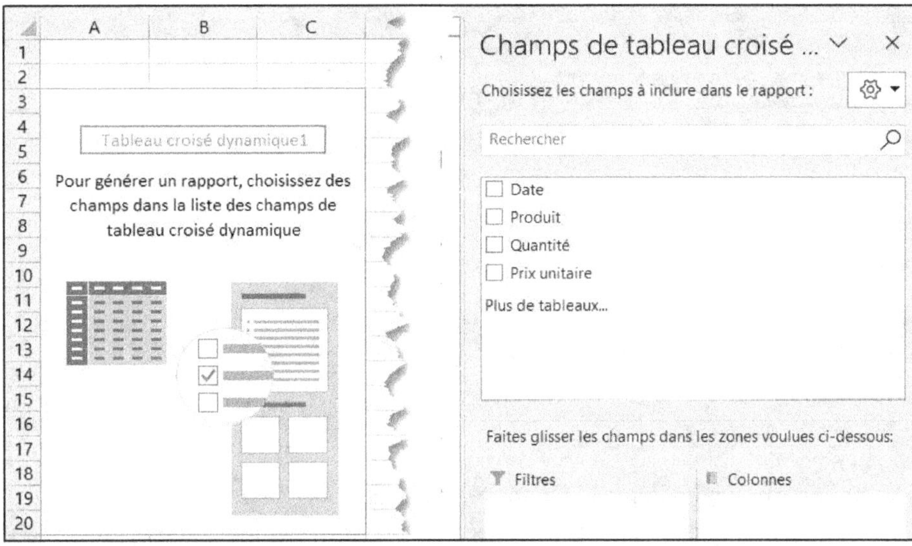

10.1.4. Configurer le tableau croisé dynamique :

- Dans le volet "Champs de tableau croisé dynamique" à droite, faites glisser le champ "Produit" vers la zone "Lignes".

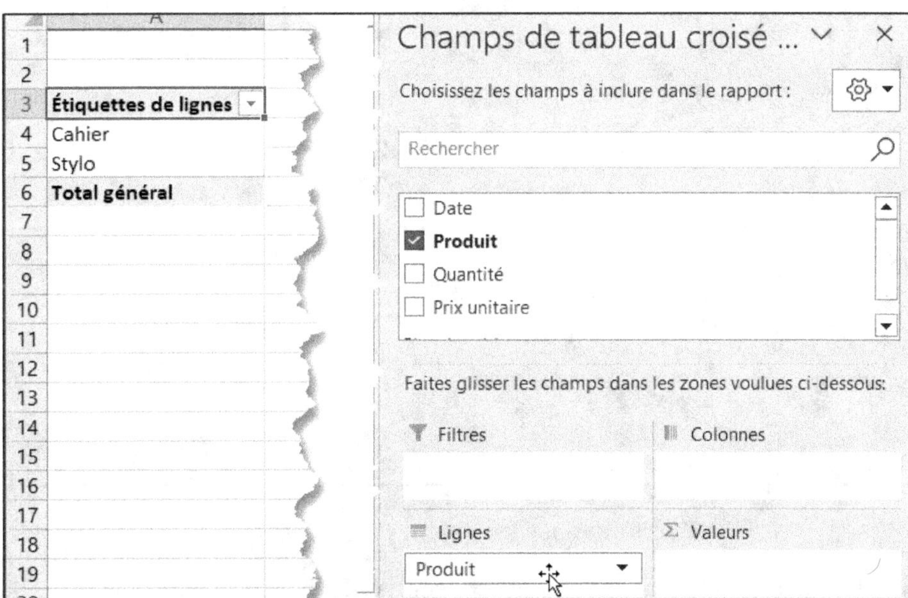

- Faites glisser le champ "Date" vers la zone "Colonnes".

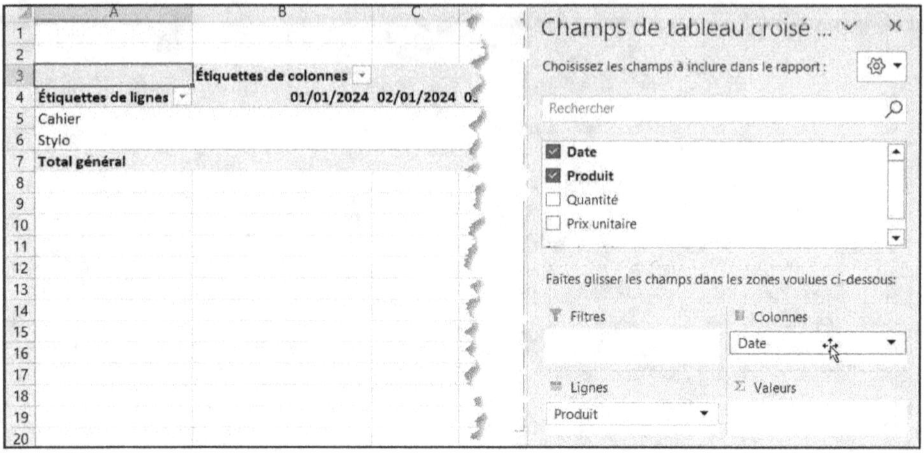

- Faites glisser le champ "Quantité" vers la zone "Valeurs". Par défaut, la somme des quantités sera affichée.
- Faites glisser le champ "Prix unitaire" vers la zone "Valeurs". Par défaut, la somme des prix unitaires sera affichée.

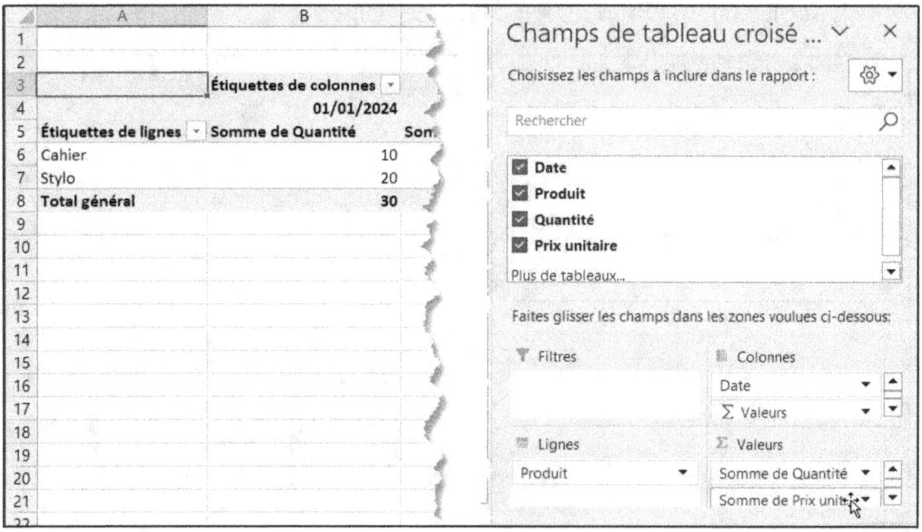

10.1.5. Personnaliser les valeurs :

- Dans la zone "Valeurs", Cliquez sur la flèche à côté de "Somme de Quantité".
- Sélectionnez "Paramètres des champs de valeur".

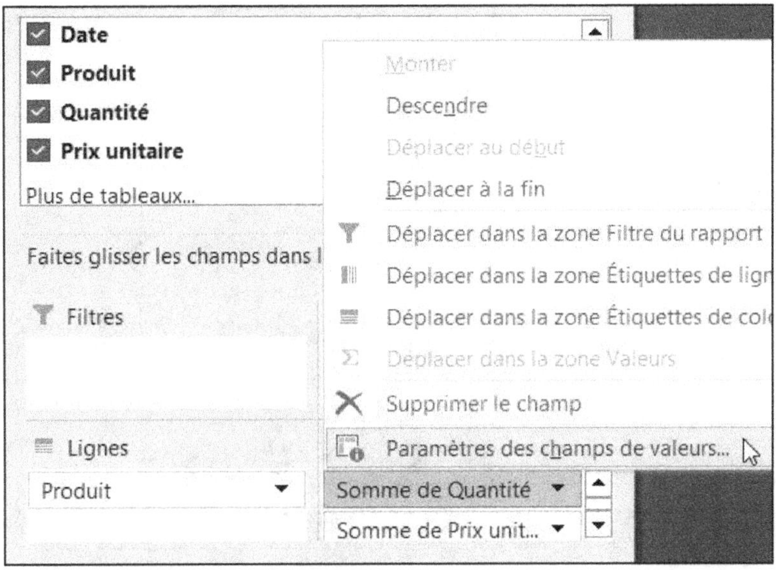

- Dans la fenêtre qui s'ouvre, Choisissez "Moyenne" et Cliquez sur "OK". La moyenne des quantités sera maintenant affichée.

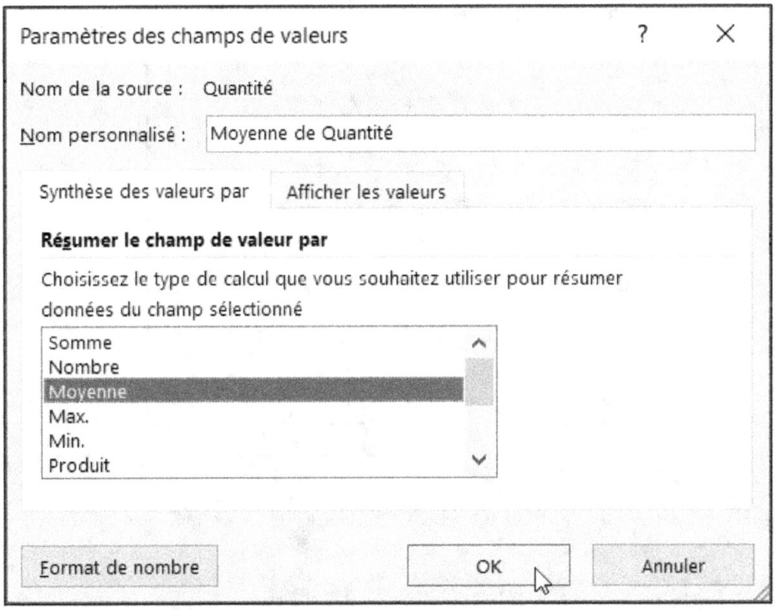

- Répétez ces Étapes pour "Somme de Prix unitaire" et Choisissez "Moyenne".

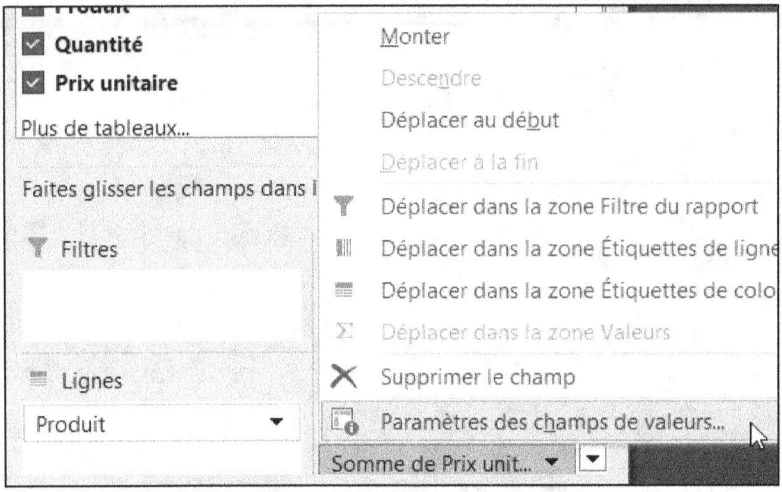

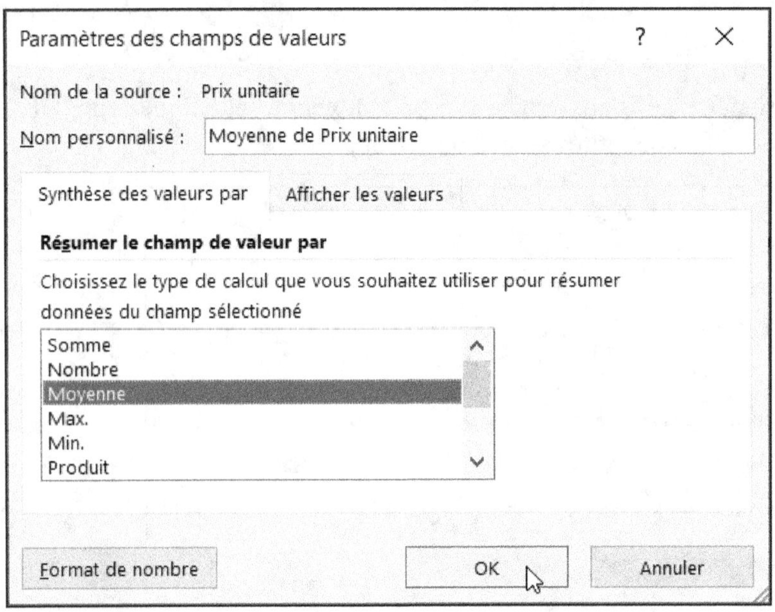

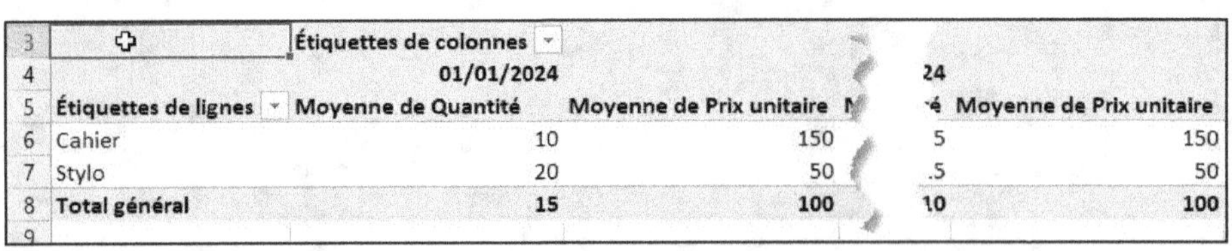

	Étiquettes de colonnes			
	01/01/2024		24	
Étiquettes de lignes	Moyenne de Quantité	Moyenne de Prix unitaire	é	Moyenne de Prix unitaire
Cahier	10	150	5	150
Stylo	20	50	.5	50
Total général	**15**	**100**	**10**	**100**

10.1.6. Ajouter un filtre :

- Faites glisser le champ "Produit" vers la zone "Filtres".

- Un filtre apparaîtra au-dessus du tableau croisé dynamique. Vous pouvez utiliser ce filtre pour afficher les données d'un seul produit à la fois.

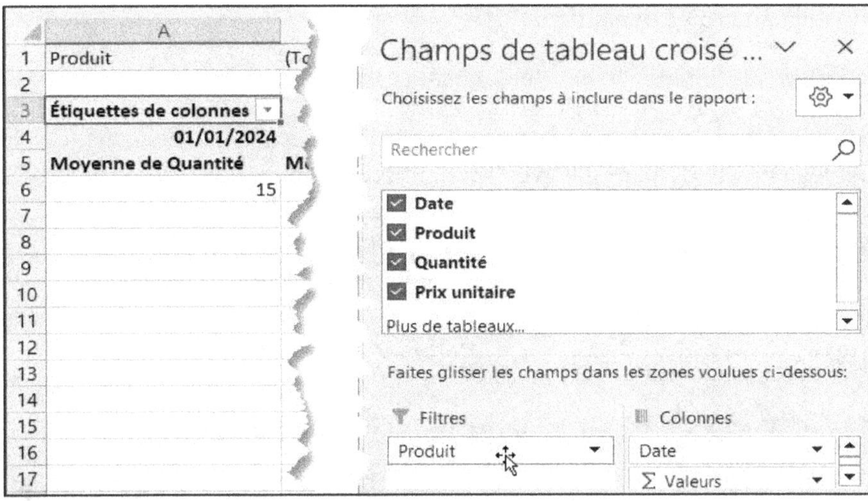

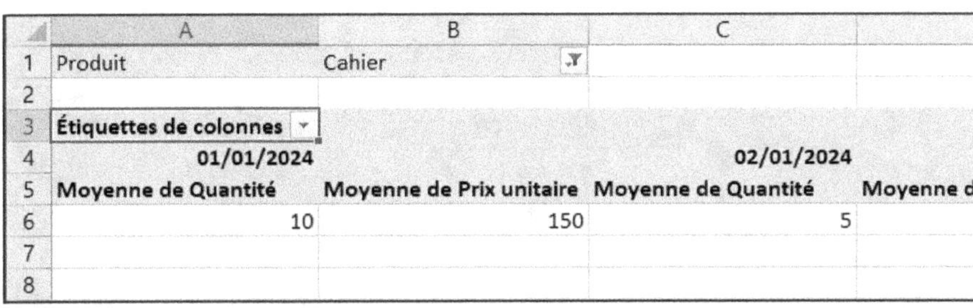

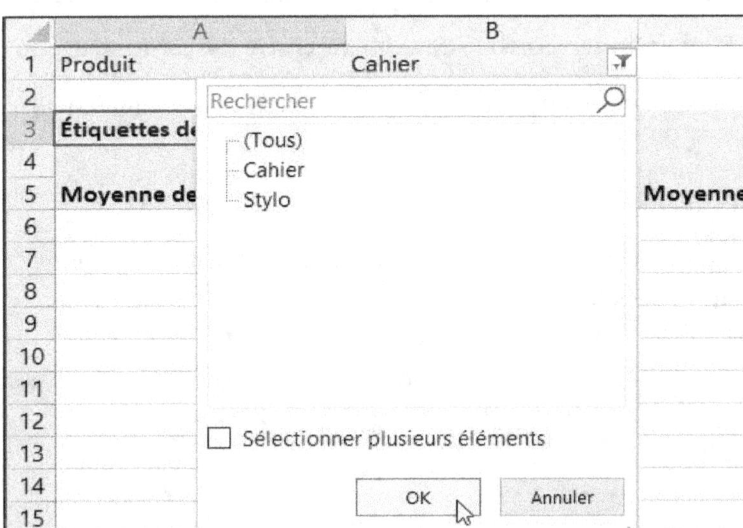

10.1.7. Mettre à jour le tableau croisé dynamique :

- Si vous modifiez les données sources, Cliquez sur n'importe quelle cellule du tableau croisé dynamique.
- Cliquez sur l'onglet "Analyser" dans le ruban.
- Cliquez sur "Actualiser" dans le groupe "Données" pour mettre à jour le tableau croisé dynamique avec les nouvelles données.

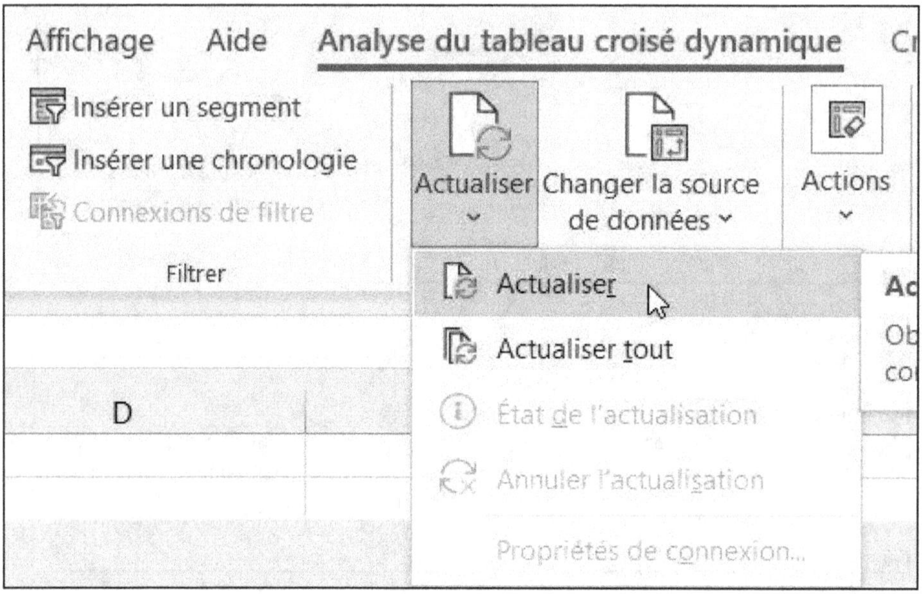

10.1.8. Appliquer un style de tableau croisé dynamique :

- Cliquez sur n'importe quelle cellule du tableau croisé dynamique pour le sélectionner.
- Cliquez sur l'onglet "Création" dans le ruban.
- Dans le groupe "Styles de tableau croisé dynamique", Choisissez un style qui vous plaît pour personnaliser l'apparence de votre tableau.

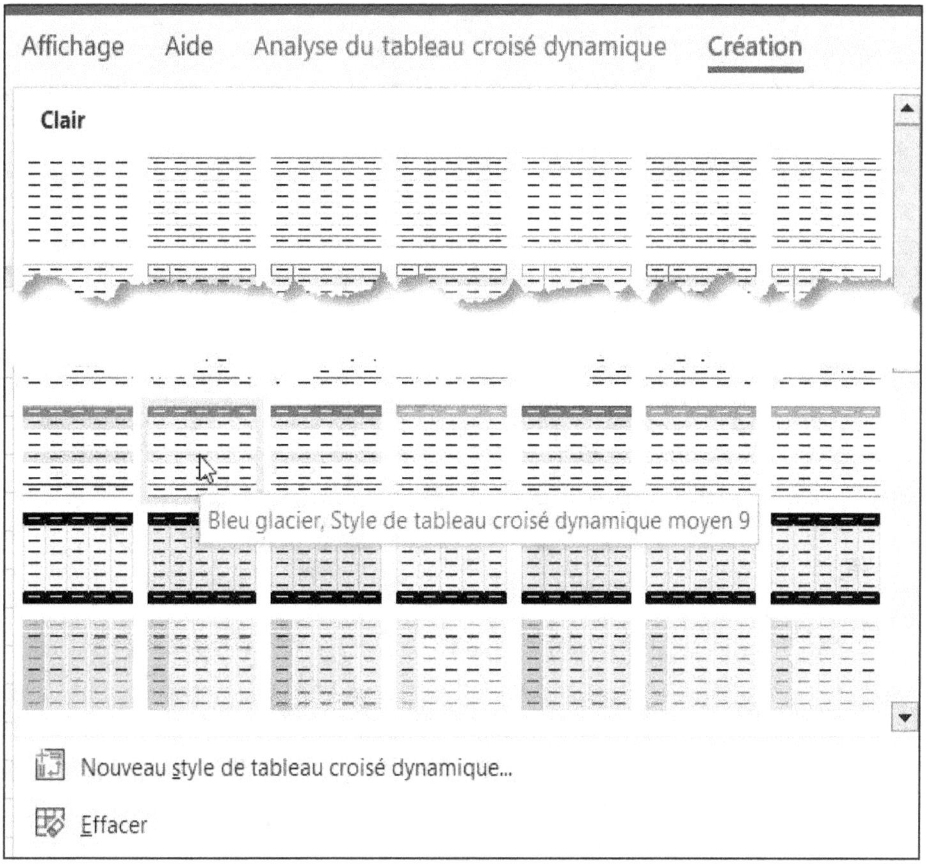

Résumé de la leçon : Vous savez maintenant comment créer et utiliser un tableau croisé dynamique dans Excel pour résumer et analyser vos données. Les TCD sont des outils puissants qui vous permettront de transformer de grandes quantités de données en informations significatives de manière rapide et efficace.

10.2- Utiliser les outils d'analyse de données (Analyse rapide)

Introduction : Les outils d'analyse de données dans Excel, comme l'Analyse rapide vous permettent de réaliser des analyses complexes et d'optimiser des solutions. L'Analyse rapide vous permet de visualiser et d'analyser rapidement des données. Cette leçon vous montrera comment utiliser ces outils.

Exemple Pratique : Nous allons entrer des données et utiliser l'Analyse rapide pour visualiser les données.

Étapes à réaliser :

10.2.1. Ouvrir Excel :

- Cliquez sur l'icône d'Excel pour ouvrir le programme.
- Créez un nouveau classeur :

  "Fichier" > "Nouveau" > "Classeur vierge".

10.2.2. Entrer des données de base :

- Dans la feuille de calcul, entre les données suivantes :
- A1: "Nom", B1: "Score"
- A2: "Alice", B2: "85"
- A3: "Bob", B3: "78"
- A4: "Charlie", B4: "92"
- A5: "David", B5: "88"
- A6: "Eva", B6: "75"

10.2.3. Utiliser l'Analyse rapide :

- Sélectionnez la plage de données A1:B6.
- Une petite icône "Analyse rapide" apparaît dans le coin inférieur droit de la sélection. Cliquez sur cette icône.

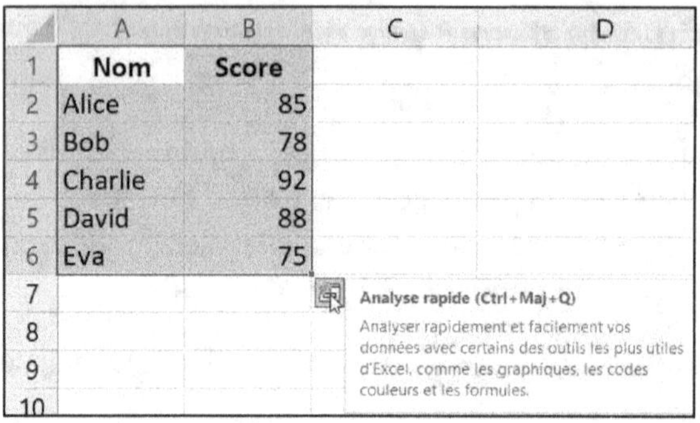

- Dans le menu qui s'ouvre, vous avez plusieurs options pour visualiser et analyser les données :

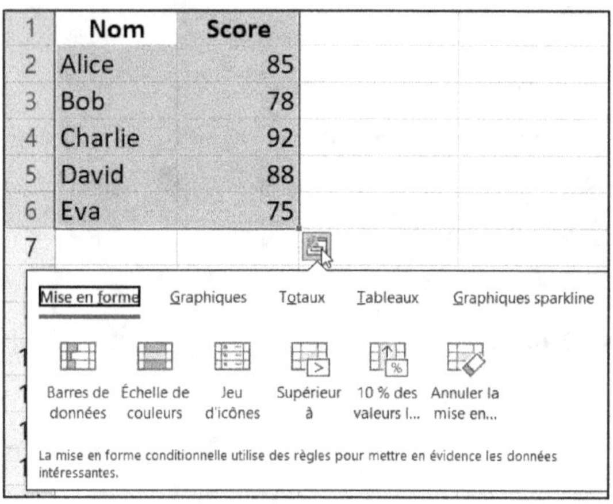

- **Formatage** : Mets en forme les données pour faire ressortir des tendances ou des valeurs spécifiques.

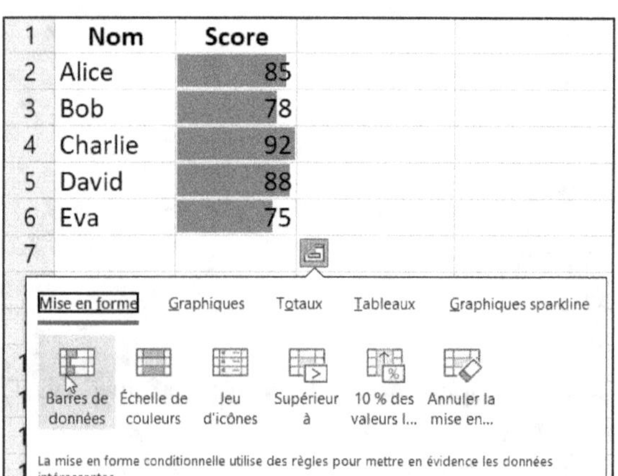

- **Graphiques** : Créez rapidement des graphiques pour visualiser les données. Par exemple, Cliquez sur "Histogramme" pour créer un histogramme des scores.

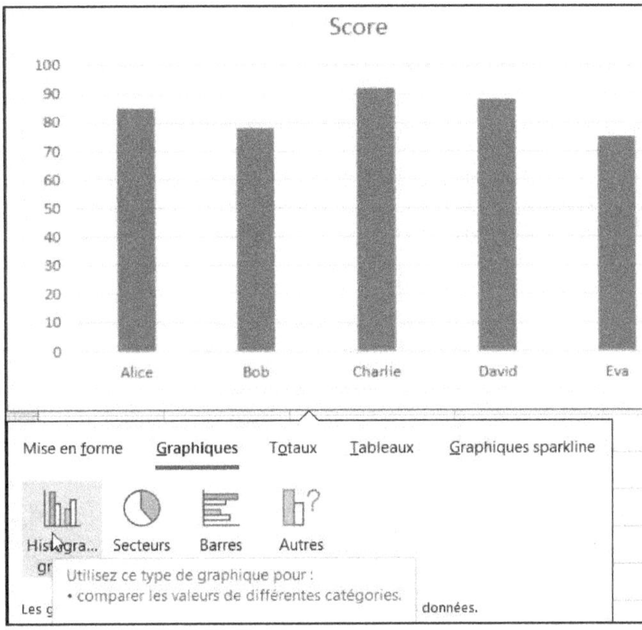

- **Total** : Ajoute des totaux ou des moyennes. Par exemple, Cliquez sur "Somme" pour afficher la somme des scores.

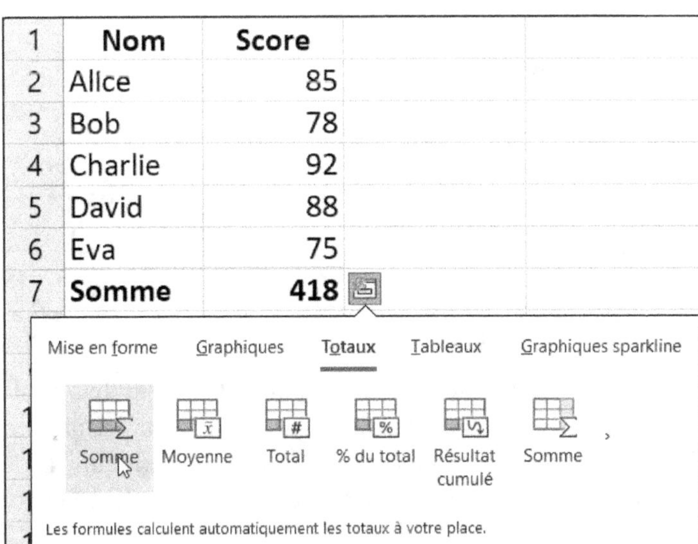

- **Table** : Transforme les données en tableau pour faciliter le tri et le filtrage.

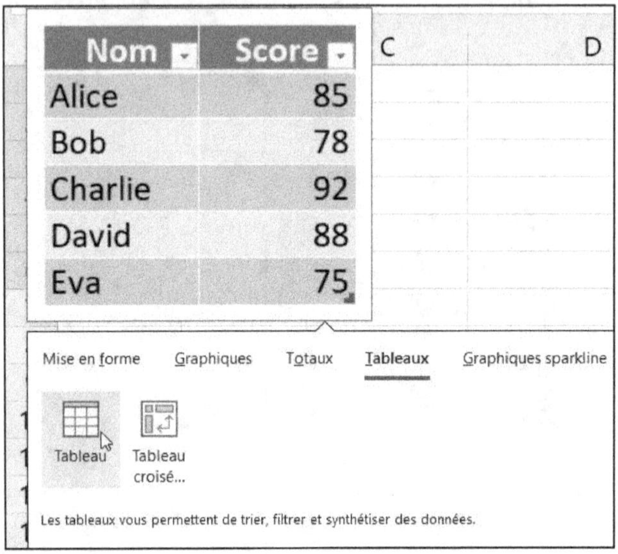

- **Mini-graphiques** : Ajoute des mini-graphiques pour visualiser les tendances dans chaque ligne.

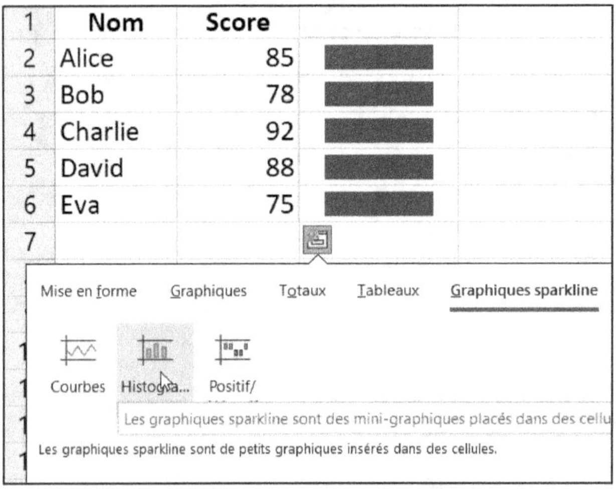

Résumé de la leçon : Vous savez maintenant comment utiliser les outils d'analyse de données, comme l'Analyse rapide, dans Excel pour visualiser, analyser et optimiser vos données. Ces compétences vous permettront de réaliser des analyses complexes et d'optimiser des solutions de manière efficace.

10.3- Créer des tableaux de bord simples

Introduction : Les tableaux de bord dans Excel vous permettent de visualiser et de suivre des indicateurs clés de performance KPI (Key Performance Indicators) et d'autres données importantes de manière claire et concise. Ils intègrent souvent des graphiques, des tableaux et des indicateurs visuels pour aider à prendre des décisions informées. Cette leçon vous montrera comment créer un tableau de bord simple.

Exemple Pratique : Nous allons créer un tableau de bord pour suivre les ventes et les performances d'une équipe de vente.

Étapes à réaliser :

10.3.1 Ouvrir Excel :

- Cliquez sur l'icône d'Excel pour ouvrir le programme.
- Créez un nouveau classeur :

  "Fichier" > "Nouveau" > "Classeur vierge".

10.3.2 Préparer les données

- **Entrer les données de vente :**
- Dans la feuille de calcul, entre les données suivantes :
- A1: "Vendeur", B1: "Mois", C1: "Ventes"
- A2: "Alice", B2: "Janvier", C2: "5000"
- A3: "Alice", B3: "Février", C3: "7000"
- A4: "Bob", B4: "Janvier", C4: "3000"
- A5: "Bob", B5: "Février", C5: "4000"
- A6: "Charlie", B6: "Janvier", C6: "6000"
- A7: "Charlie", B7: "Février", C7: "8000"

	A	B	C
1	**Vendeur**	**Mois**	**Ventes**
2	Alice	Janvier	5000
3	Alice	Février	7000
4	Bob	Janvier	3000
5	Bob	Février	4000
6	Charlie	Janvier	6000
7	Charlie	Février	8000

10.3.3 Créer des graphiques

- **Créer un graphique de barres pour les ventes par vendeur :**

- Sélectionnez la plage de données A1:C7.

	A	B	C
1	**Vendeur**	**Mois**	**Ventes**
2	Alice	Janvier	5000
3	Alice	Février	7000
4	Bob	Janvier	3000
5	Bob	Février	4000
6	Charlie	Janvier	6000
7	Charlie	Février	8000

- Cliquez sur l'onglet "Insertion" dans le ruban.
- Dans le groupe "Graphiques", Cliquez sur "Insérer un histogramme ou un graphique en barres" et Sélectionnez "Barres groupées".

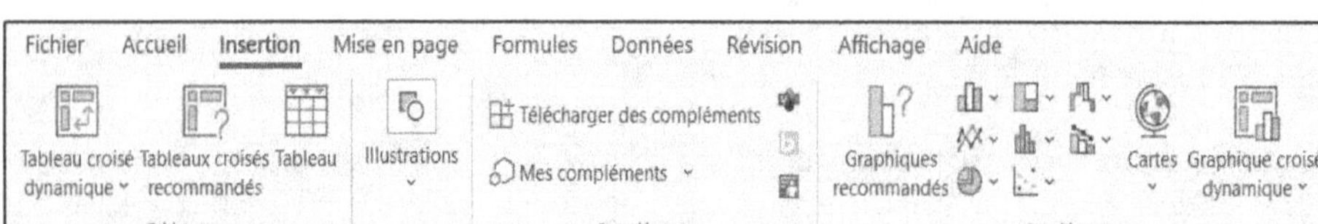

- Un graphique de barres apparaîtra sur la feuille de calcul. Redimensionnez et déplacez le graphique pour qu'il soit bien visible.

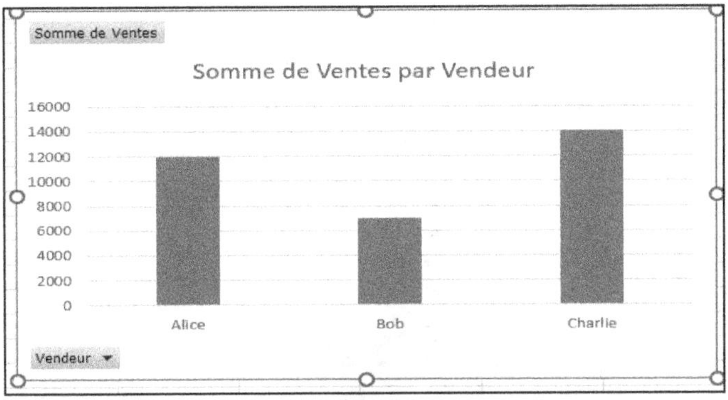

- **Créer un graphique en secteurs pour la répartition des ventes par mois :**
- Sélectionnez la plage de données B1:C7.
- Cliquez sur l'onglet "Insertion".
- Dans le groupe "Graphiques", Cliquez sur "Insérer un graphique en secteurs ou en anneau" et Sélectionnez "Secteurs".

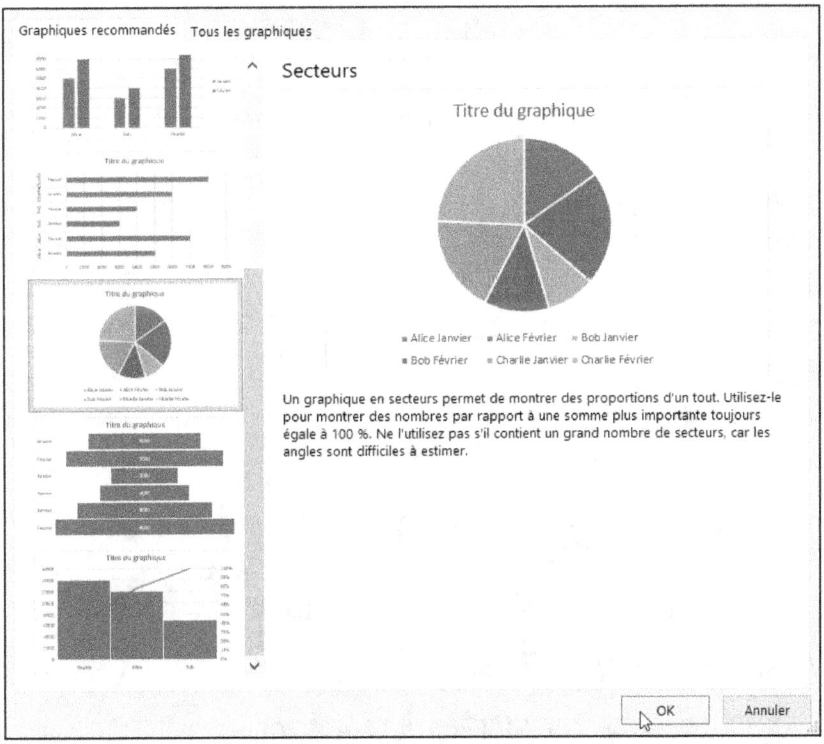

- Un graphique en secteurs apparaîtra sur la feuille de calcul. Redimensionnez et déplacez le graphique pour qu'il soit bien visible.

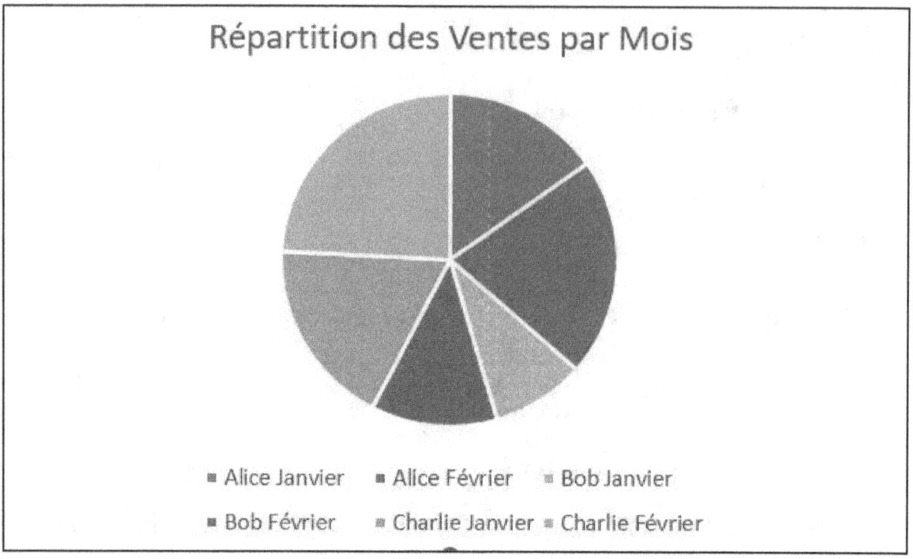

10.3.4 Ajouter des indicateurs clés de performance (KPI)

- **Calculer les ventes totales par vendeur :**

- Cliquez sur une nouvelle feuille de calcul et renommez-la "KPI".

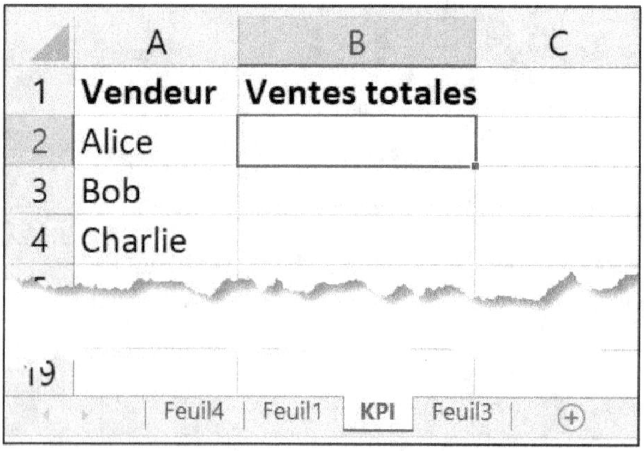

- Dans la feuille "KPI", entre les données suivantes :
- A1: "Vendeur", B1: "Ventes totales"
- A2: "Alice", B2: =SOMME.SI('Feuil1'!A2:A7, "Alice", 'Feuil1'!C2:C7)

- A3: "Bob", B3: =SOMME.SI('Feuil1'!A2:A7, "Bob", 'Feuil1'!C2:C7)
- A4: "Charlie", B4: =SOMME.SI('Feuil1'!A2:A7, "Charlie", 'Feuil1'!C2:C7)

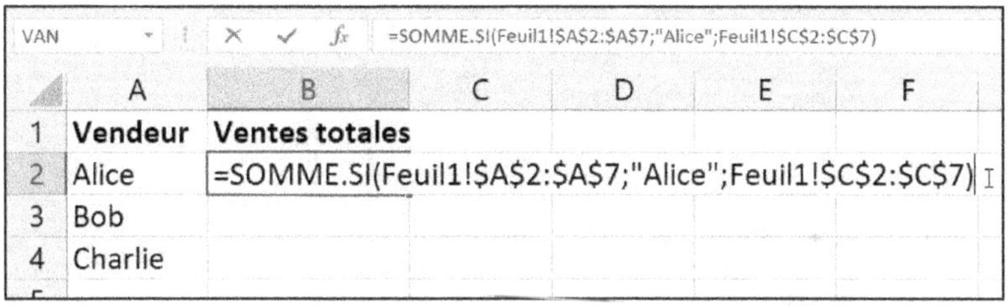

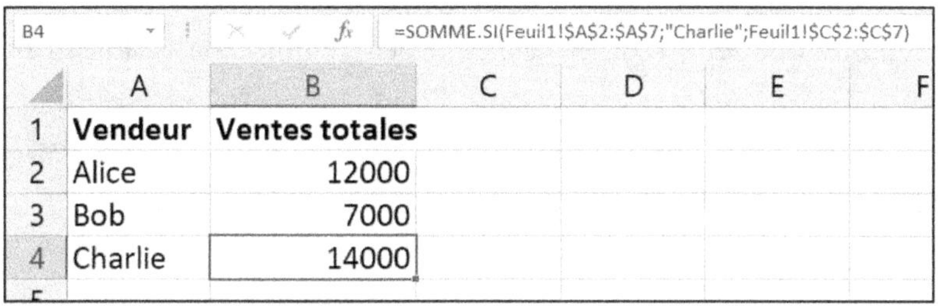

- **Ajouter des indicateurs visuels :**
- Sélectionnez les cellules B2:B4.
- Cliquez sur l'onglet "Accueil" dans le ruban.
- Dans le groupe "Styles", Cliquez sur "Mise en forme conditionnelle" et Sélectionnez "Barres de données". Choisissez un style de barre de données pour visualiser les ventes totales.

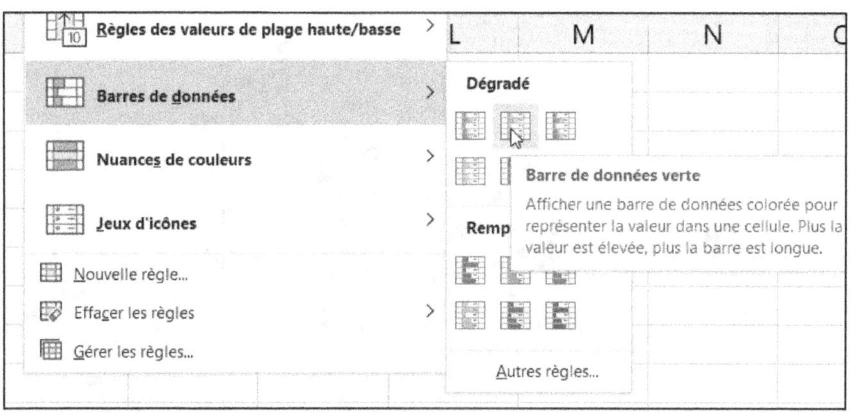

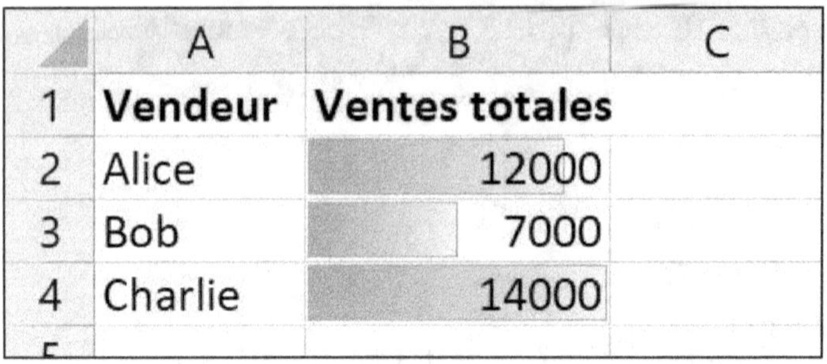

Vendeur	Ventes totales
Alice	12000
Bob	7000
Charlie	14000

10.3.5 Créer un tableau de bord

- **Créer une nouvelle feuille pour le tableau de bord :**
- Cliquez sur une nouvelle feuille de calcul et renommez-la "Tableau de bord".

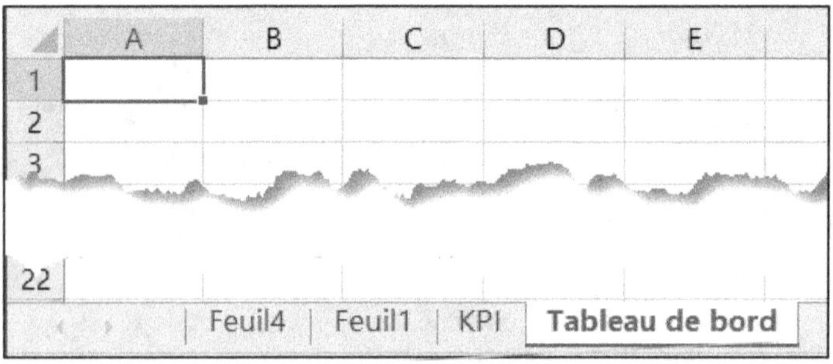

- **Ajouter les graphiques au tableau de bord :**
- Retournez à la feuille "Feuil1" et Cliquez sur le graphique de barres pour le sélectionner.

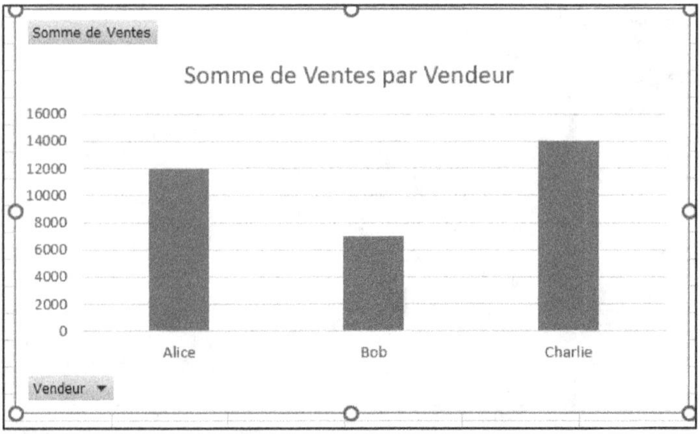

- Appuyez sur "Ctrl + C" pour copier le graphique.
- Retournez à la feuille "Tableau de bord" et Appuyez sur "Ctrl + V" pour coller le graphique.

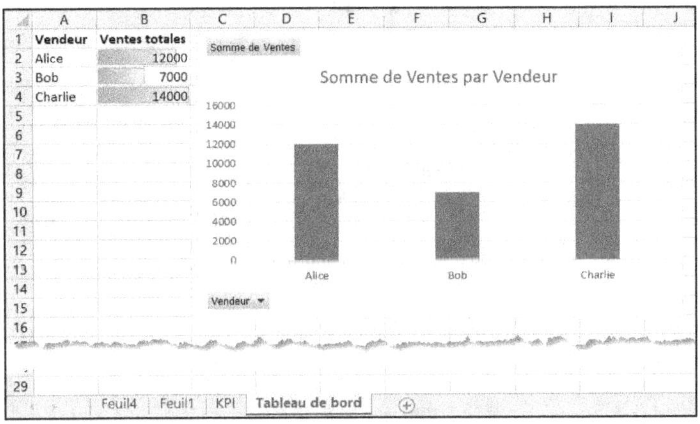

- Répétez ces Étapes pour le graphique en secteurs.

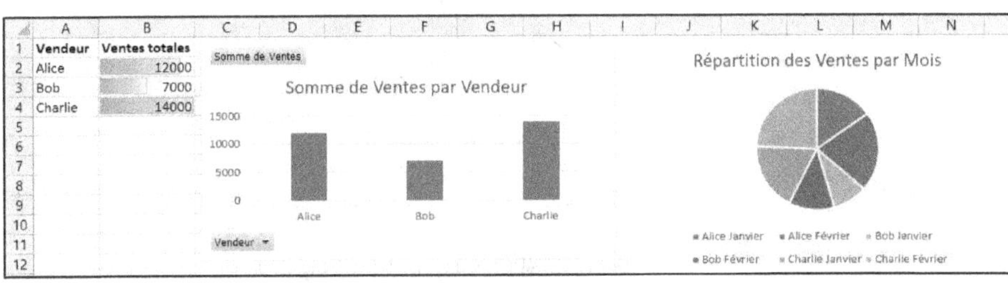

- **Ajouter les KPI au tableau de bord :**
- Retourne à la feuille "KPI" et Sélectionnez la plage de données A1:B4.
- Appuyez sur "Ctrl + C" pour copier les données.
- Retournez à la feuille "Tableau de bord" et Appuyez sur "Ctrl + V" pour coller les données.
- Redimensionnez et positionnez les graphiques et les KPI pour qu'ils soient bien organisés sur la feuille.

10.3.6 Personnaliser le tableau de bord

- **Personnaliser les titres et les légendes :**

- Cliquez sur les titres des graphiques pour les modifier et entre des titres descriptifs (par exemple, "Ventes par Vendeur" et "Répartition des Ventes par Mois").
- Cliquez sur les légendes des graphiques pour ajuster ou déplacer les légendes selon vos préférences.

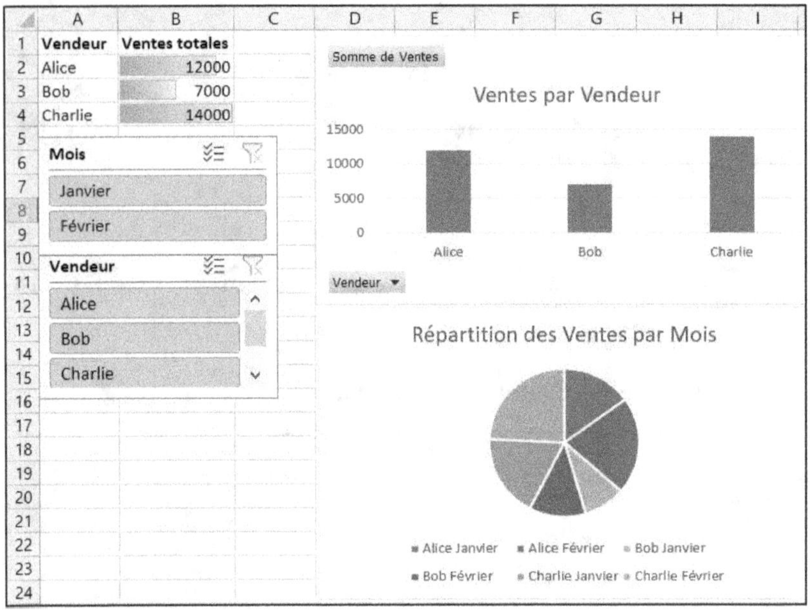

- **Ajouter des formes ou des images :**
- Cliquez sur l'onglet "Insertion".
- Dans le groupe "Illustrations", Cliquez sur "Formes" pour ajouter des formes comme des rectangles ou des flèches pour mettre en évidence certaines parties du tableau de bord.
- Utilisez l'option "Images" pour ajouter des logos ou d'autres images pertinentes.

Résumé de la leçon :

Vous savez maintenant comment créer un tableau de bord simple dans Excel pour suivre les ventes et les performances d'une équipe de vente. Les tableaux de bord vous permettent de visualiser et de suivre des indicateurs clés de performance de manière claire et concise, facilitant ainsi la prise de décisions informées.

CHAPITRE 11 : AUTOMATISATION ET PERSONNALISATION

11.1. Créer et utiliser des macros simples
11.2. Personnaliser le ruban et la barre d'outils Accès rapide
11.3. Créer et utiliser des modèles
11.4. Personnaliser les options d'affichage

Pour gagner du temps et travailler de manière plus efficace, Excel propose des options d'automatisation et de personnalisation. Dans ce chapitre, vous apprendrez à créer des macros simples, à personnaliser le ruban et la barre d'outils Accès rapide, et à utiliser des modèles pour automatiser vos tâches récurrentes.

11.1- Créer et utiliser des macros simples

Introduction : Les macros dans Excel permettent d'automatiser des tâches répétitives en enregistrant une série d'actions que vous pouvez rejouer à tout moment. Cela vous fait gagner du temps et réduit les risques d'erreur. Cette leçon vous montrera comment créer, enregistrer et utiliser des macros simples.

Exemple Pratique : Nous allons créer une macro pour formater une plage de données, puis l'exécuter pour appliquer la mise en forme.

Étapes à réaliser :

11.1.1. Ouvrir Excel et activer l'onglet Développeur :

- Cliquez sur l'icône d'Excel pour ouvrir le programme.
- Pour activer l'onglet "Développeur", Cliquez sur "Fichier" > "Options".

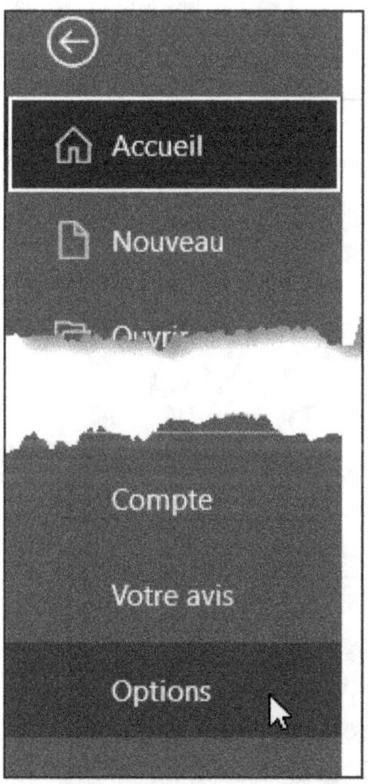

- Dans la fenêtre "Options Excel", Cliquez sur "Personnaliser le ruban".
- Cochez la case "Développeur" dans la liste des onglets principaux, puis Cliquez sur "OK".

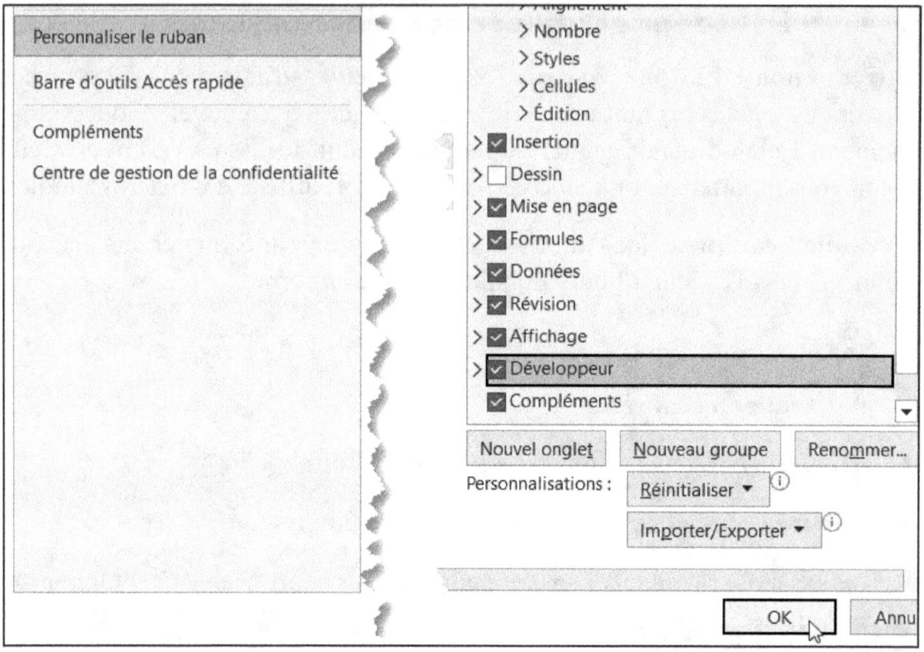

11.1.2. Entrer des données de base :

- Dans la feuille de calcul, entre les données suivantes :
- A1: "Nom", B1: "Score"
- A2: "Alice", B2: "85"
- A3: "Bob", B3: "78"
- A4: "Charlie", B4: "92"
- A5: "David", B5: "88"

11.1.3. Enregistrer une macro :

- Cliquez sur l'onglet "Développeur" dans le ruban.
- Dans le groupe "Code", Cliquez sur "Enregistrer une macro".

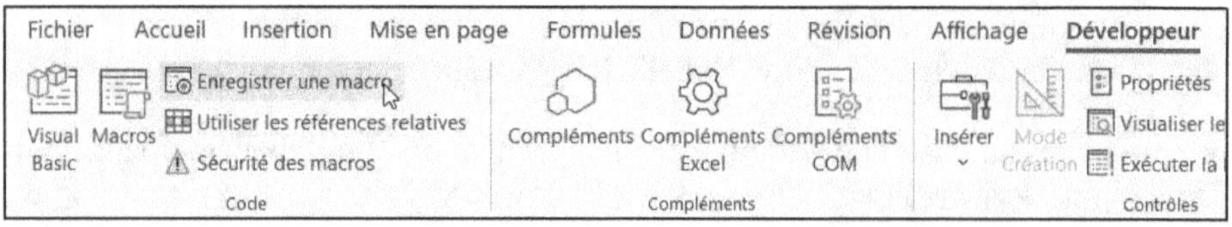

- Dans la fenêtre qui s'ouvre, Donnez un nom à votre macro (par exemple, "FormaterDonnees").
- Assignez un raccourci clavier pour exécuter la macro rapidement (par exemple, Ctrl + Maj + F).
- Choisissez l'emplacement où enregistrer la macro (dans "Ce classeur" pour qu'elle soit disponible uniquement dans ce classeur, ou dans "Classeur de macros personnelles" pour qu'elle soit disponible dans tous les classeurs).
- Cliquez sur "OK" pour commencer l'enregistrement de la macro.

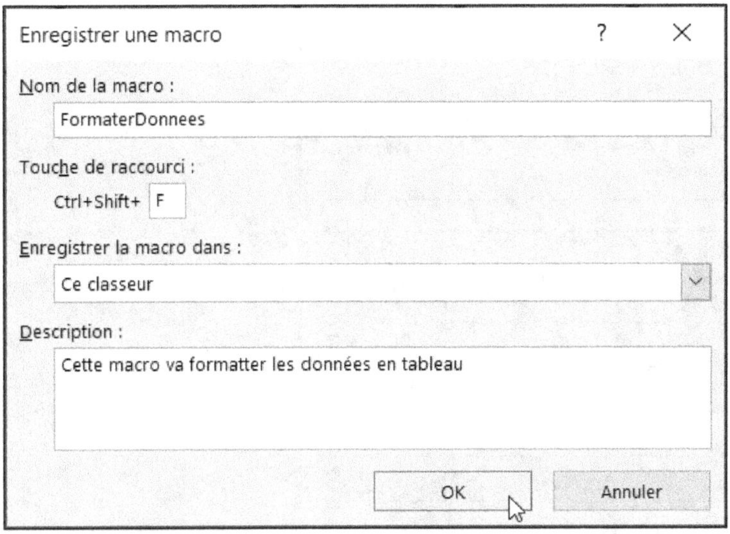

11.1.4. Effectuer les actions à enregistrer dans la macro :

- Sélectionnez les cellules A1:B1.

	A	B
1	Nom	Score
2	Alice	85
3	Bob	78
4	Charlie	92
5	David	88

- Appliquez un style de cellule pour l'en-tête (par exemple, "Titre").
- Sélectionnez les cellules A2:B5.

- Appliquez des bordures en utilisant l'option "Bordures" dans le groupe "Police".

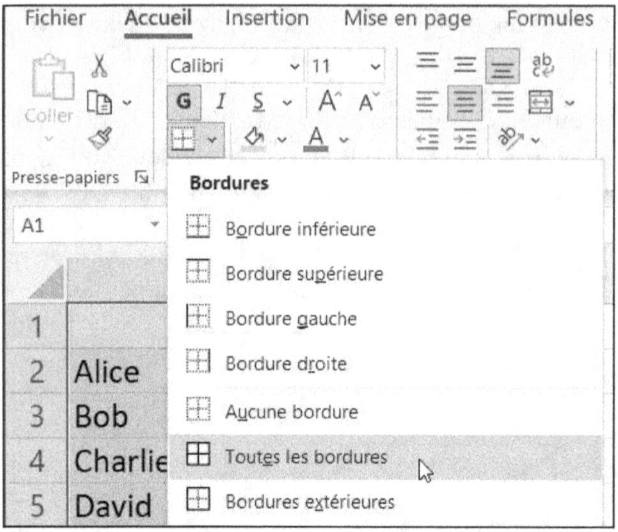

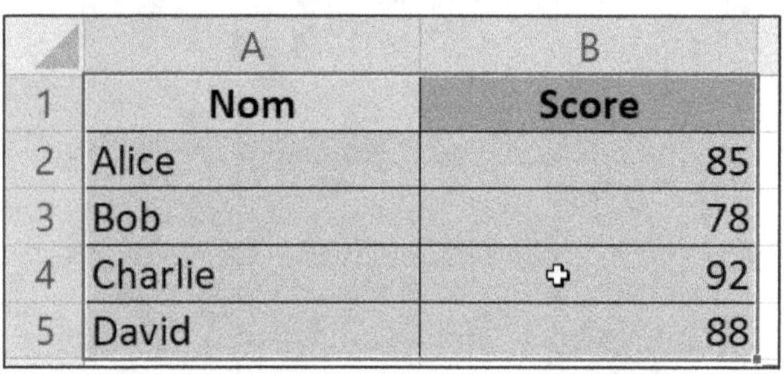

- Appliquez une couleur de remplissage aux cellules en utilisant l'option "Couleur de remplissage".

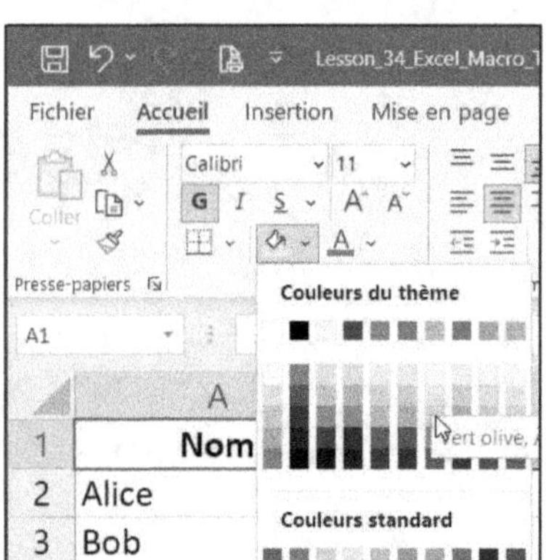

11.1.5. Arrêter l'enregistrement de la macro :

- Cliquez sur l'onglet "Développeur".
- Dans le groupe "Code", Cliquez sur "Arrêter l'enregistrement".

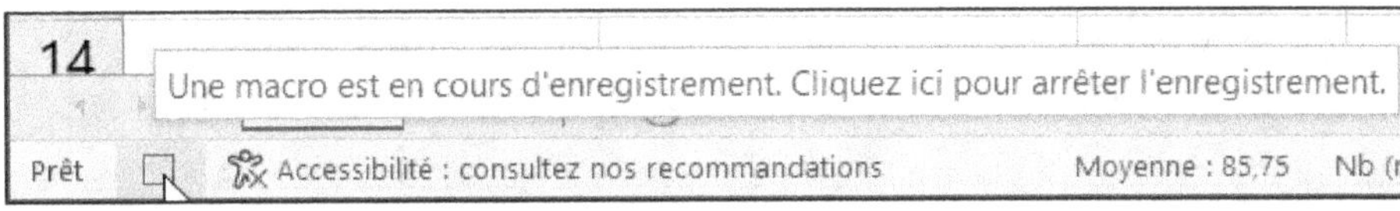

11.1.6. Exécuter la macro :

- Effacez toute la mise en forme appliquée en sélectionnant les cellules A1:B5, en cliquant avec le bouton droit, puis en sélectionnant "Effacer" > "Formats".

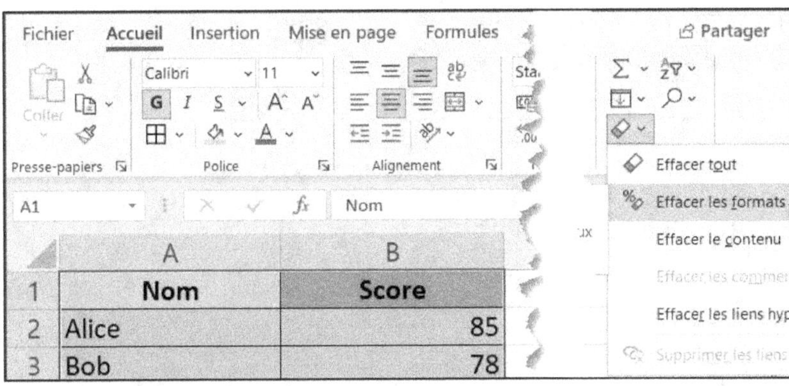

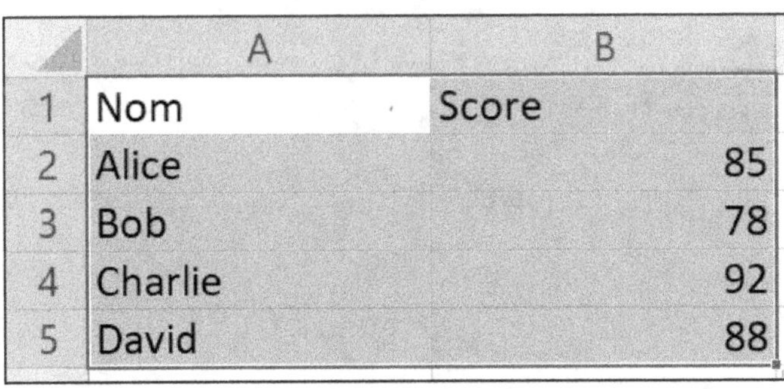

- Cliquez sur l'onglet "Développeur".
- Dans le groupe "Code", Cliquez sur "Macros".

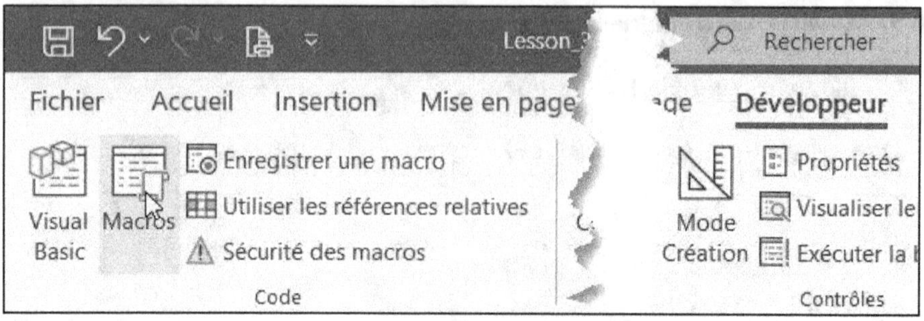

- Sélectionnez la macro "FormaterDonnees" et Cliquez sur "Exécuter". La mise en forme sera appliquée automatiquement aux cellules.

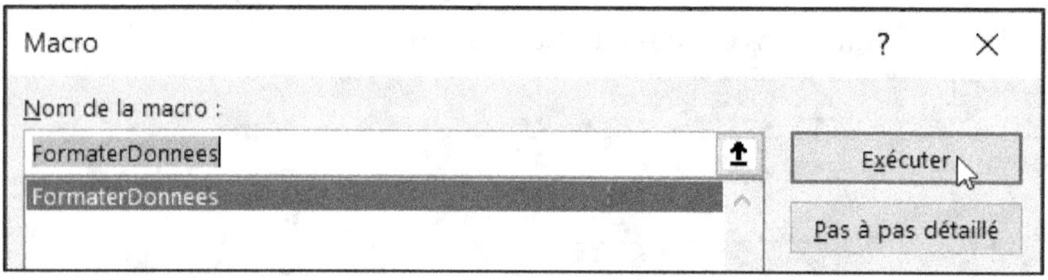

11.1.7. Attribuer un bouton pour exécuter la macro :

- Cliquez sur l'onglet "Développeur".
- Dans le groupe "Contrôles", Cliquez sur "Insérer" et Sélectionnez "Bouton (formulaire)".

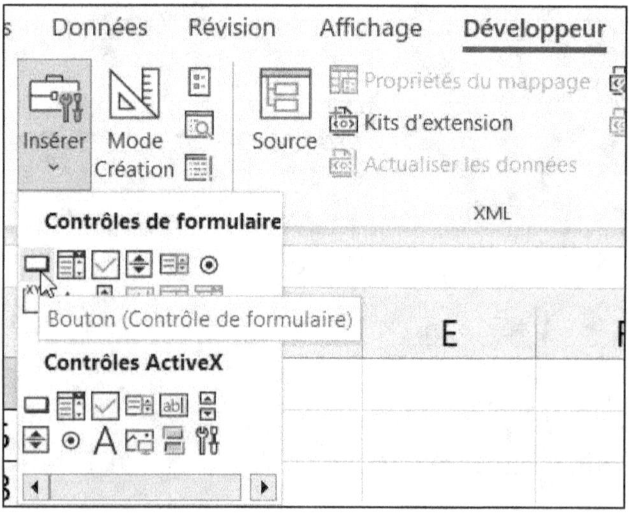

- Dessinez le bouton sur la feuille de calcul.

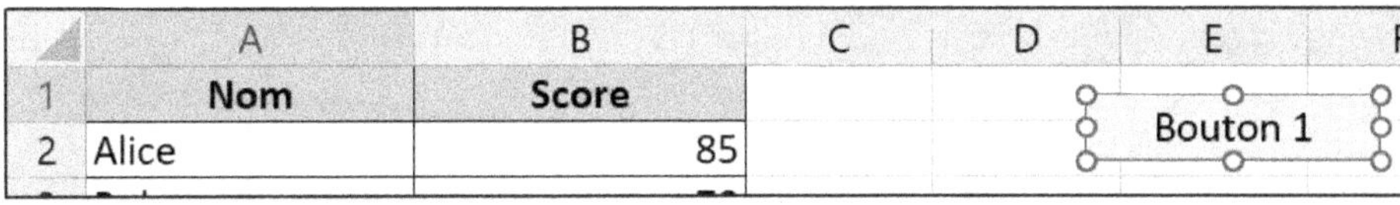

- Dans la fenêtre qui s'ouvre, Sélectionnez la macro "FormaterDonnees" et Cliquez sur "OK".

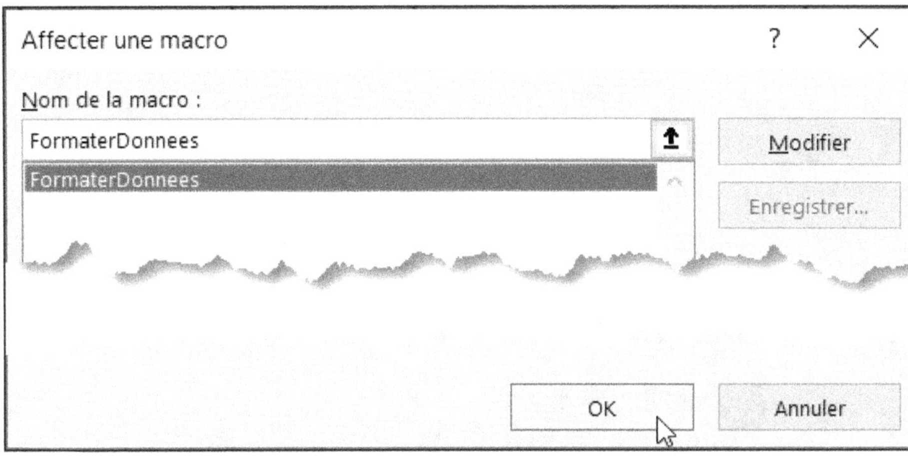

- Cliquez avec le bouton droit sur le bouton, Sélectionnez "Modifier le texte" et change le texte du bouton (par exemple, "Formater").
- Cliquez en dehors du bouton pour terminer.

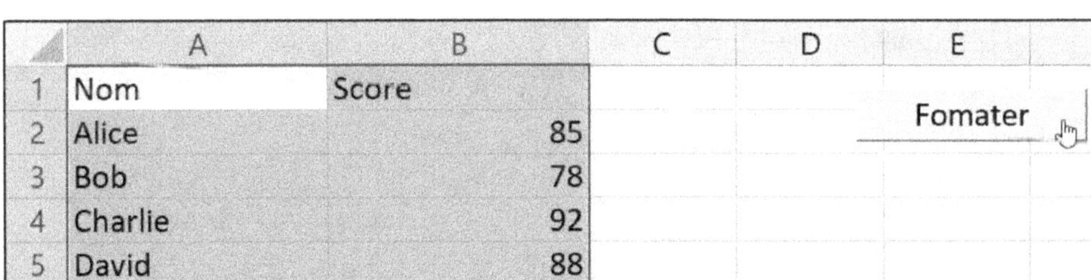

Résumé de la leçon : Vous savez maintenant comment créer et utiliser des macros simples dans Excel pour automatiser des tâches répétitives. Les macros vous permettent de gagner du temps et de réduire les erreurs en automatisant des séries d'actions dans vos feuilles de calcul.

11.2- Personnaliser le ruban et la barre d'outils Accès rapide

Introduction : Personnaliser le ruban et la barre d'outils Accès rapide dans Excel vous permet d'accéder rapidement aux commandes et fonctionnalités que vous utilisez fréquemment. Cela peut améliorer votre efficacité et votre productivité en simplifiant l'interface de travail. Cette leçon vous montrera comment personnaliser ces éléments.

Exemple Pratique : Nous allons ajouter des commandes au ruban et à la barre d'outils Accès rapide, et organiser ces éléments selon vos préférences.

Étapes à réaliser :

11.2.1. Ouvrir Excel :

- Cliquez sur l'icône d'Excel pour ouvrir le programme.

11.2.2. Personnaliser la barre d'outils Accès rapide :

- La barre d'outils Accès rapide se trouve généralement en haut de la fenêtre Excel, à côté de l'icône "Enregistrer".
- Cliquez sur la flèche déroulante à droite de la barre d'outils Accès rapide.

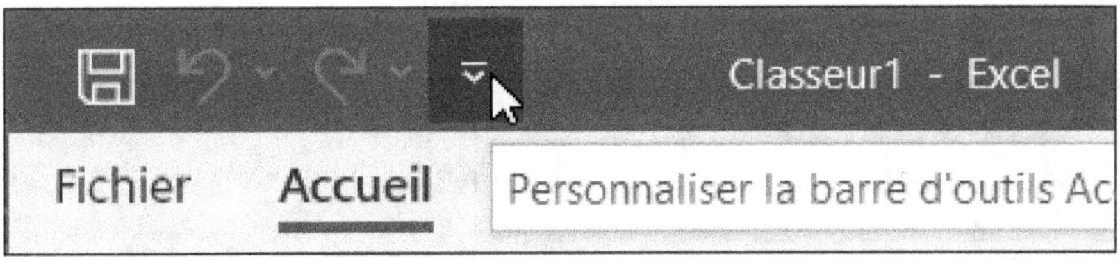

- Dans le menu déroulant, Cochez les commandes que vous souhaitez ajouter (par exemple, "Nouvelle feuille", "Ouvrir", "Imprimer", "Annuler").

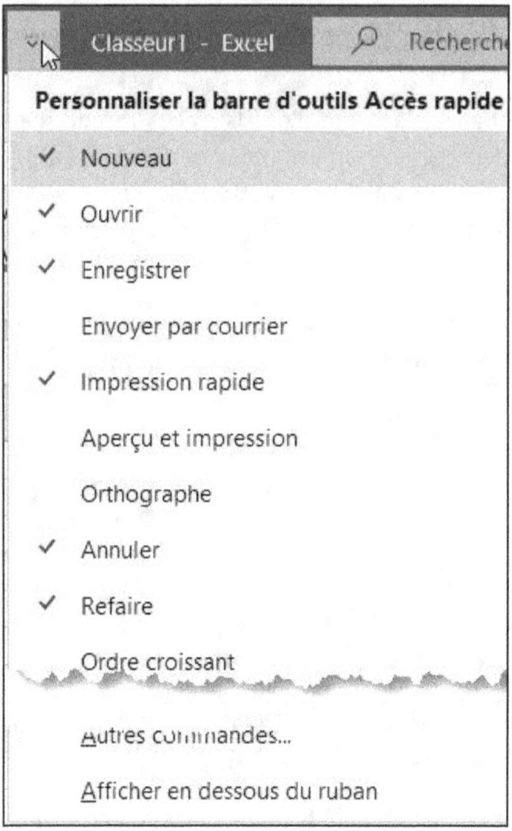

- Pour ajouter d'autres commandes, Cliquez sur "Autres commandes...".

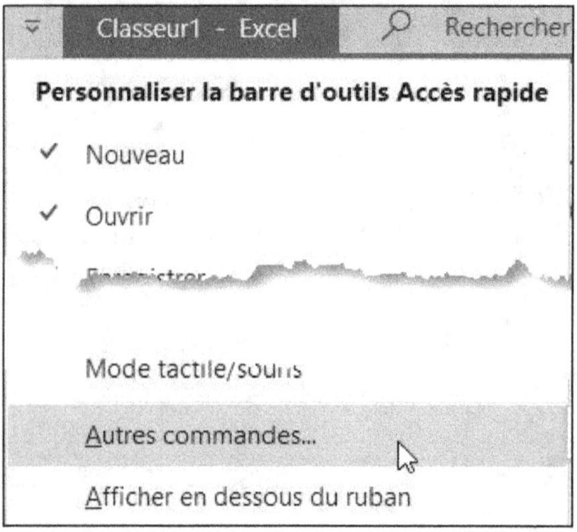

- Dans la fenêtre "Options Excel" qui s'ouvre, Sélectionnez les commandes dans la liste de gauche et Cliquez sur "Ajouter >>" pour les ajouter à la barre d'outils Accès rapide.
- Cliquez sur "OK" pour enregistrer les modifications.

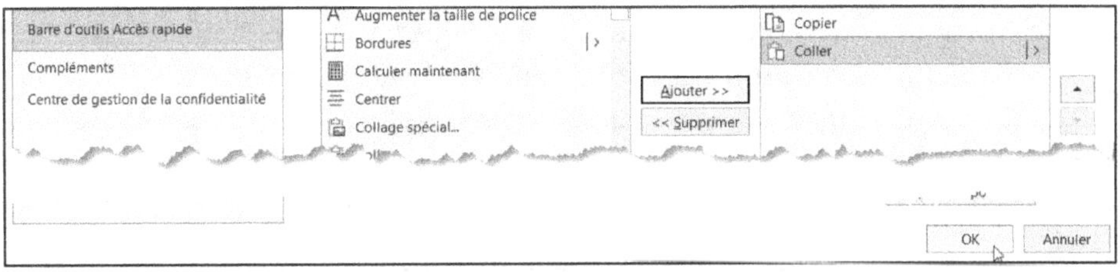

11.2.3. Personnaliser le ruban :

- Cliquez sur l'onglet "Fichier" dans le coin supérieur gauche de l'écran.
- Sélectionnez "Options".

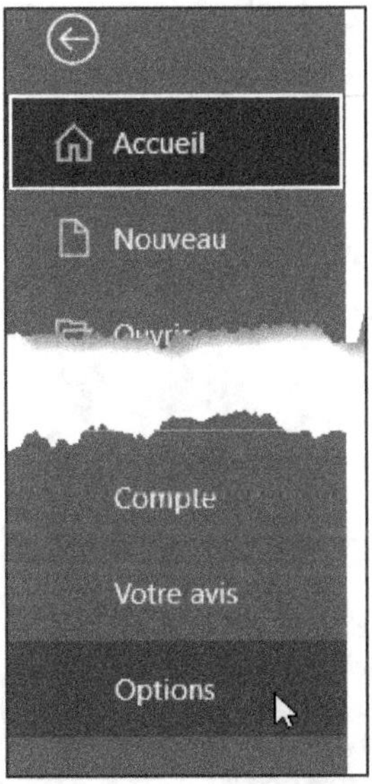

- Dans la fenêtre "Options Excel", Cliquez sur "Personnaliser le ruban".
- Dans la liste de droite, Vous pouvez voir les onglets et les groupes de commandes actuels du ruban.
- Pour ajouter un nouvel onglet, Cliquez sur "Nouvel onglet". Un nouvel onglet nommé "Nouvel onglet (personnalisé)" apparaîtra.

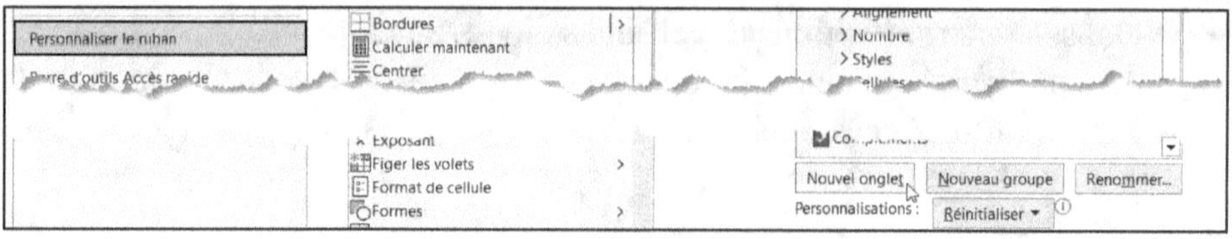

- Sélectionnez le nouvel onglet, puis Cliquez sur "Renommer" pour lui Donner un nom significatif (par exemple, "Mes commandes").

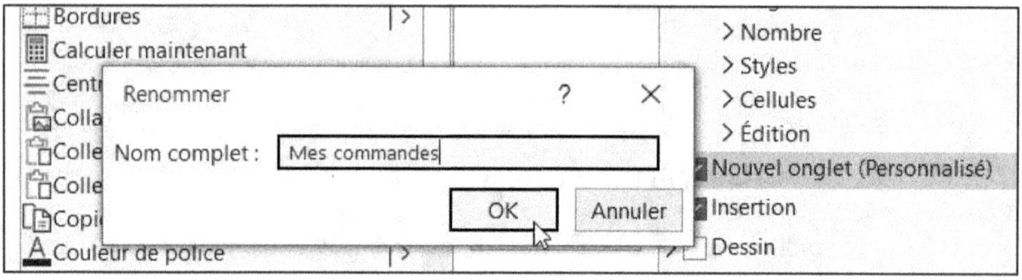

- Pour ajouter un groupe de commandes à cet onglet, Sélectionnez l'onglet "Mes commandes" et Cliquez sur "Nouveau groupe".

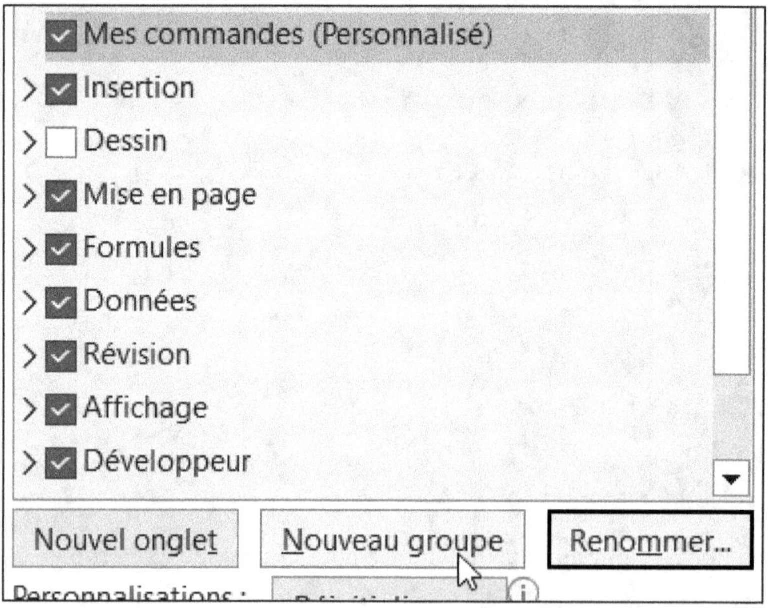

- Sélectionnez le nouveau groupe, puis Cliquez sur "Renommer" pour lui Donner un nom (par exemple, "Commandes fréquentes").

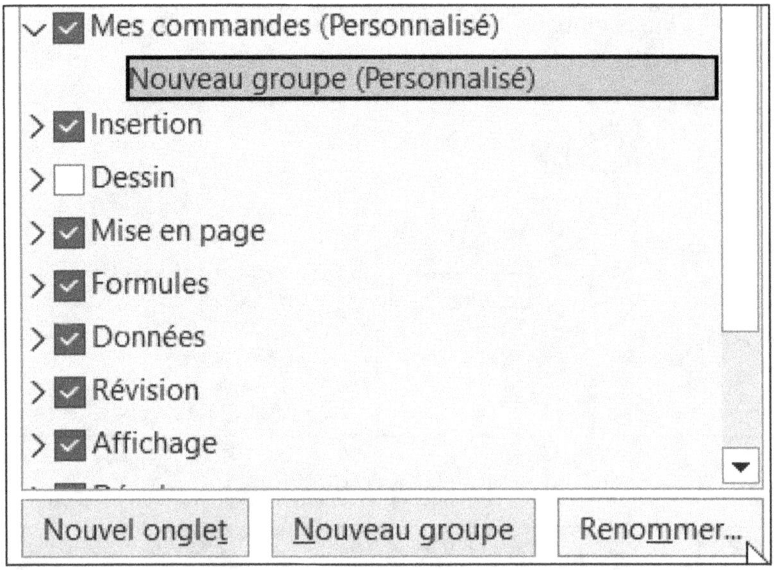

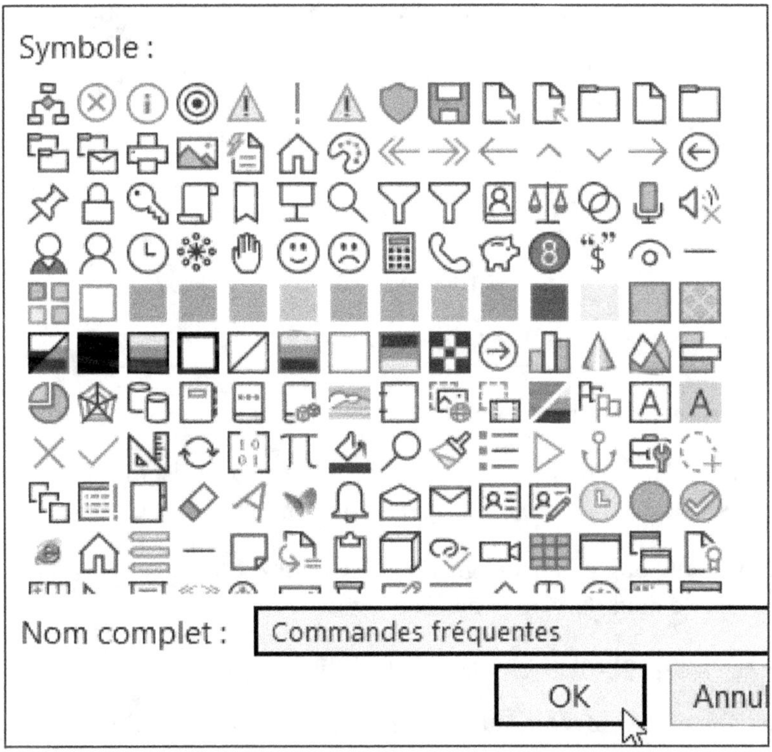

- Dans la liste de gauche, Sélectionnez les commandes que vous souhaitez ajouter à ce groupe et Cliquez sur "Ajouter >>".

- Répétez ces Étapes pour ajouter d'autres commandes et organiser le ruban selon vos préférences.

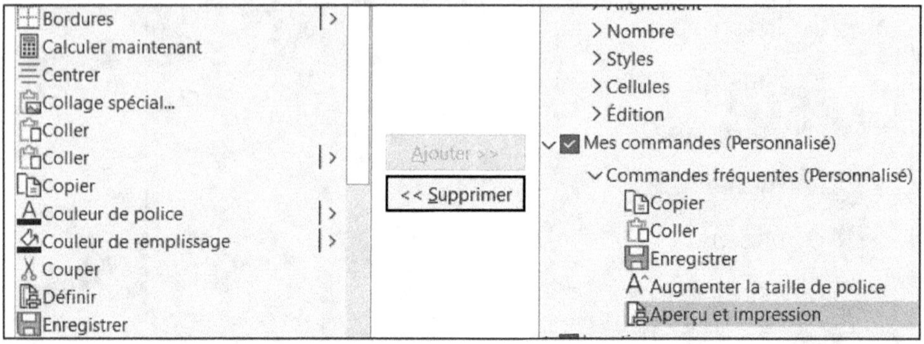

- Cliquez sur "OK" pour enregistrer les modifications.

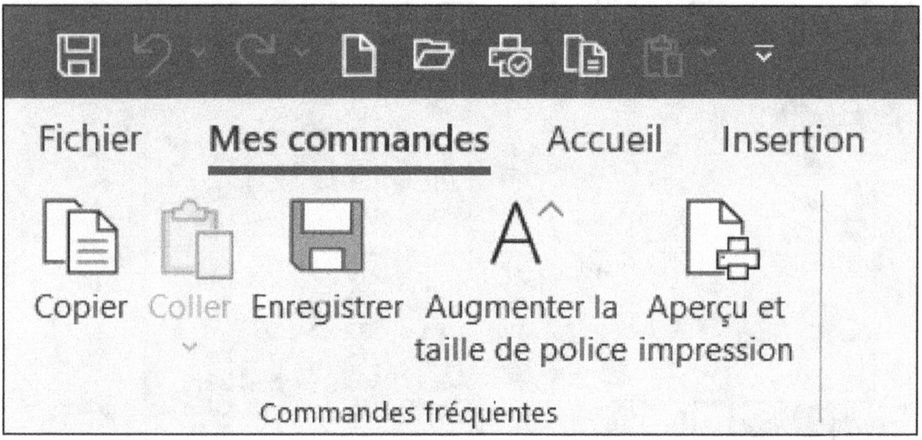

11.2.4. Réorganiser les onglets et les groupes du ruban :

- Dans la fenêtre "Personnaliser le ruban", Vous pouvez utiliser les boutons "Monter" et "Descendre" pour réorganiser les onglets et les groupes.
- Sélectionnez un onglet ou un groupe et Utilisez ces boutons pour le déplacer vers le haut ou vers le bas dans la liste.

11.2.5. Réinitialiser les personnalisations :

- Si vous souhaitez revenir aux paramètres par défaut, Cliquez sur "Réinitialiser" en bas de la fenêtre "Personnaliser le ruban" ou "Personnaliser la barre d'outils Accès rapide".

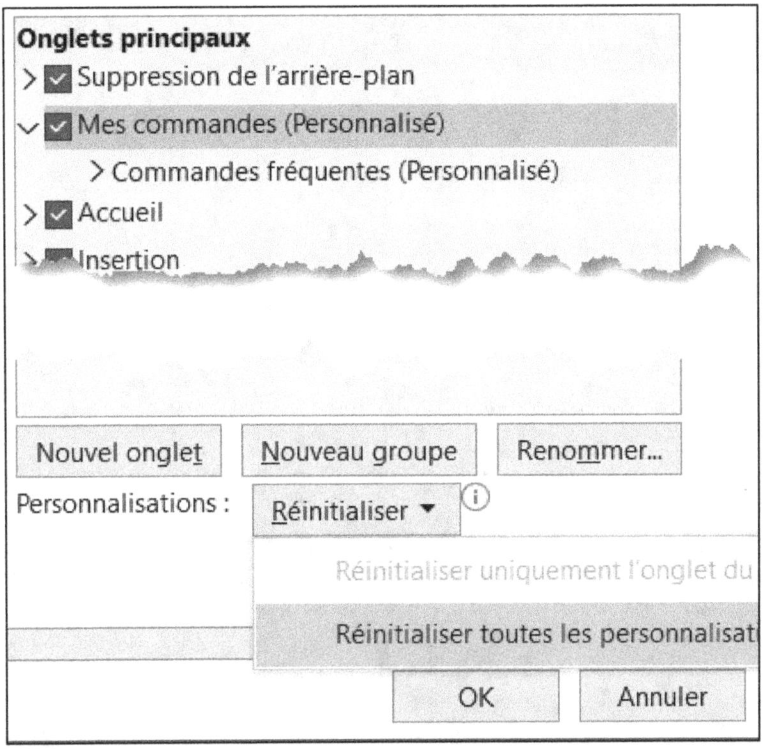

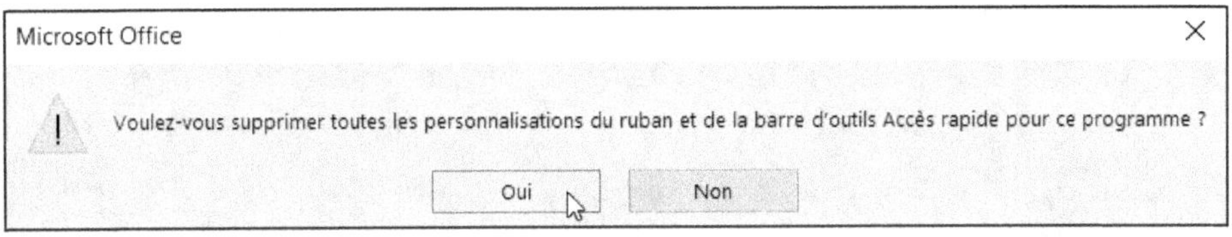

- Sélectionnez "Réinitialiser uniquement le ruban" ou "Réinitialiser uniquement la barre d'outils Accès rapide" selon vos besoins.

Résumé de la leçon : Vous savez maintenant comment personnaliser le ruban et la barre d'outils Accès rapide dans Excel pour accéder rapidement aux commandes que vous utilisez fréquemment. Cette personnalisation vous permettra de travailler plus efficacement et de simplifier votre interface de travail.

11.3- Créer et utiliser des modèles

Introduction : Les modèles dans Excel vous permettent de créer des feuilles de calcul préformatées que Vous pouvez réutiliser pour des projets similaires. Cela vous fait gagner du temps et assure la cohérence de la présentation et de la structure de vos documents. Cette leçon vous montrera comment créer un modèle, le sauvegarder, et l'utiliser pour créer de nouvelles feuilles de calcul.

Exemple Pratique : Nous allons créer un modèle de suivi des scores des étudiants, le sauvegarder comme modèle, et l'utiliser pour créer une nouvelle feuille de calcul.

Étapes à réaliser :

11.3.1. Ouvrir Excel :

- Cliquez sur l'icône d'Excel pour ouvrir le programme.
- Créez un nouveau classeur :

"Fichier" > "Nouveau" > "Classeur vierge".

11.3.2. Entrer des données de base :

- Dans la feuille de calcul, entre les données suivantes :
- A1: "Nom", B1: "Score", C1: "Commentaire"
- A2: "", B2: "", C2: ""
- A3: "", B3: "", C3: ""
- A4: "", B4: "", C4: ""
- A5: "", B5: "", C5: ""

11.3.3. Appliquer une mise en forme :

- Sélectionnez les cellules A1:C1.
- Cliquez sur l'onglet "Accueil" dans le ruban.
- Appliquez un style de cellule pour l'en-tête (par exemple, "Titre").

- Sélectionnez les cellules A2:C5 et appliquez des bordures en utilisant l'option "Bordures" dans le groupe "Police".
- Appliquez une couleur de remplissage aux en-têtes en utilisant l'option "Couleur de remplissage".

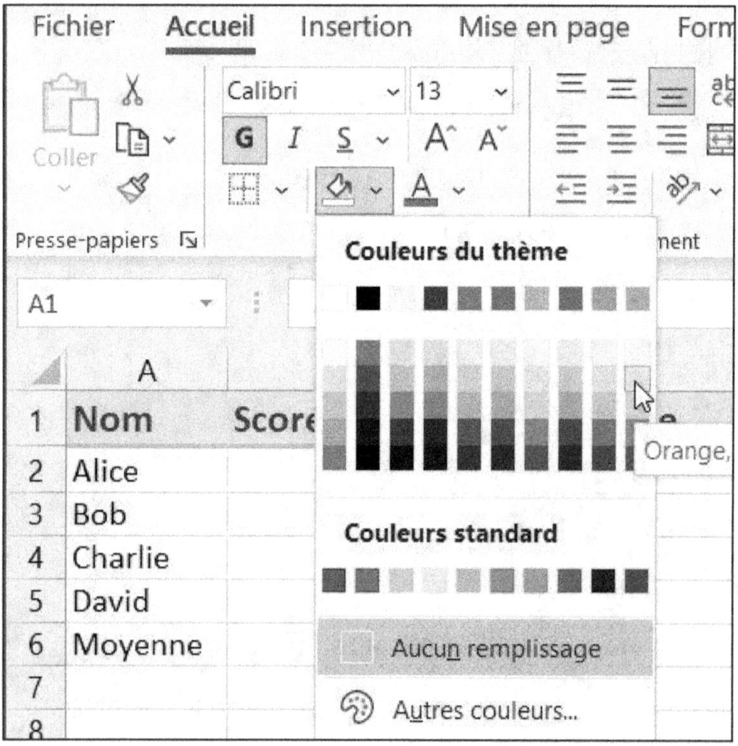

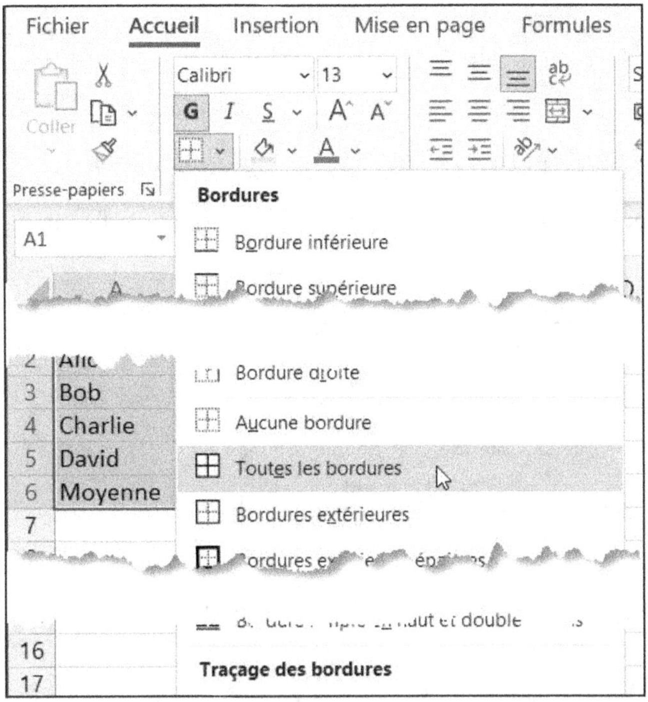

11.3.4. Ajouter des formules :

- Sélectionnez la cellule B6.
- Tapez =MOYENNE(B2:B5) pour calculer la moyenne des scores.
- Sélectionnez la cellule A6 et tapez "Moyenne".

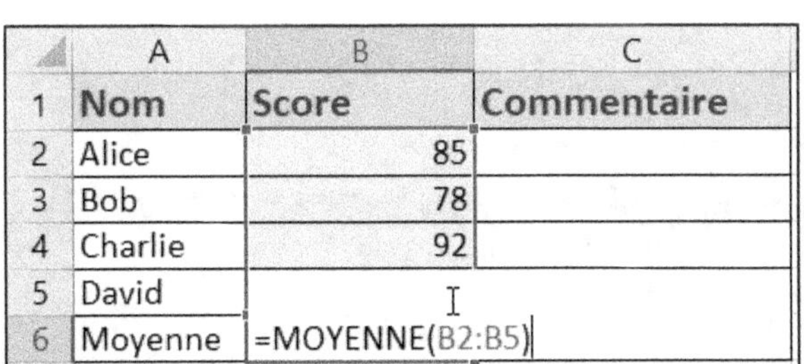

	A	B	C
1	Nom	Score	Commentaire
2	Alice	85	
3	Bob	78	
4	Charlie	92	
5	David		
6	Moyenne	=MOYENNE(B2:B5)	

11.3.5. Ajouter des instructions :

- Sélectionnez la cellule D1.
- Tapez "Instructions : Saisissez les noms des étudiants, les scores et tout commentaire pertinent."

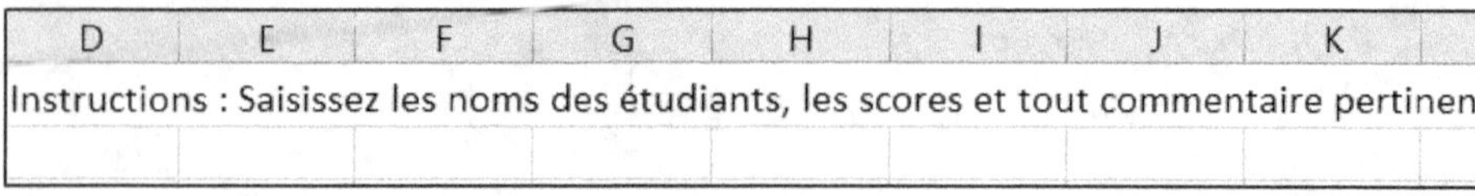

11.3.6. Sauvegarder le classeur en tant que modèle :

- Cliquez sur l'onglet "Fichier" dans le coin supérieur gauche de l'écran.
- Sélectionnez "Enregistrer sous".

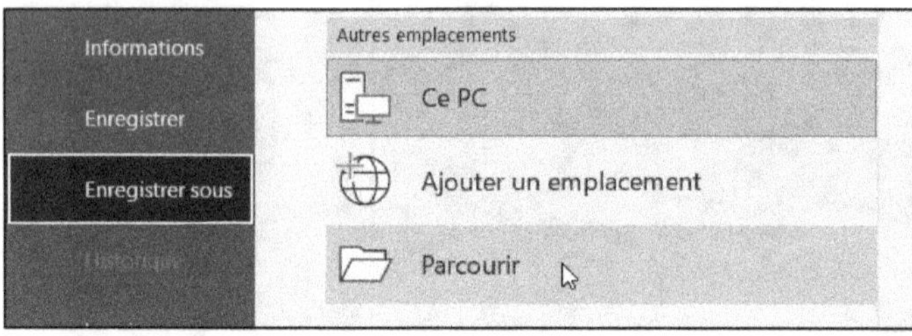

- Choisissez l'emplacement où vous voulez enregistrer le modèle (par exemple, "Ce PC" ou "OneDrive").
- Dans le champ "Nom de fichier", Donnez un nom à votre modèle (par exemple, "Suivi Scores Étudiants").
- Dans la liste déroulante "Type de fichier", Sélectionnez "Modèle Excel (*.xltx)".

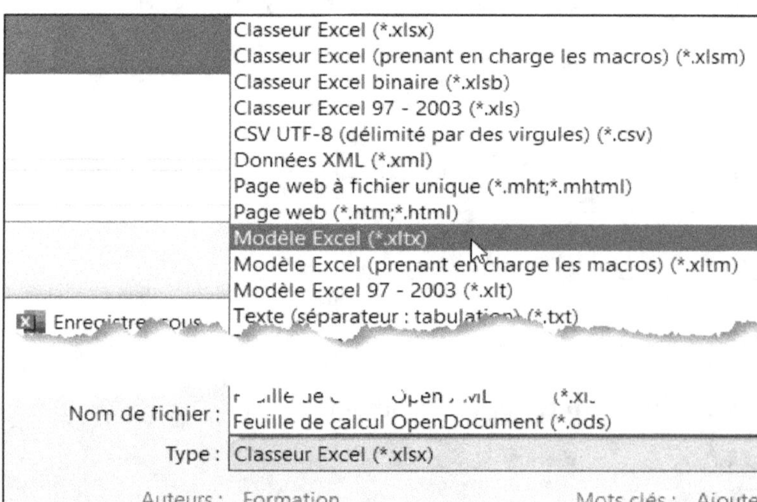

- Cliquez sur "Enregistrer".

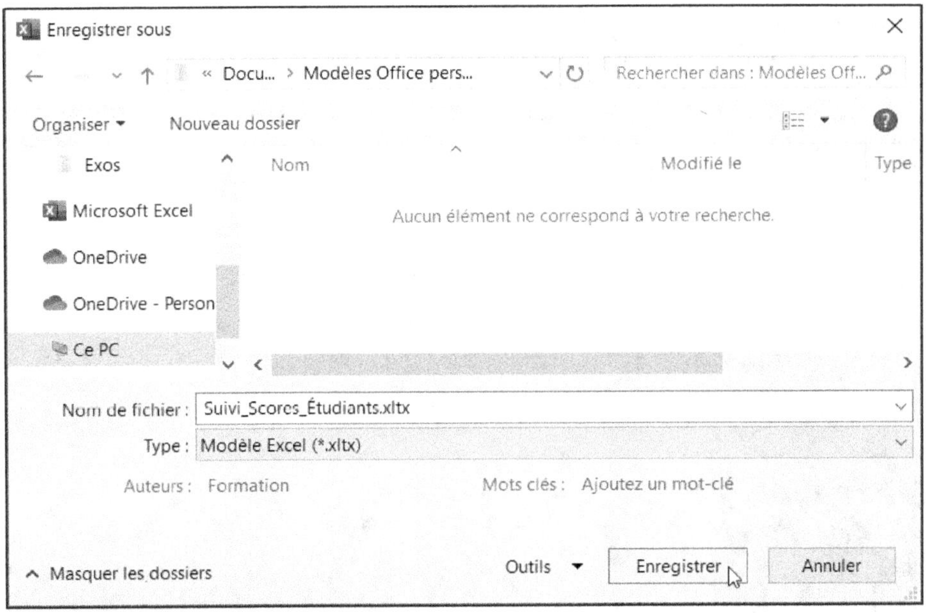

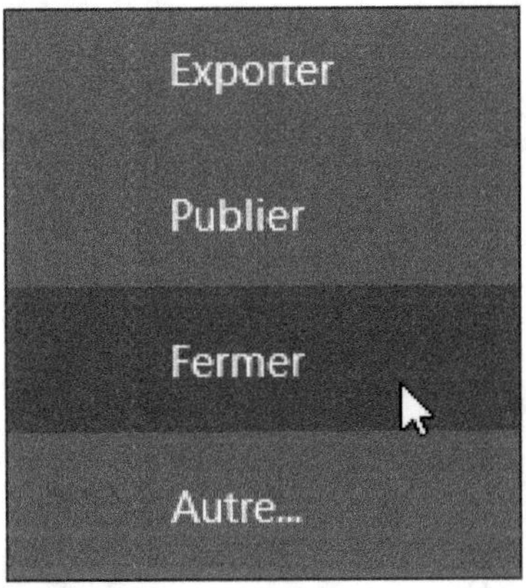

11.3.7. Utiliser le modèle pour créer une nouvelle feuille de calcul :

- Cliquez sur l'onglet "Fichier".
- Sélectionnez "Nouveau".
- Dans la zone de recherche, Tapez "Suivi Scores Étudiants" et Appuyez sur "Entrée".
- Cliquez sur le modèle "Suivi Scores Étudiants" pour créer un nouveau classeur basé sur ce modèle.

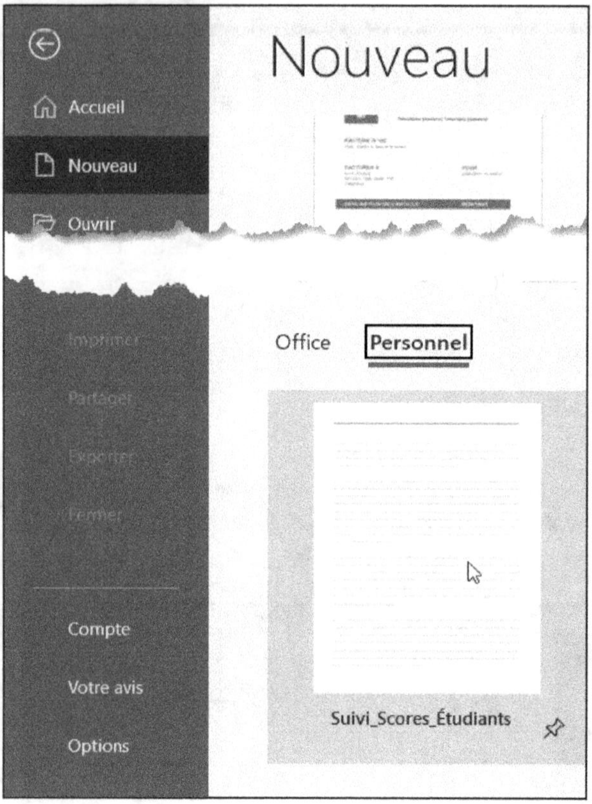

- Le nouveau classeur s'ouvrira avec la mise en forme, les formules et les instructions que vous avez définies.

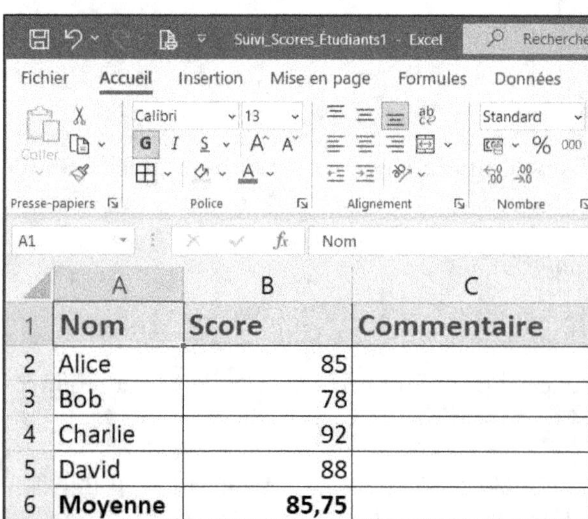

11.3.8. Personnaliser et utiliser le nouveau classeur :

- Saisissez les noms des étudiants, les scores et les commentaires dans les cellules appropriées.
- La formule de moyenne se mettra automatiquement à jour en fonction des scores entrés.

Résumé de la leçon : Vous savez maintenant comment créer et utiliser des modèles dans Excel pour standardiser et faciliter la création de feuilles de calcul répétitives. Les modèles vous permettent de gagner du temps et d'assurer la cohérence de vos documents.

11.4- Personnaliser les options d'affichage

Introduction : Personnaliser les options d'affichage dans Excel vous permet de configurer votre environnement de travail selon vos préférences et de rendre l'utilisation du logiciel plus efficace et agréable. Cette leçon vous montrera comment ajuster les options d'affichage pour les feuilles de calcul, les classeurs et l'interface utilisateur.

Exemple Pratique : Nous allons explorer différentes options d'affichage et les personnaliser selon nos besoins.

Étapes à réaliser :

11.4.1. Ouvrir Excel :

- Cliquez sur l'icône d'Excel pour ouvrir le programme.
- Ouvrez un classeur existant ou créez un nouveau classeur : "Fichier" > "Nouveau" > "Classeur vierge".

11.4.2. Personnaliser l'affichage de la feuille de calcul

- **Afficher ou masquer les quadrillages :**
- Cliquez sur l'onglet "Affichage" dans le ruban en haut de l'écran.
- Dans le groupe "Affichages", cochez ou décochez la case "Quadrillage" pour afficher ou masquer les lignes de quadrillage de la feuille de calcul.

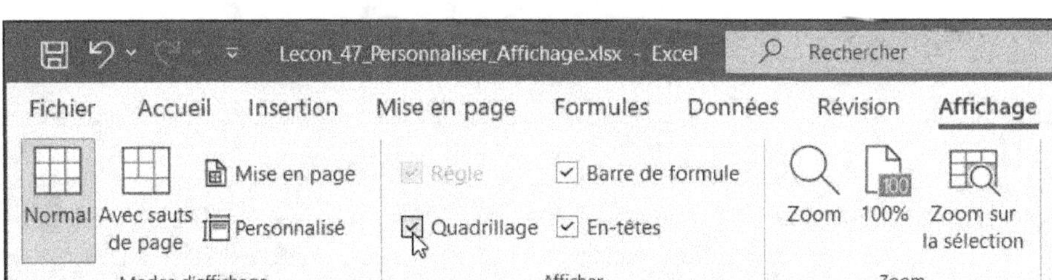

- **Afficher ou masquer les en-têtes de ligne et de colonne :**
- Toujours dans l'onglet "Affichage", cochez ou décochez la case "En-têtes" pour afficher ou masquer les en-têtes de ligne et de colonne.

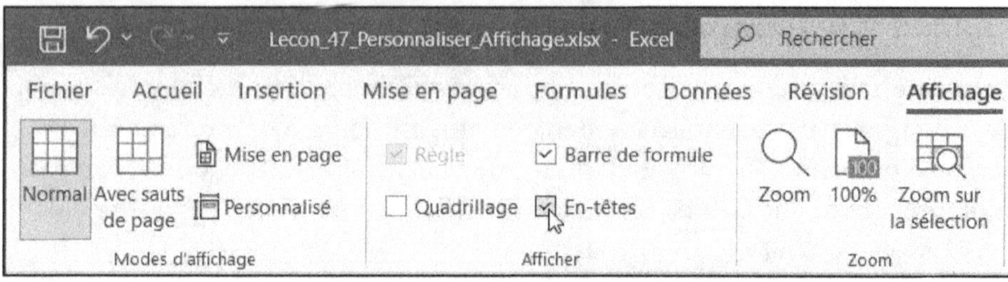

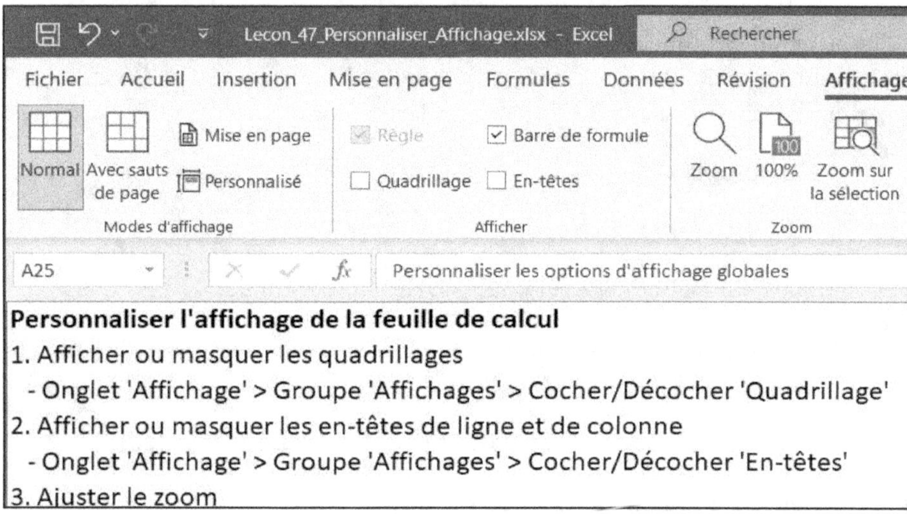

- **Ajuster le zoom :**
- Dans le groupe "Zoom", Cliquez sur "Zoom" pour ouvrir la fenêtre "Zoom" et sélectionner un pourcentage de zoom.
- Alternativement, Utilisez le curseur de zoom en bas à droite de l'écran pour ajuster rapidement le niveau de zoom.

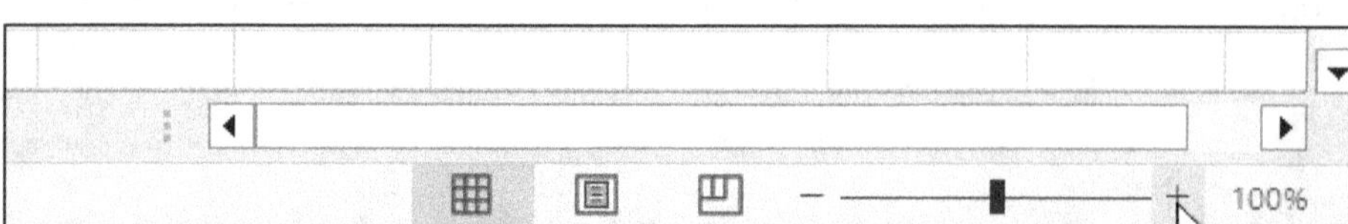

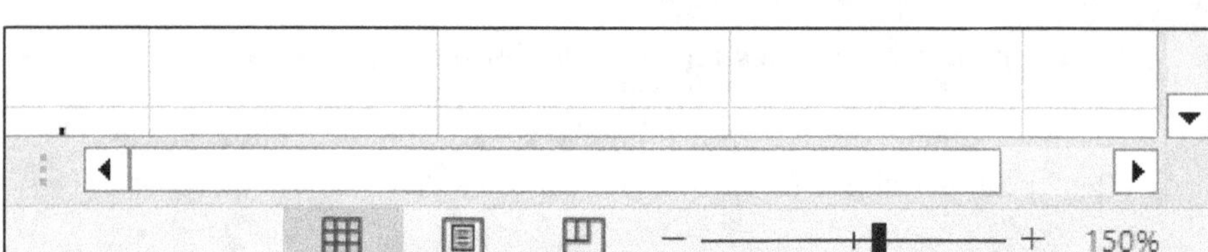

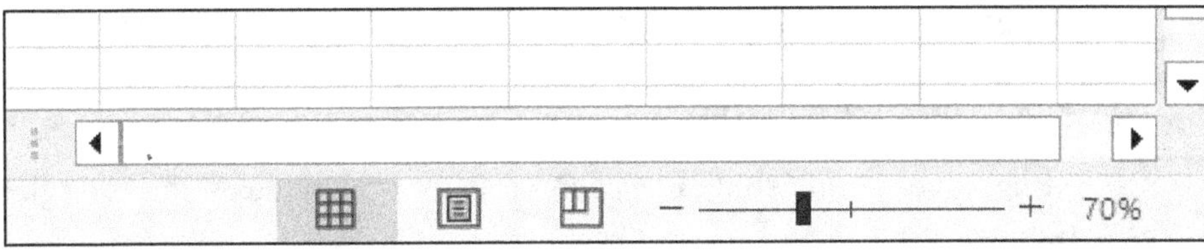

- **Figer les volets :**
- Cliquez sur l'onglet "Affichage".
- Dans le groupe "Fenêtre", Cliquez sur "Figer les volets" et Sélectionnez "Figer les volets" pour maintenir en vue les lignes et les colonnes sélectionnées lorsquc vous faites défiler la feuille de calcul.
- Sélectionnez "Figer la ligne supérieure" ou "Figer la première colonne" pour figer uniquement la ligne supérieure ou la première colonne.

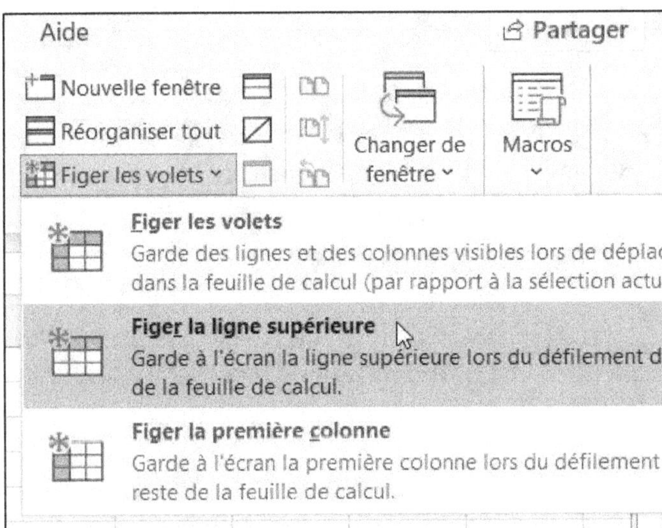

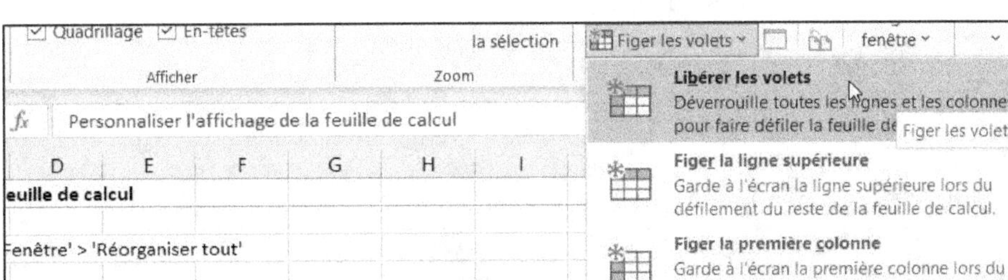

11.4.3. Personnaliser l'affichage du classeur

- **Basculer entre les fenêtres :**
- Si vous avez plusieurs classeurs ouverts, Cliquez sur l'onglet "Affichage".
- Dans le groupe "Fenêtre", Cliquez sur "Basculer" pour passer d'une fenêtre de classeur à une autre.

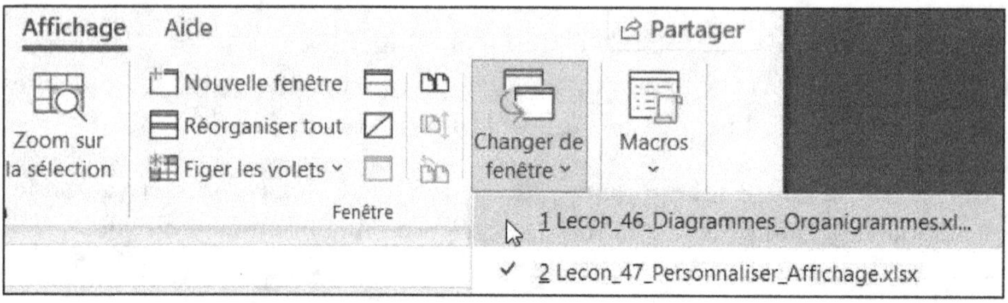

- **Réorganiser les fenêtres :**
- Toujours dans le groupe "Fenêtre", Cliquez sur "Réorganiser tout" pour organiser les fenêtres ouvertes de différentes manières (côte à côte, en cascade, etc.).

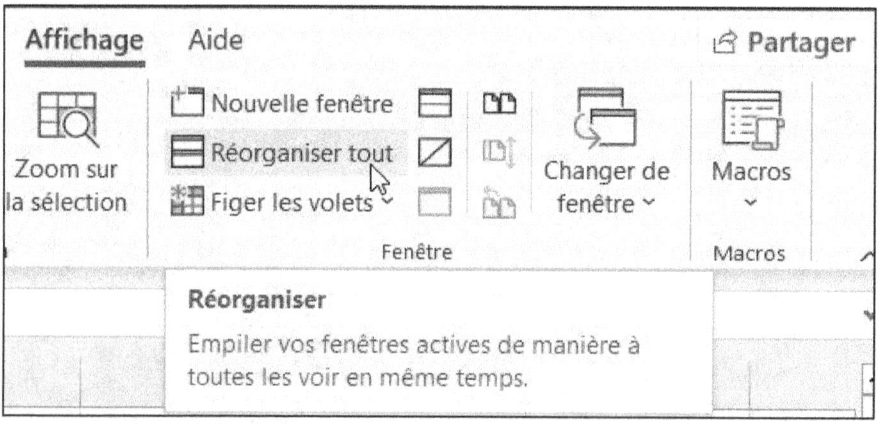

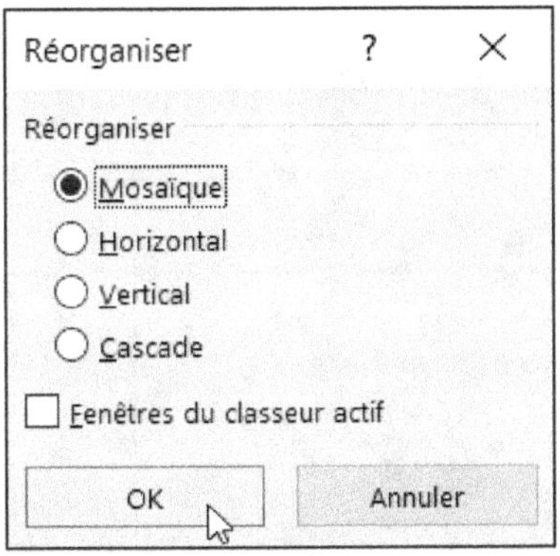

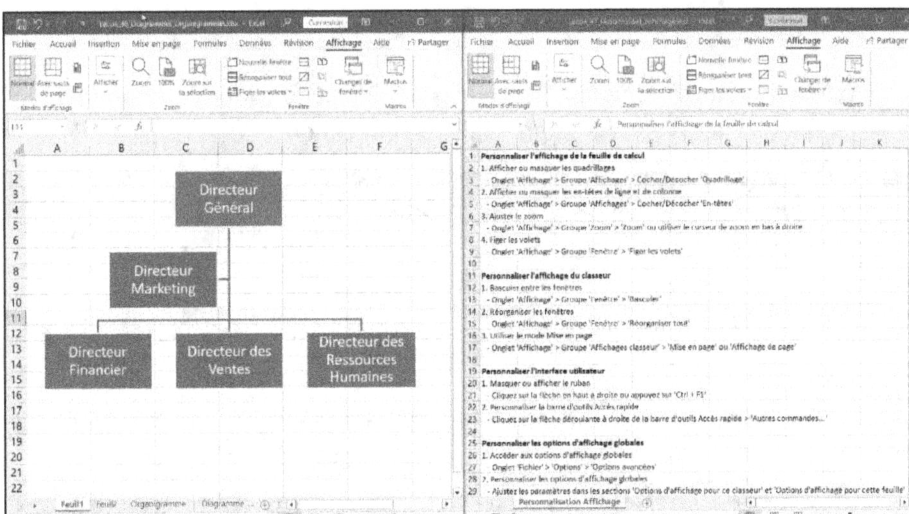

- **Utiliser le mode Mise en page :**
- Cliquez sur l'onglet "Affichage".
- Dans le groupe "Affichages classeur", Cliquez sur "Mise en page" pour voir comment la feuille de calcul apparaîtra lorsqu'elle sera imprimée.

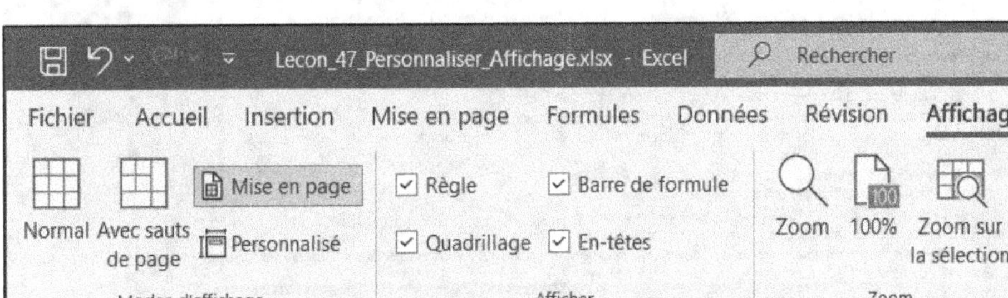

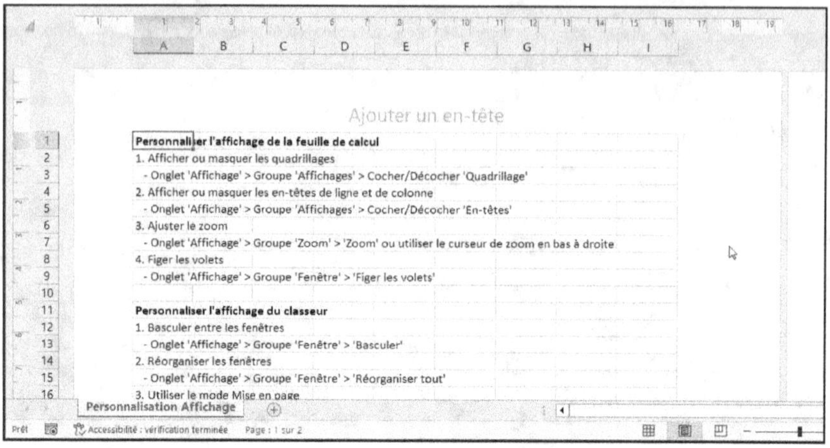

- Alternativement, Cliquez sur "Affichage de page" pour voir comment les pages seront divisées lorsque vous les imprimerez.

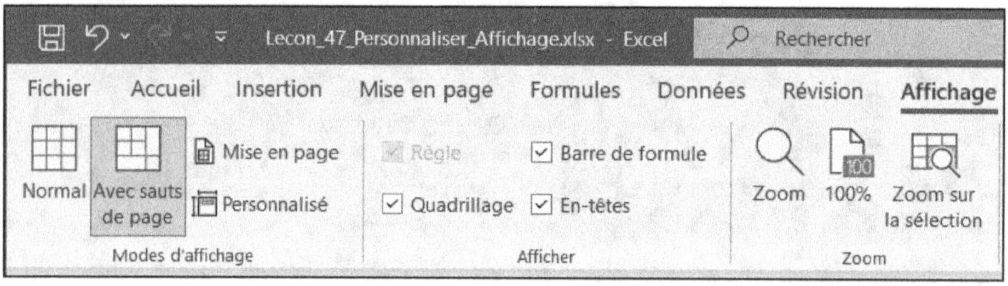

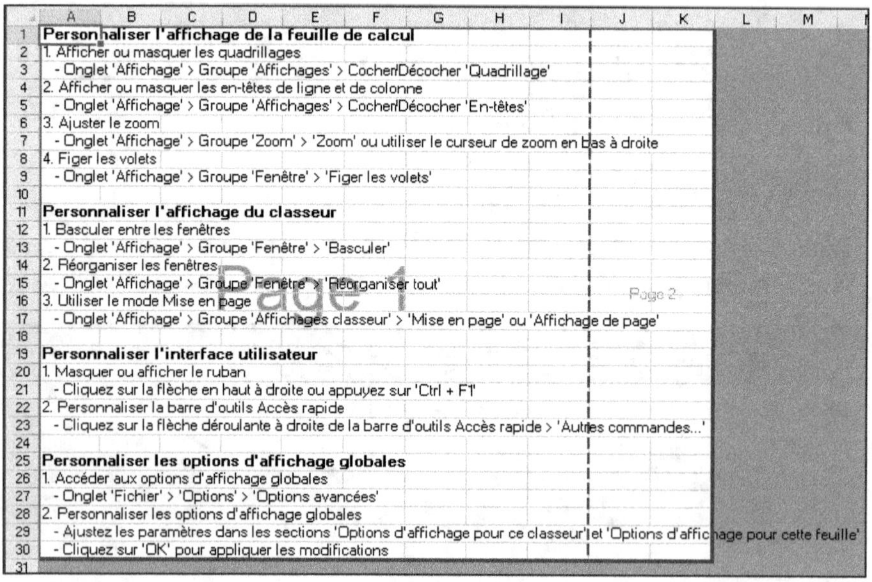

11.4.4. Personnaliser l'interface utilisateur

- **Masquer ou afficher le ruban :**
- Cliquez sur la petite flèche en haut à droite de l'écran, juste en dessous du bouton de fermeture de la fenêtre, pour masquer ou afficher le ruban.

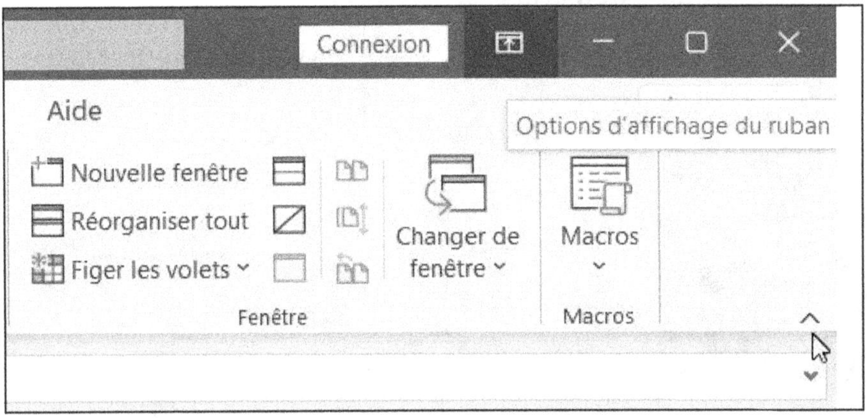

- Alternativement, Appuyez sur "Ctrl + F1" pour basculer entre les modes masqué et affiché du ruban.
- **Personnaliser la barre d'outils Accès rapide :**
- Cliquez sur la flèche déroulante à droite de la barre d'outils Accès rapide (au-dessus du ruban).

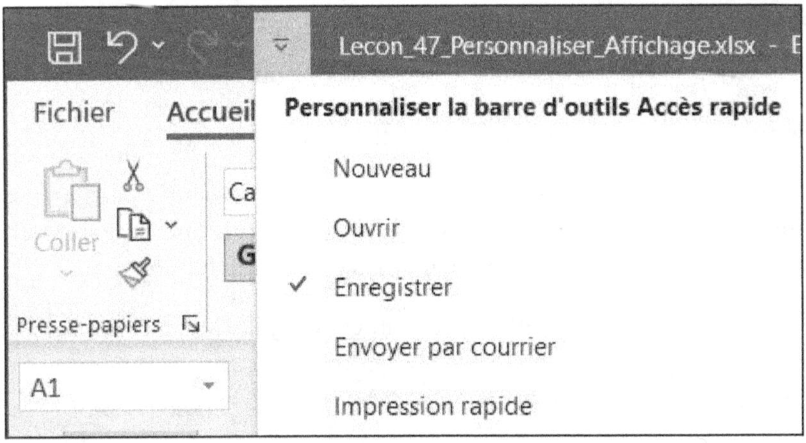

- Cochez ou décochez les commandes que vous souhaitez ajouter ou supprimer de la barre d'outils Accès rapide.

- Pour ajouter d'autres commandes, Cliquez sur "Autres commandes...", puis Sélectionnez les commandes dans la liste de gauche et Cliquez sur "Ajouter >>".

11.4.5. Personnaliser les options d'affichage globales

- **Accéder aux options d'affichage globales :**
- Cliquez sur l'onglet "Fichier" dans le coin supérieur gauche de l'écran.
- Sélectionnez "Options".

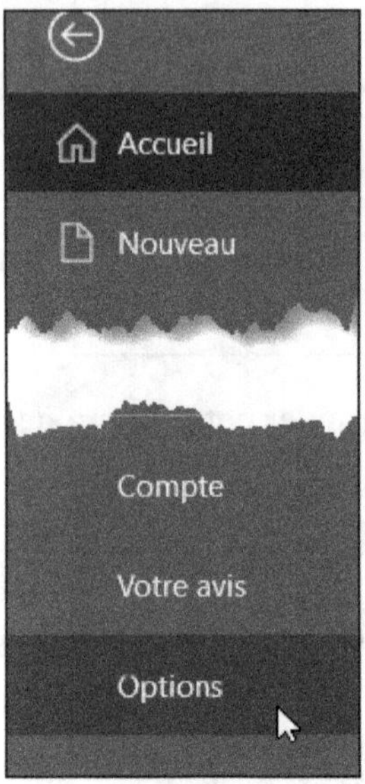

- Dans la fenêtre "Options Excel", Cliquez sur "Options avancées".
- **Personnaliser les options d'affichage globales :**
- Dans la section "Options d'affichage pour ce classeur", ajustez les paramètres pour masquer ou afficher les éléments tels que les zéro dans les cellules, les barres de défilement, et les onglets de feuille.
- Dans la section "Options d'affichage pour cette feuille", personnalisez les paramètres pour afficher ou masquer les quadrillages, les en-têtes, les valeurs de cellule et les objets.
- Cliquez sur "OK" pour appliquer les modifications.

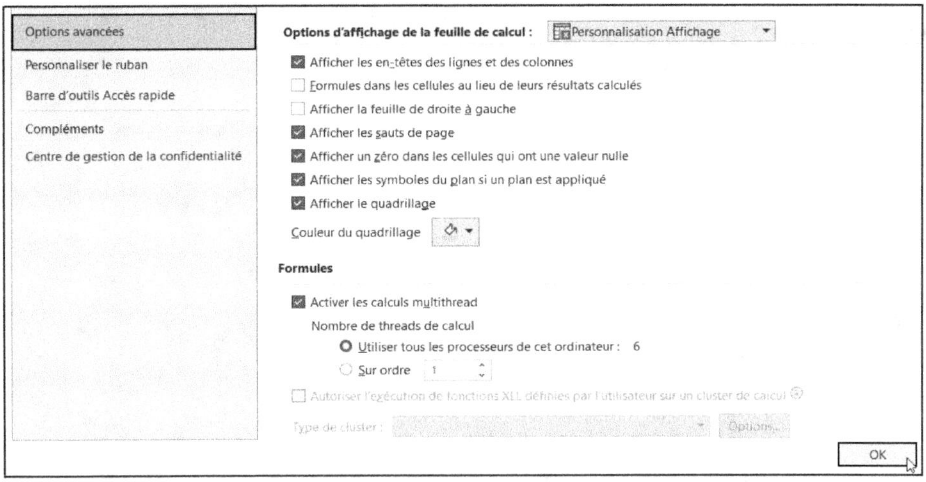

Résumé de la leçon : Vous savez maintenant comment personnaliser les options d'affichage dans Excel pour améliorer votre environnement de travail et rendre l'utilisation du logiciel plus efficace. Ces compétences vous permettront d'ajuster les paramètres d'affichage selon vos préférences et de gérer plus facilement vos classeurs et feuilles de calcul.

CHAPITRE 12 :
SÉCURITÉ ET GESTION DES CLASSEURS

12.1.Protéger une feuille ou un classeur
12.2.Utiliser les outils de validation des données
12.3.Créer une table de données
12.4.Utiliser les plages nommées
12.5.Utiliser les options de tri avancées
12.6.Importer et exporter des données

La sécurité de vos données est primordiale. Ce dernier chapitre vous apprendra à protéger vos feuilles de calcul et vos classeurs, à utiliser les outils de validation des données, et à gérer les options de tri et d'import/export de données. Vous verrez également comment créer des tableaux de données sécurisés et efficaces.

12.1- Protéger une feuille ou un classeur

Introduction : Protéger une feuille ou un classeur dans Excel permet de sécuriser vos données contre les modifications non autorisées. Vous pouvez protéger des cellules spécifiques, des feuilles de calcul ou l'ensemble du classeur. Cette leçon vous montrera comment appliquer ces protections.

Exemple Pratique : Nous allons entrer des données, protéger une feuille de calcul et protéger un classeur entier.

Étapes à réaliser :

12.1.1. Ouvrir Excel :

- Cliquez sur l'icône d'Excel pour ouvrir le programme.
- Créez un nouveau classeur :

"Fichier" > "Nouveau" > "Classeur vierge".

12.1.2. Entrer des données de base :

- Dans la feuille de calcul, entre les données suivantes :
- A1: "Nom", B1: "Score"
- A2: "Alice", B2: "85"
- A3: "Bob", B3: "78"
- A4: "Charlie", B4: "92"
- A5: "David", B5: "88"

12.1.3. Protéger une feuille de calcul :

- Sélectionnez la feuille de calcul que vous souhaitez protéger (par exemple, Feuil1).
- Cliquez sur l'onglet "Révision" dans le ruban en haut de l'écran.
- Dans le groupe "Protéger", Cliquez sur "Protéger la feuille".

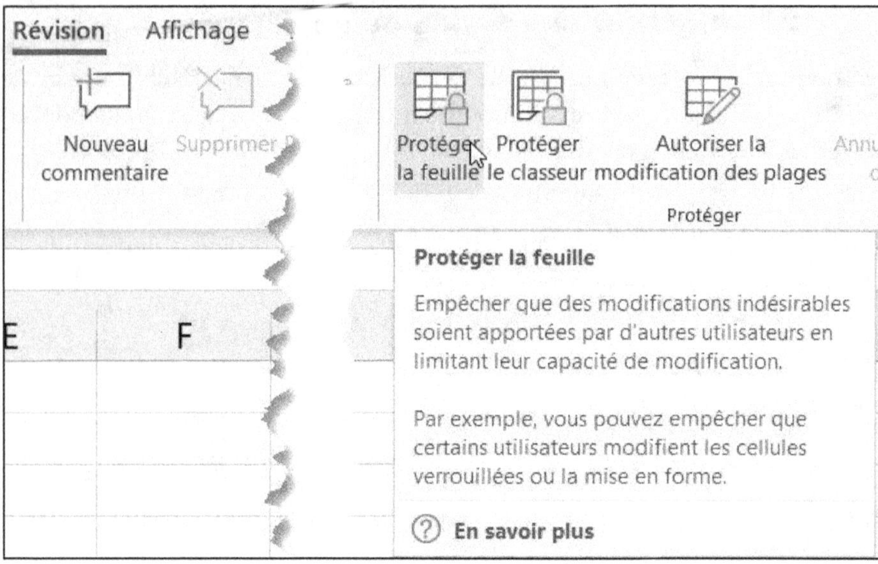

- Une fenêtre s'ouvre vous demandant d'entrer un mot de passe. Ce mot de passe est optionnel, mais il ajoute une couche de sécurité supplémentaire. Entrez un mot de passe si vous le souhaitez et Cliquez sur "OK".

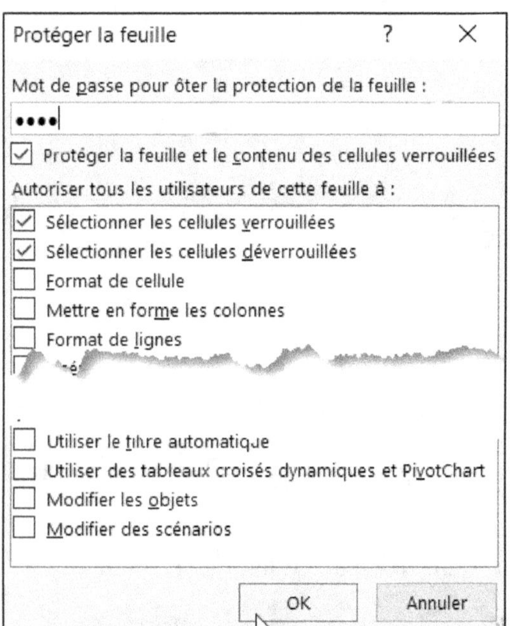

- Une nouvelle fenêtre s'ouvre pour confirmer le mot de passe. Ré-entrez le mot de passe et Cliquez sur "OK".

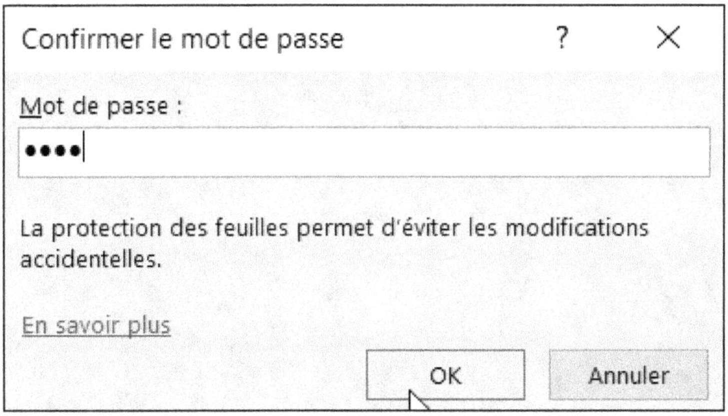

- Par défaut, toutes les cellules de la feuille seront protégées contre la modification. Si vous souhaitez permettre certaines actions, comme sélectionner des cellules verrouillées ou déverrouillées, cochez les cases appropriées dans la fenêtre de protection de la feuille.

12.1.4. Déverrouiller des cellules spécifiques avant de protéger la feuille :

- Si vous souhaitez permettre la modification de certaines cellules tout en protégeant les autres, Sélectionnez ces cellules avant de protéger la feuille.

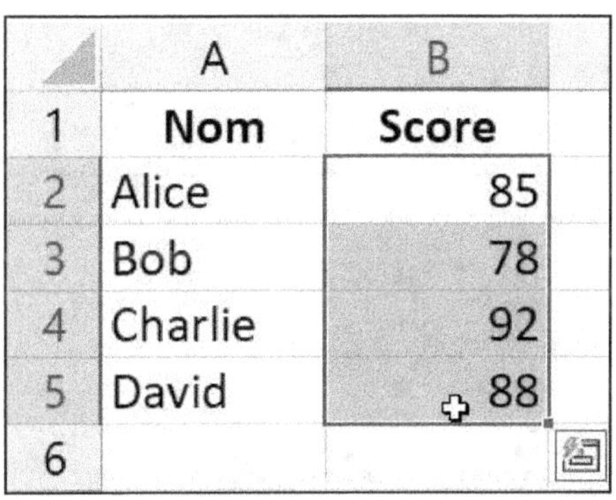

- Cliquez avec le bouton droit de la souris sur les cellules sélectionnées et Choisissez "Format de cellule".

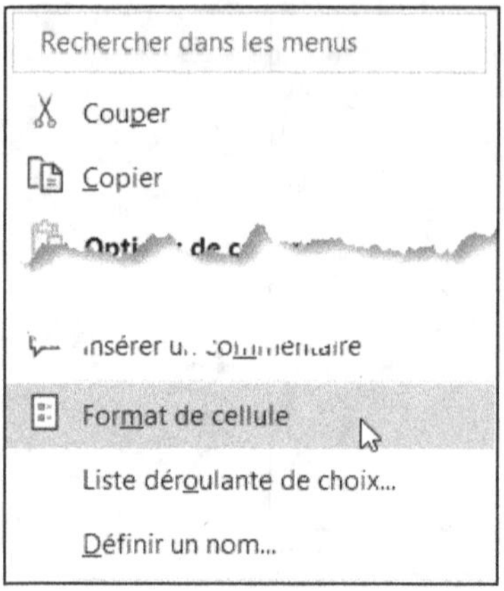

- Dans l'onglet "Protection", décochez la case "Verrouillé" et Cliquez sur "OK".

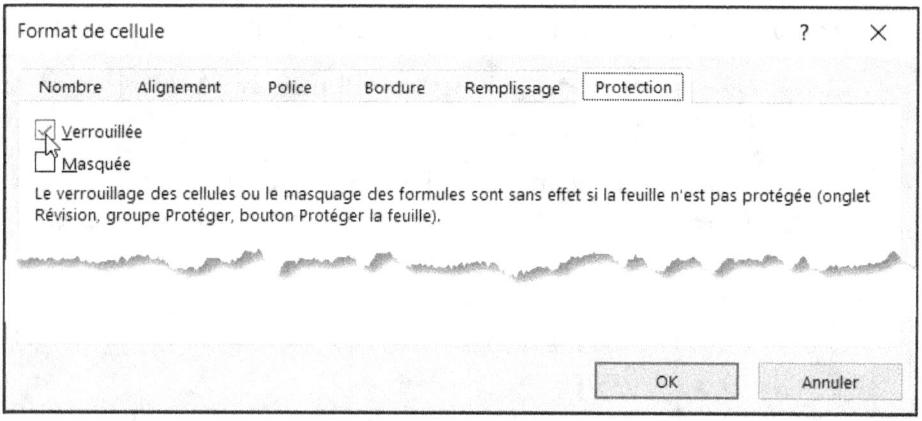

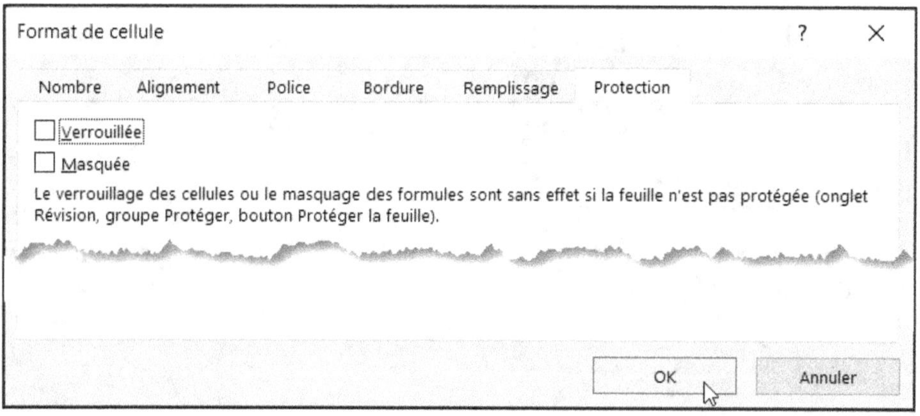

- Protéger ensuite la feuille en suivant les Étapes ci-dessus.

12.1.5. Protéger un classeur entier :

- Cliquez sur l'onglet "Fichier" dans le coin supérieur gauche de l'écran.
- Sélectionnez "Informations".
- Cliquez sur "Protéger le classeur".
- Sélectionnez "Chiffrement par mot de passe".

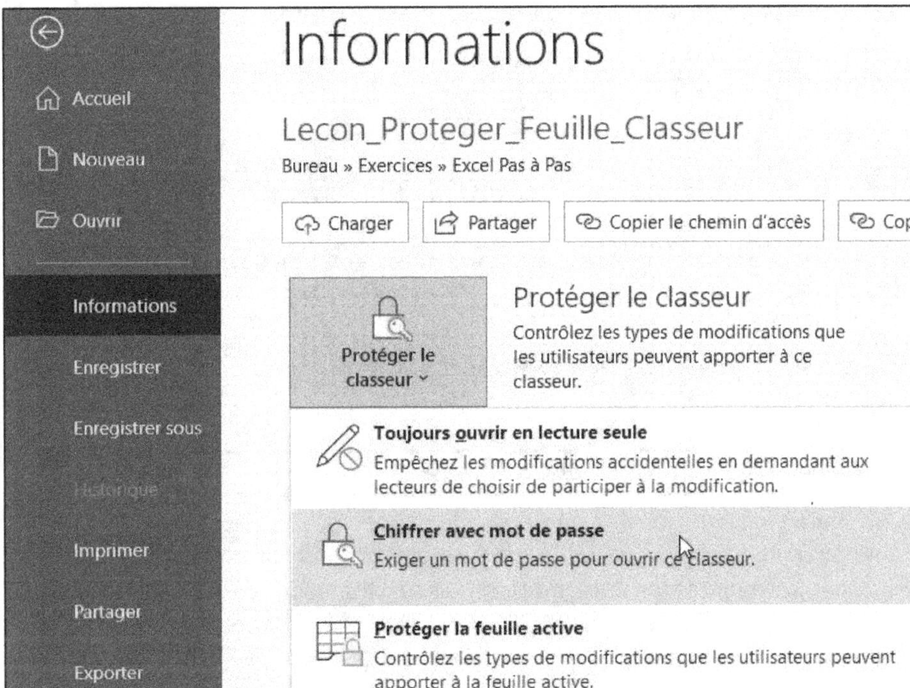

- Une fenêtre s'ouvre vous demandant d'entrer un mot de passe pour protéger l'ensemble du classeur. Entrez un mot de passe et Cliquez sur "OK".

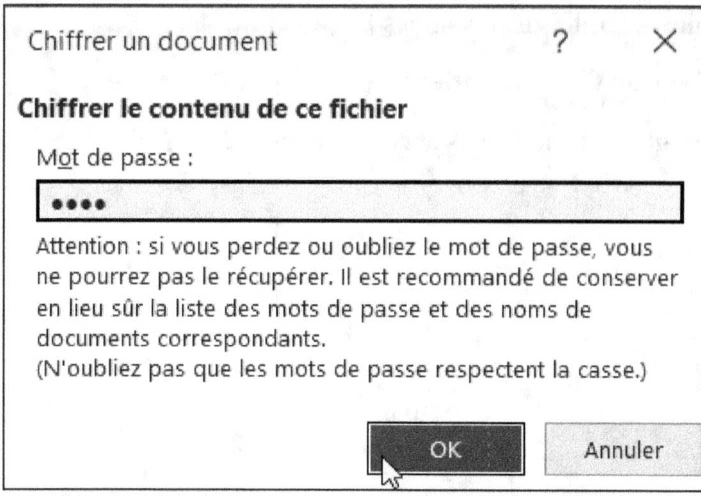

- Une nouvelle fenêtre s'ouvre pour confirmer le mot de passe. Ré-entrez le mot de passe et Cliquez sur "OK".

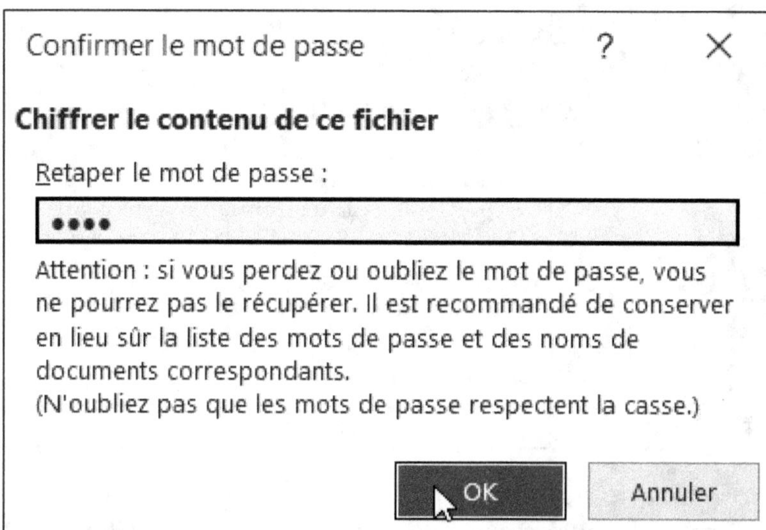

- Le classeur est maintenant protégé par un mot de passe, et vous devrez entrer ce mot de passe chaque fois que vous voudrez ouvrir le classeur.

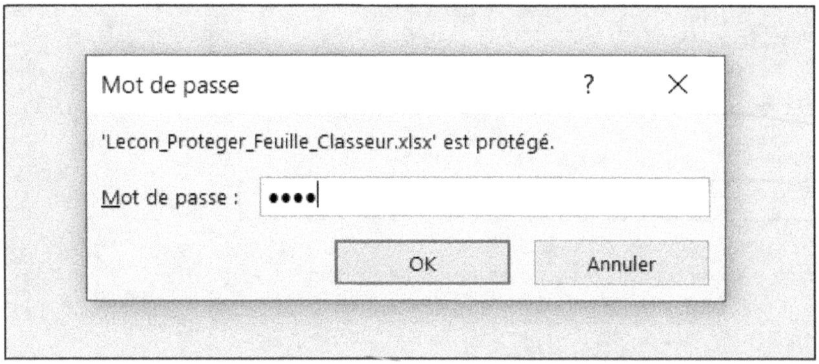

12.1.6. Supprimer la protection d'une feuille ou d'un classeur :

- Pour supprimer la protection d'une feuille, Cliquez sur l'onglet "Révision" dans le ruban, puis Cliquez sur "Ôter la protection de la feuille". Si un mot de passe a été défini, entrez-le pour supprimer la protection.

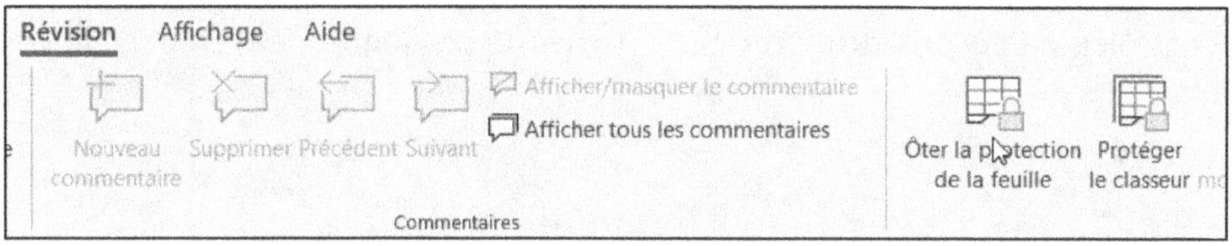

- Pour supprimer la protection d'un classeur, Cliquez sur l'onglet "Fichier", Sélectionnez "Informations", puis Cliquez sur "Protéger le classeur" et Sélectionnez "Chiffrement par mot de passe". Supprimez le mot de passe et Cliquez sur "OK".

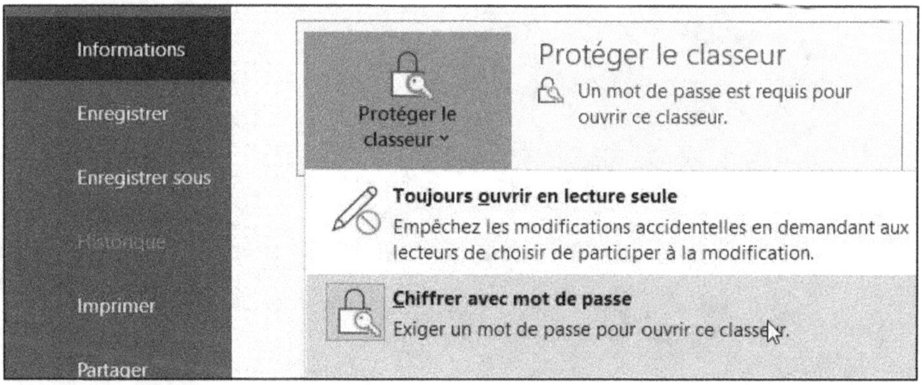

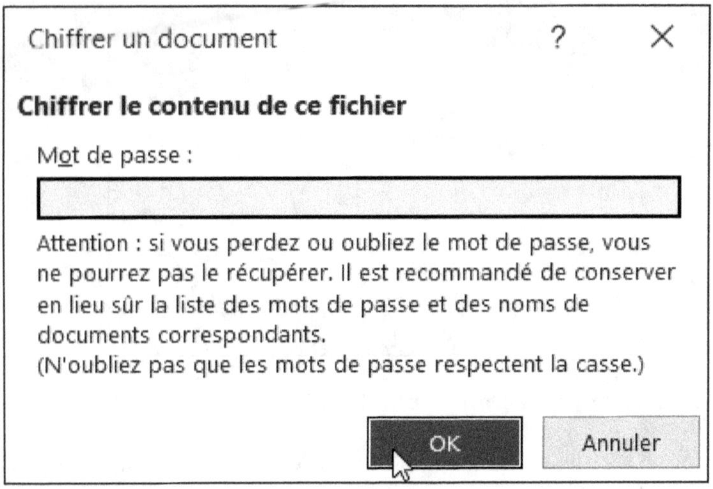

Résumé de la leçon : Vous savez maintenant comment protéger une feuille de calcul et un classeur entier dans Excel pour sécuriser vos données contre les modifications non autorisées. Ces compétences vous permettront de contrôler qui peut modifier certaines parties de vos feuilles de calcul et de vos classeurs.

12.2- Utiliser les outils de validation des données

Introduction : La validation des données dans Excel vous permet de contrôler le type et la plage de données que les utilisateurs peuvent entrer dans une cellule. Cela est utile pour assurer l'exactitude et la cohérence des données dans vos feuilles de calcul. Cette leçon vous montrera comment utiliser les outils de validation des données.

Exemple Pratique : Nous allons entrer des données, appliquer des règles de validation, et personnaliser les messages d'erreur et d'invite.

Étapes à réaliser :

12.2.1. Ouvrir Excel :

- Cliquez sur l'icône d'Excel pour ouvrir le programme.
- Créez un nouveau classeur :

"Fichier" > "Nouveau" > "Classeur vierge".

12.2.2. Appliquer une validation de données simple

- **Entrer des données de base :**
- Dans la feuille de calcul, entrez les données suivantes :
- A1: "Nom", B1: "Âge", C1: "Score"
- A2: "", B2: "", C2: ""
- A3: "", B3: "", C3: ""
- A4: "", B4: "", C4: ""

12.2.3. Appliquer une validation de données pour l'âge :

- Sélectionnez la plage de cellules B2:B4.
- Cliquez sur l'onglet "Données" dans le ruban en haut de l'écran.
- Dans le groupe "Outils de données", Cliquez sur "Validation des données".

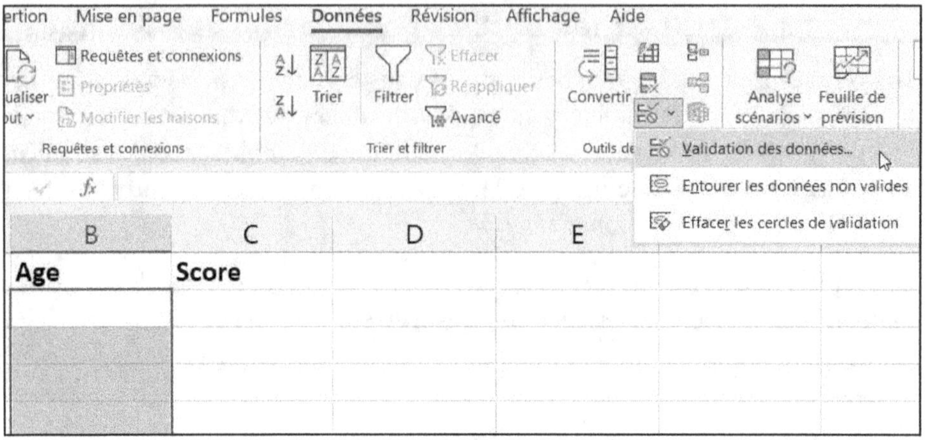

- Dans l'onglet "Options" de la fenêtre "Validation des données", faites les sélections suivantes :
- Dans la liste déroulante "Autoriser", Choisissez "Nombre entier".
- Dans la liste déroulante "Données", Choisissez "entre".
- Dans les champs "Minimum" et "Maximum", entre "18" et "55" respectivement.

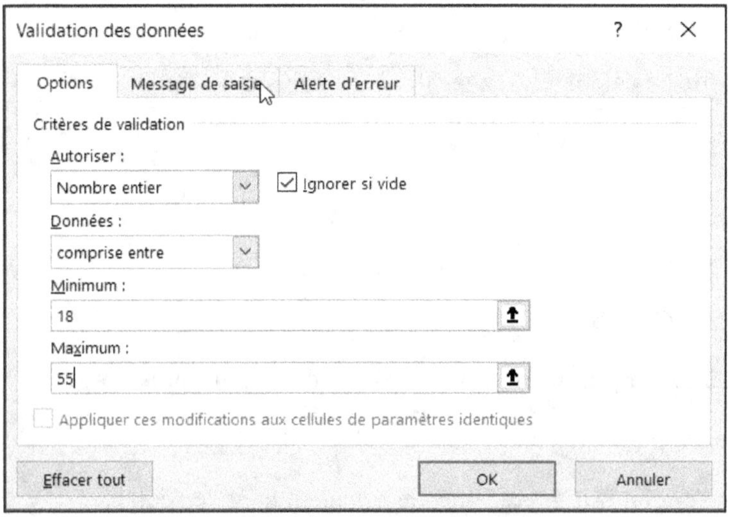

- Cliquez sur l'onglet "Message de saisie".
- Cochez la case "Afficher un message de saisie lorsque la cellule est sélectionnée".

- Dans le champ "Titre", tapez "Âge requis".
- Dans le champ "Message de saisie", tapez "Veuillez entrer un âge entre 18 et 55."

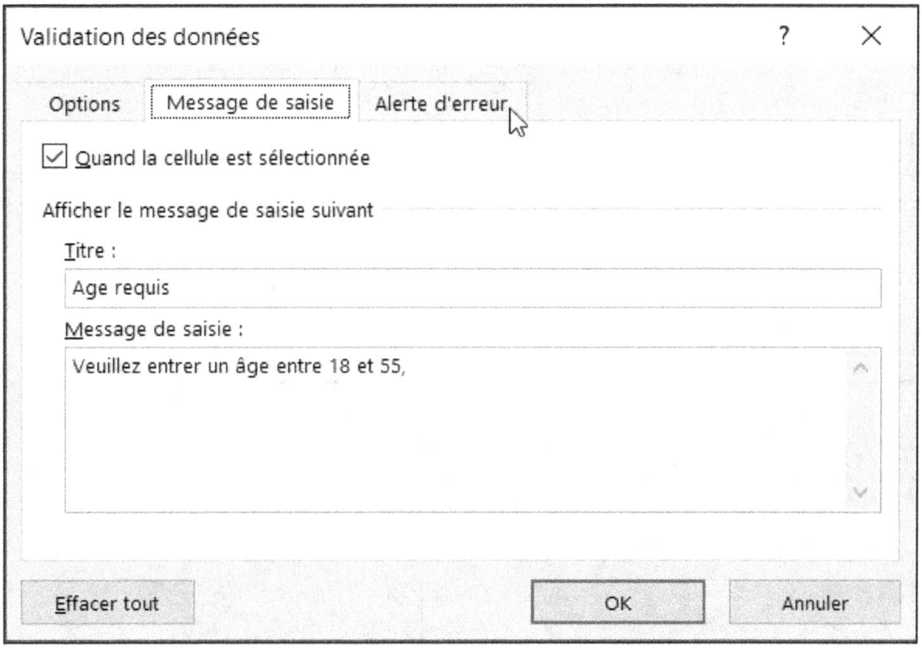

- Cliquez sur l'onglet "Alerte d'erreur".
- Cochez la case "Afficher une alerte d'erreur après saisie de données non valides".
- Dans la liste déroulante "Style", Choisissez "Arrêt".
- Dans le champ "Titre", tapez "Erreur d'âge".
- Dans le champ "Message d'erreur", tapez "L'âge doit être un nombre entier entre 18 et 55."
- Cliquez sur "OK" pour appliquer la validation des données.

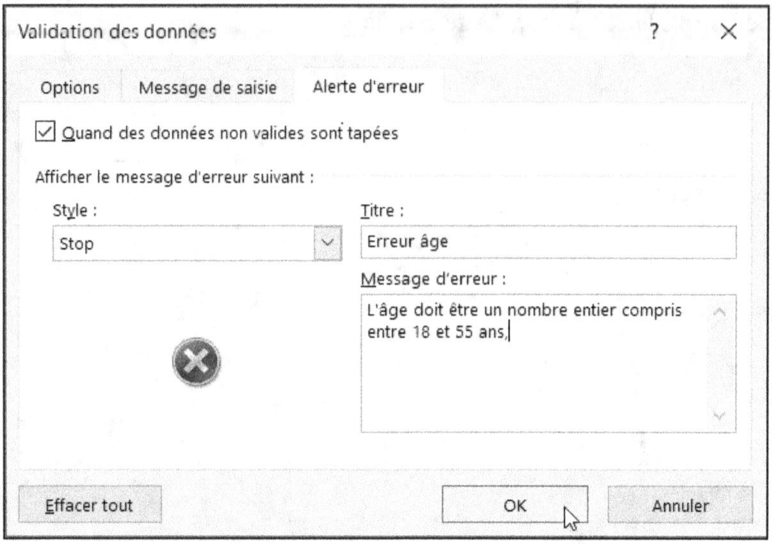

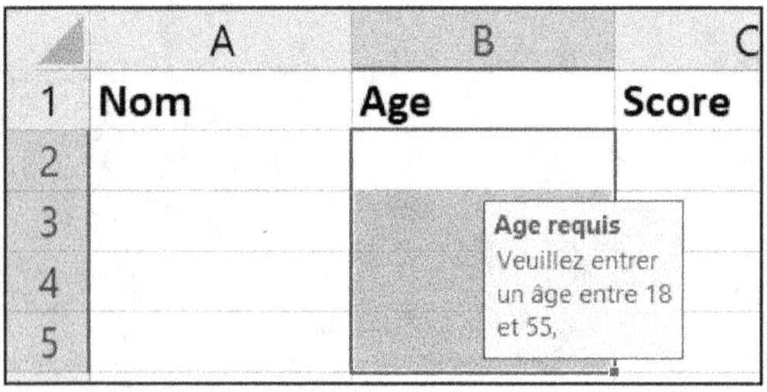

12.2.4. Appliquer une liste déroulante pour les noms

- **Créer une liste de noms :**
- Cliquez sur l'onglet "Feuil2" pour créer une nouvelle feuille de calcul.
- Dans la feuille "Feuil2", entre les données suivantes :
- A1: "Noms"
- A2: "Alice"
- A3: "Bob"
- A4: "Charlie"
- A5: "David"
- Sélectionnez la plage de cellules A2:A5, puis Cliquez dans la zone de nom à gauche de la barre de formule et tapez "ListeNoms", puis Appuyez sur "Entrée".

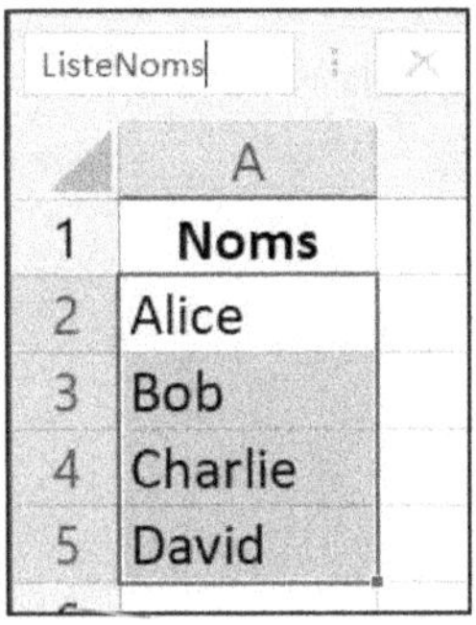

- **Appliquer une validation de données pour les noms :**
- Retournez à la feuille "Feuil1" et Sélectionnez la plage de cellules A2:A4.
- Cliquez sur l'onglet "Données" dans le ruban.
- Dans le groupe "Outils de données", Cliquez sur "Validation des données".

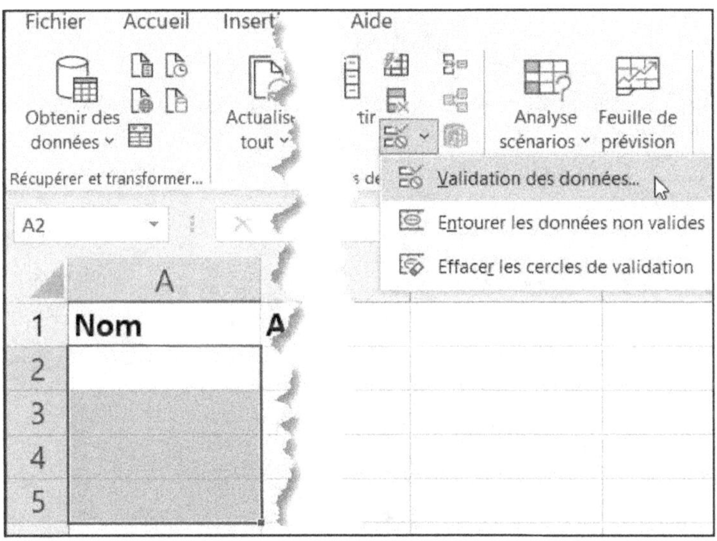

- Dans l'onglet "Options" de la fenêtre "Validation des données", faites les sélections suivantes :
- Dans la liste déroulante "Autoriser", Choisissez "Liste".
- Dans le champ "Source", tapez =ListeNoms.

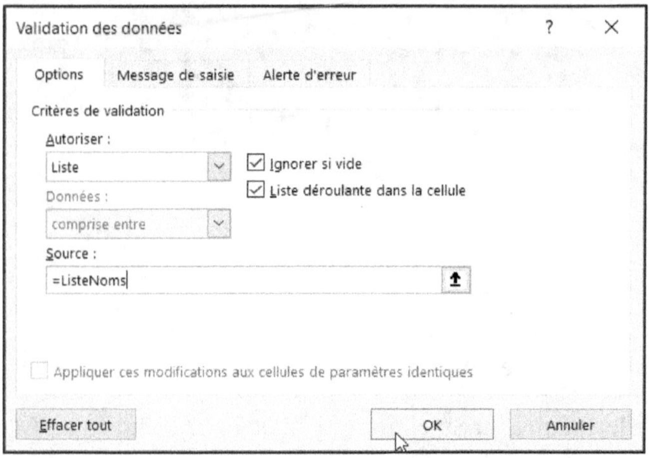

- Cliquez sur l'onglet "Message de saisie".
- Cochez la case "Afficher un message de saisie lorsque la cellule est sélectionnée".
- Dans le champ "Titre", tapez "Nom requis".
- Dans le champ "Message de saisie", tapez "Veuillez sélectionner un nom dans la liste déroulante."

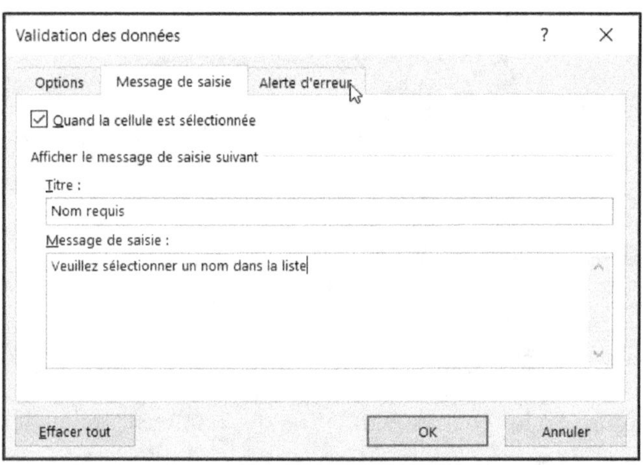

- Cliquez sur l'onglet "Alerte d'erreur".
- Cochez la case "Afficher une alerte d'erreur après saisie de données non valides".

- Dans la liste déroulante "Style", Choisissez "Arrêt".
- Dans le champ "Titre", tapez "Erreur de nom".
- Dans le champ "Message d'erreur", tapez "Veuillez sélectionner un nom valide dans la liste déroulante."
- Cliquez sur "OK" pour appliquer la validation des données.

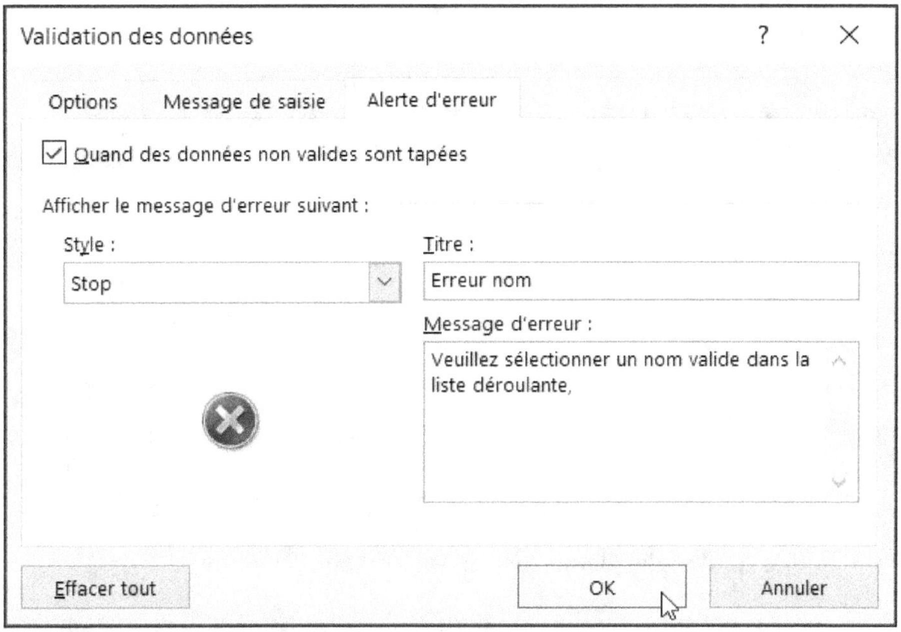

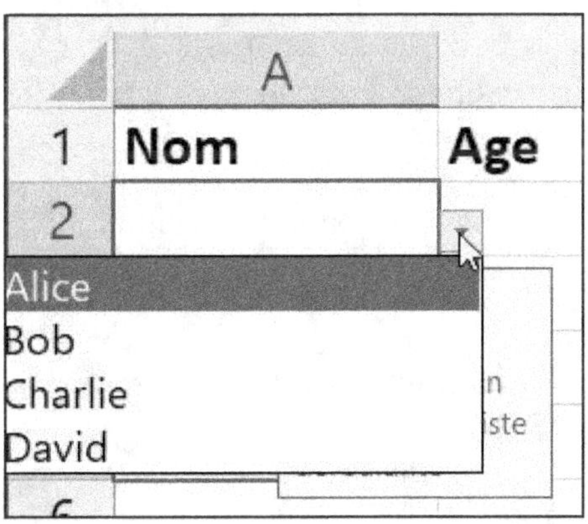

12.2.5. Appliquer une validation de données pour les scores

- **Appliquer une validation de données pour les scores :**

- Sélectionnez la plage de cellules C2:C4.

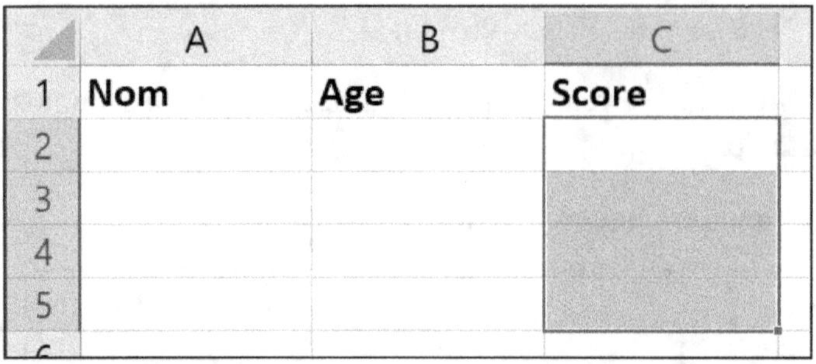

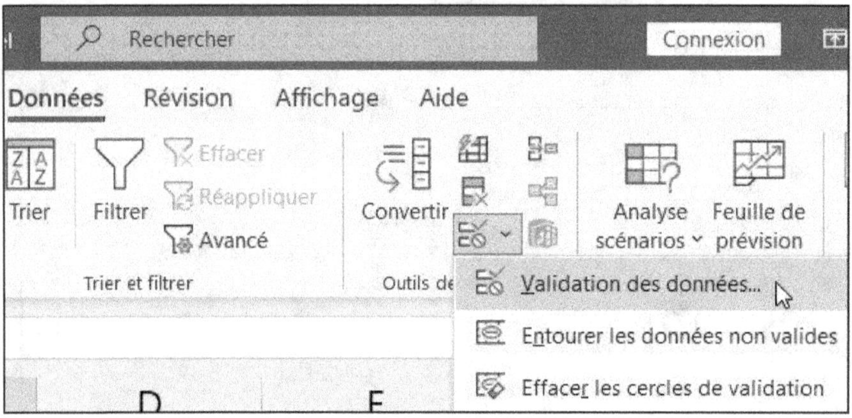

- Cliquez sur l'onglet "Données" dans le ruban.
- Dans le groupe "Outils de données", Cliquez sur "Validation des données".
- Dans l'onglet "Options" de la fenêtre "Validation des données", faites les sélections suivantes :
- Dans la liste déroulante "Autoriser", Choisissez "Nombre décimal".
- Dans la liste déroulante "Données", Choisissez "entre".
- Dans les champs "Minimum" et "Maximum", entre "0" et "100" respectivement.

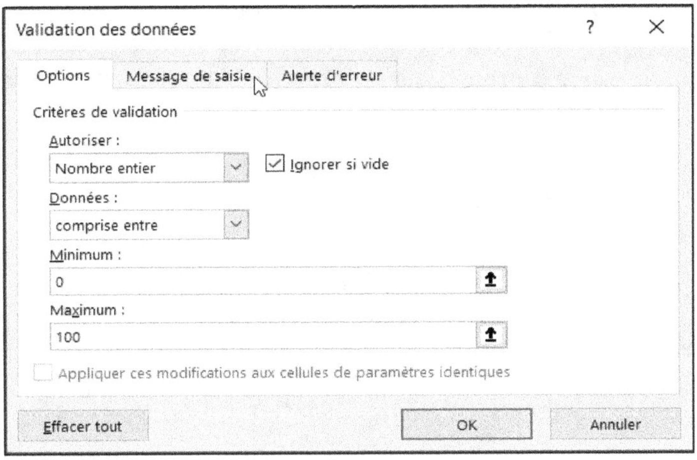

- Cliquez sur l'onglet "Message de saisie".
- Cochez la case "Afficher un message de saisie lorsque la cellule est sélectionnée".
- Dans le champ "Titre", tapez "Score requis".
- Dans le champ "Message de saisie", tapez "Veuillez entrer un score entre 0 et 100."

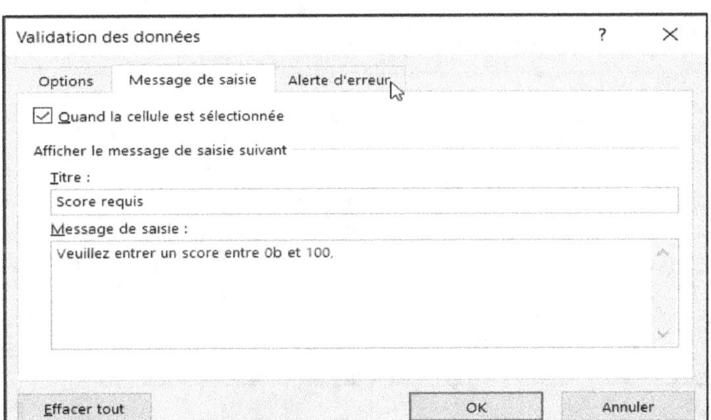

- Cliquez sur l'onglet "Alerte d'erreur".
- Cochez la case "Afficher une alerte d'erreur après saisie de données non valides".
- Dans la liste déroulante "Style", Choisissez "Avertissement" ou "Information".

- Dans le champ "Titre", tapez "Erreur de score".
- Dans le champ "Message d'erreur", tapez "Le score doit être un nombre entre 0 et 100."
- Cliquez sur "OK" pour appliquer la validation des données.

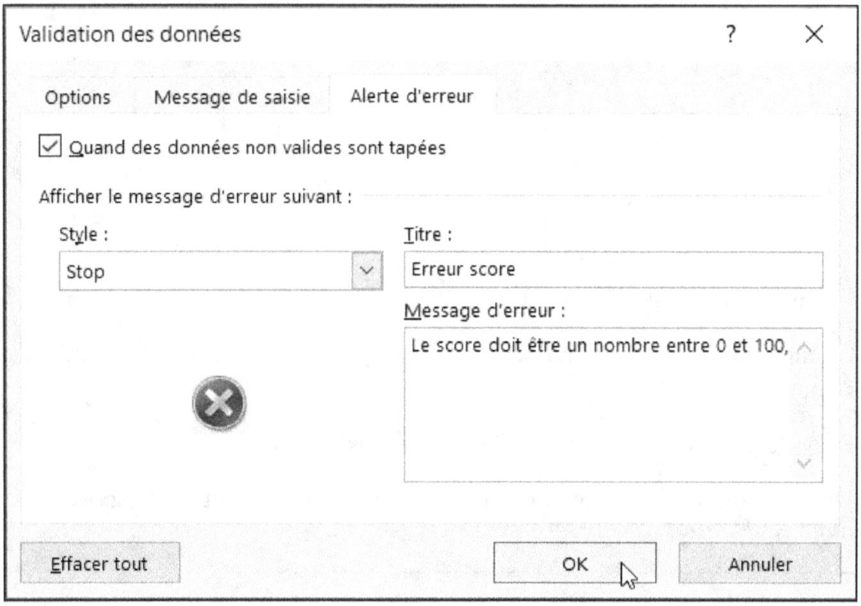

Résumé

Vous savez maintenant comment utiliser les outils de validation des données dans Excel pour contrôler le type et la plage de données que les utilisateurs peuvent entrer dans une cellule. Ces compétences vous permettront d'assurer l'exactitude et la cohérence des données dans vos feuilles de calcul.

12.3- Créer une table de données

Introduction : Créer une table de données dans Excel vous permet de gérer et analyser vos informations de manière plus efficace. Les tables de données offrent des fonctionnalités avancées comme le tri, le filtrage, et les formules dynamiques. Cette leçon vous montrera comment créer une table de données à partir d'un ensemble de données existant.

Exemple Pratique : Nous allons entrer des données, les transformer en table de données, et utiliser quelques-unes des fonctionnalités avancées des tables.

Étapes à réaliser :

12.3.1. Ouvrir Excel :

- Cliquez sur l'icône d'Excel pour ouvrir le programme.
- Créez un nouveau classeur :

"Fichier" > "Nouveau" > "Classeur vierge".

12.3.2. Entrer des données de base :

- Dans la feuille de calcul, entre les données suivantes :
- A1: "ID", B1: "Nom", C1: "Score"
- A2: "1", B2: "Alice", C2: "85"
- A3: "2", B3: "Bob", C3: "78"
- A4: "3", B4: "Charlie", C4: "92"
- A5: "4", B5: "David", C5: "88"

12.3.3. Sélectionner les données :

- Sélectionnez la plage de données A1:C5 en cliquant et en faisant glisser la souris de la cellule A1 à la cellule C5.

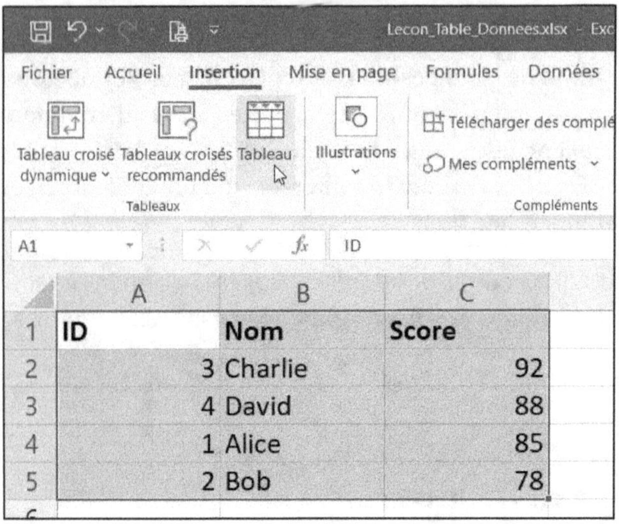

12.3.4. Créer une table de données :

- Cliquez sur l'onglet "Insertion" dans le ruban en haut de l'écran.
- Dans le groupe "Tables", Cliquez sur "Table".
- Une fenêtre s'ouvre pour confirmer la plage de données. Assurez-vous que "Ma table comporte des en-têtes" est coché.
- Cliquez sur "OK". vos données seront maintenant formatées en tant que table.

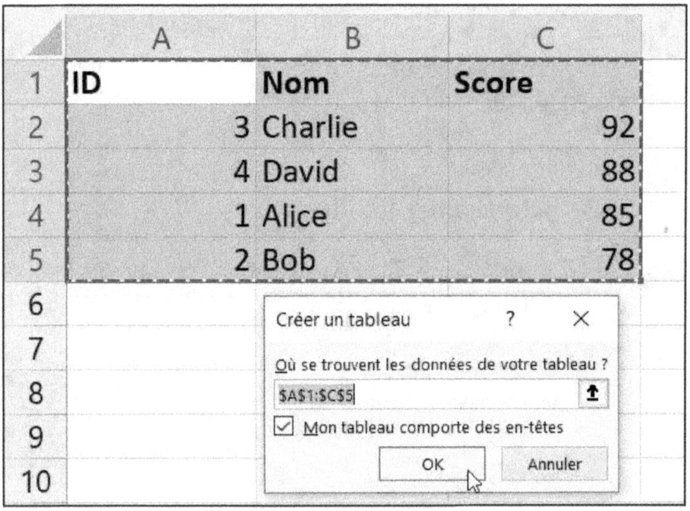

12.3.5. Renommer la table :

- Cliquez sur l'onglet "Création de tableau" qui apparaît lorsque la table est sélectionnée.

- Dans le groupe "Propriétés", Cliquez sur la zone "Nom de la table" et tapez un nom significatif, comme "TableScores". Appuyez sur "Entrée".

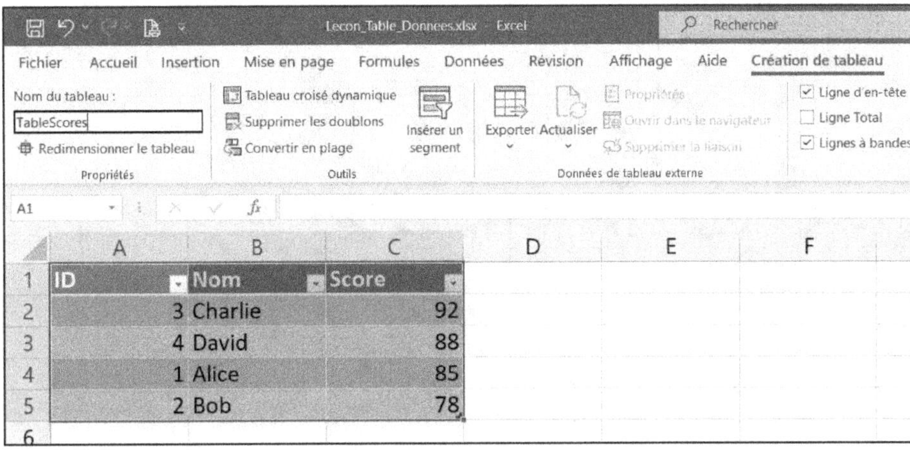

12.3.6. Utiliser le tri et le filtrage :

- Cliquez sur la flèche à côté de l'en-tête de la colonne "Score".

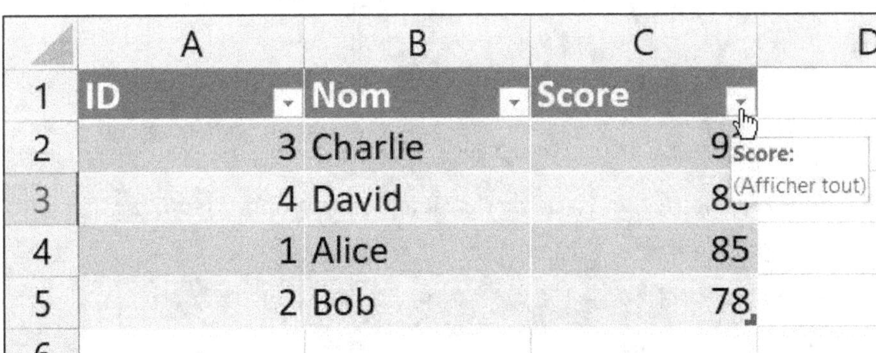

- Sélectionnez "Trier du plus grand au plus petit" pour trier les scores dans l'ordre décroissant.

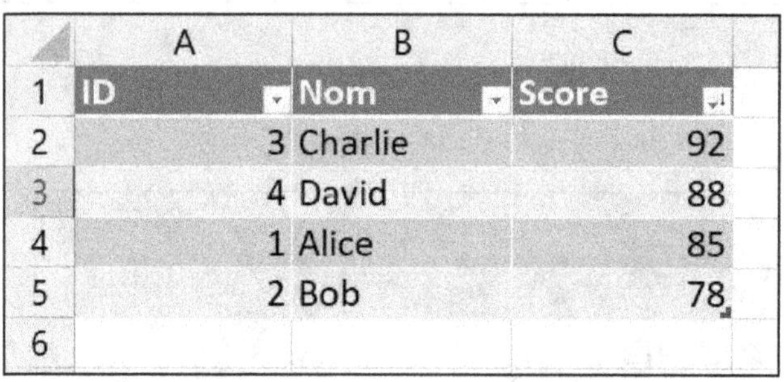

- Cliquez sur la flèche à côté de l'en-tête de la colonne "Nom".

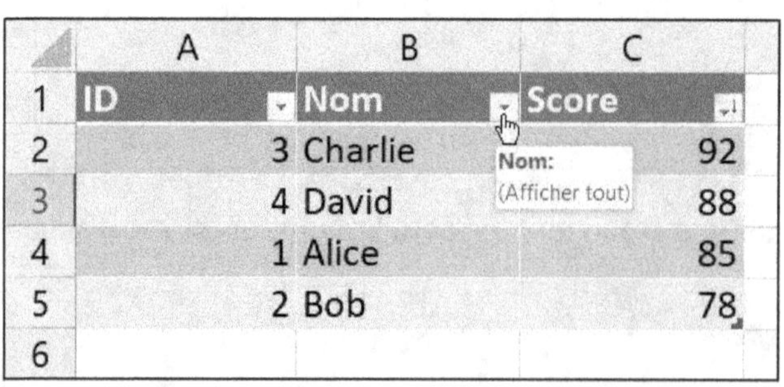

- Décochez "Sélectionner tout", puis Cochez "Alice" et Cliquez sur "OK" pour filtrer les données et n'afficher que les informations concernant Alice.

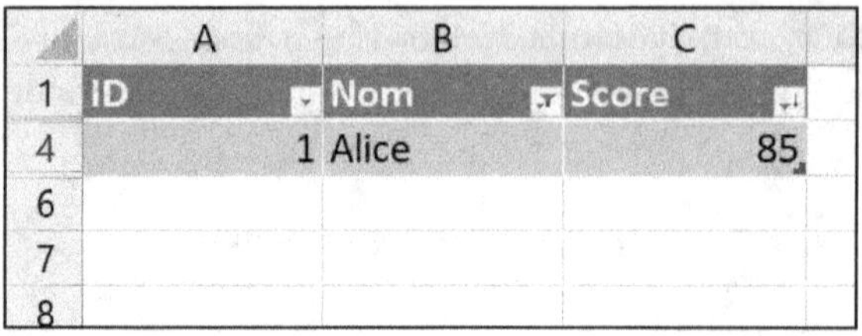

	A	B	C
1	ID	Nom	Score
4	1	Alice	85
6			
7			
8			

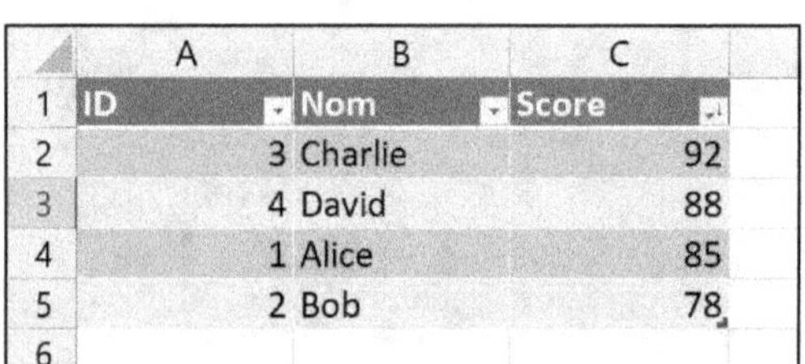

	A	B	C
1	ID	Nom	Score
2	3	Charlie	92
3	4	David	88
4	1	Alice	85
5	2	Bob	78
6			

12.3.7. Ajouter une ligne de total :

- Avec la table toujours sélectionnée, Cliquez sur l'onglet "Création de tableau".
- Dans le groupe "Options de style de tableau", Cochez "Ligne des totaux".

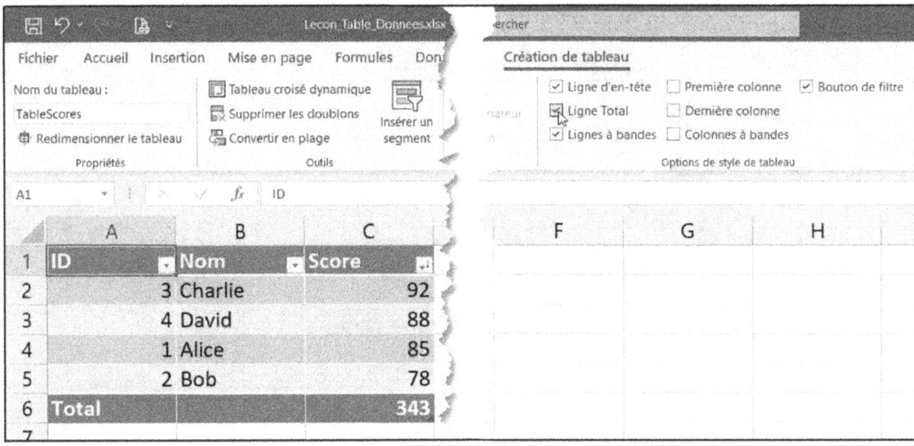

- Une nouvelle ligne apparaît en bas de la table. Par défaut, la cellule de la colonne "Score" affiche la somme des scores.
- Cliquez sur la cellule de la ligne des totaux dans la colonne "Score".
- Cliquez sur la flèche qui apparaît et Sélectionnez "Moyenne" pour afficher la moyenne des scores.

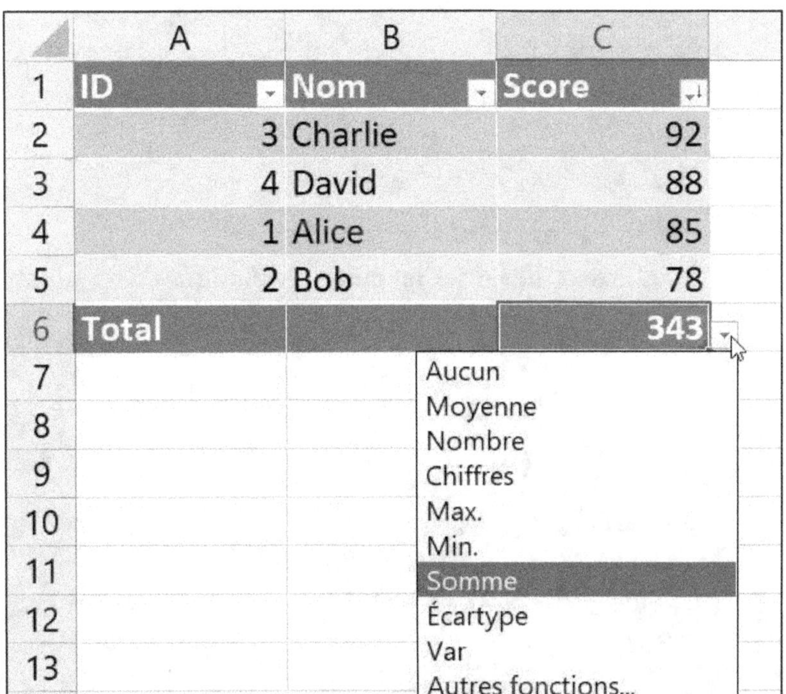

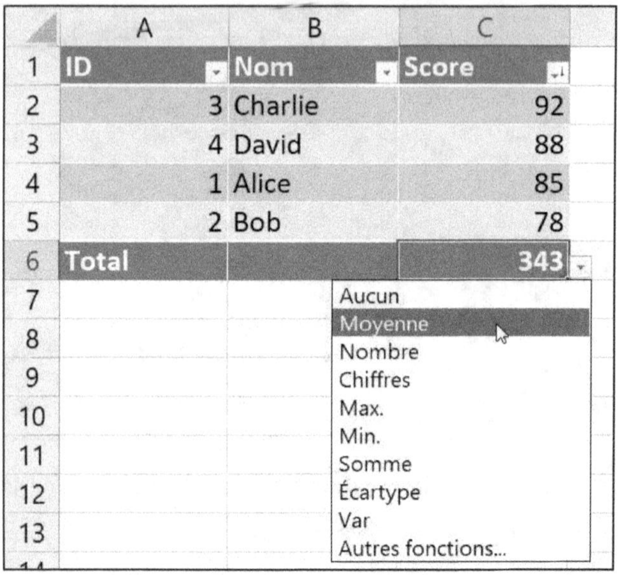

	A	B	C
1	ID	Nom	Score
2	3	Charlie	92
3	4	David	88
4	1	Alice	85
5	2	Bob	78
6	Total		343

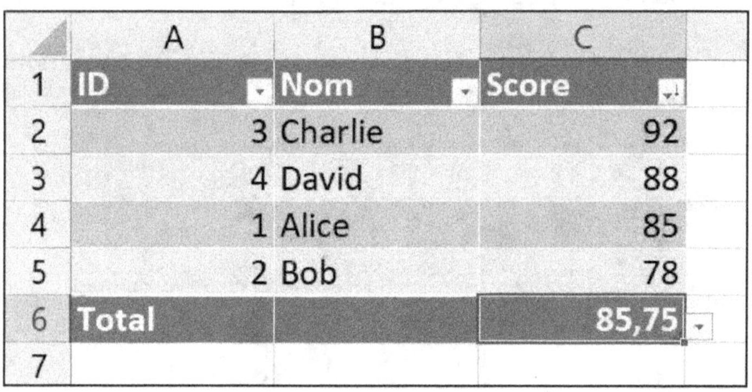

	A	B	C
1	ID	Nom	Score
2	3	Charlie	92
3	4	David	88
4	1	Alice	85
5	2	Bob	78
6	Total		85,75
7			

12.3.8. Utiliser les formules dynamiques :

- Sélectionnez la cellule D1 et tapez "Score ajusté", puis Appuyez sur "Entrée".

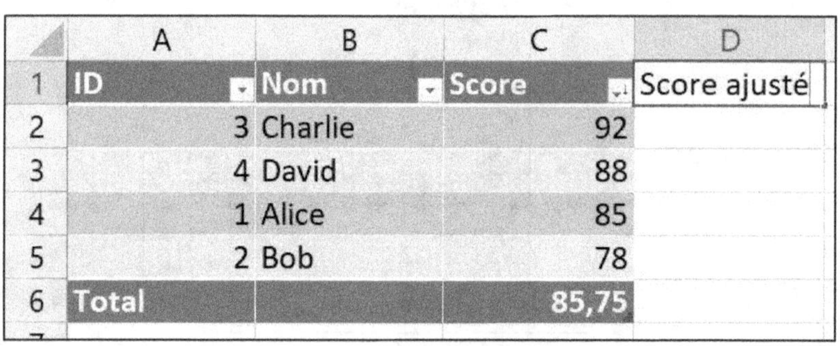

	A	B	C	D
1	ID	Nom	Score	Score ajusté
2	3	Charlie	92	
3	4	David	88	
4	1	Alice	85	
5	2	Bob	78	
6	Total		85,75	

- Sélectionnez la cellule D2 et tapez =[@Score]*1.1 pour augmenter le score de 10%.

	A	B	C	D	E
1	ID	Nom	Score		
2	3	Charlie	92	=[@Score]*1,1	
3	4	David	88		
4	1	Alice	85		
5	2	Bob	78		
6	Total		85,75		
7					

- Appuyez sur "Entrée". La formule sera automatiquement appliquée à toutes les lignes de la table.

	A	B	C	D
1	ID	Nom	Score	Score ajusté
2	3	Charlie	92	101,2
3	4	David	88	96,8
4	1	Alice	85	93,5
5	2	Bob	78	85,8
6	Total		85,75	
7				

Résumé de la leçon : Vous savez maintenant comment créer une table de données dans Excel et utiliser quelques-unes de ses fonctionnalités avancées, comme le tri, le filtrage, l'ajout de lignes de total et l'utilisation dc formules dynamiques. Ces compétences vous permettront de gérer et analyser vos données de manière plus efficace.

12.4- Utiliser les plages nommées

Introduction : Les plages nommées dans Excel vous permettent de Donner des noms significatifs à des cellules ou des plages de cellules. Cela rend les formules plus faciles à lire et à gérer, surtout dans les classeurs complexes. Cette leçon vous montrera comment créer, gérer et utiliser les plages nommées.

Exemple Pratique : Nous allons entrer des données, créer des plages nommées et utiliser ces noms dans des formules.

Étapes à réaliser :

12.4.1. Ouvrir Excel :

- Cliquez sur l'icône d'Excel pour ouvrir le programme.
- Créez un nouveau classeur :

"Fichier" > "Nouveau" > "Classeur vierge".

12.4.2. Entrer des données de base :

- Dans la feuille de calcul, entre les données suivantes :
- A1: "Produit", B1: "Prix unitaire", C1: "Quantité"
- A2: "Stylo", B2: "1.5", C2: "20"
- A3: "Cahier", B3: "3", C3: "10"
- A4: "Gomme", B4: "0.5", C4: "30"

12.4.3. Créer des plages nommées :

- Sélectionnez la plage B2:B4 (les prix unitaires).
- Cliquez sur la zone de nom située à gauche de la barre de formule (elle affiche normalement l'adresse de la cellule active, par exemple, "B2").
- Tapez "Prix_Unitaire" (sans espaces) et Appuyez sur "Entrée".

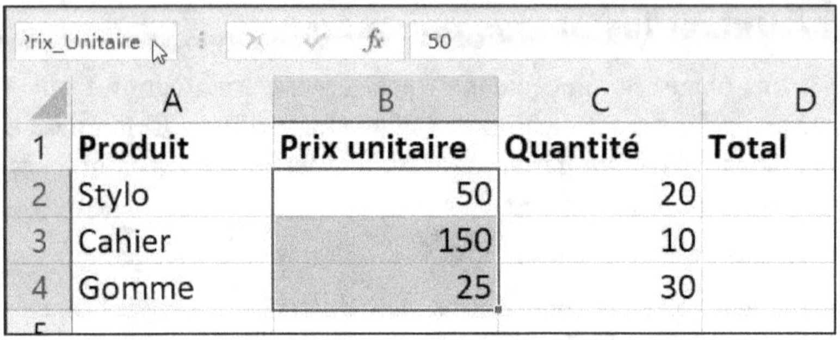

	A	B	C	D
1	**Produit**	**Prix unitaire**	**Quantité**	**Total**
2	Stylo	50	20	
3	Cahier	150	10	
4	Gomme	25	30	

- Sélectionnez la plage C2:C4 (les quantités).
- Cliquez sur la zone de nom, tapez "Quantité" et Appuyez sur "Entrée".

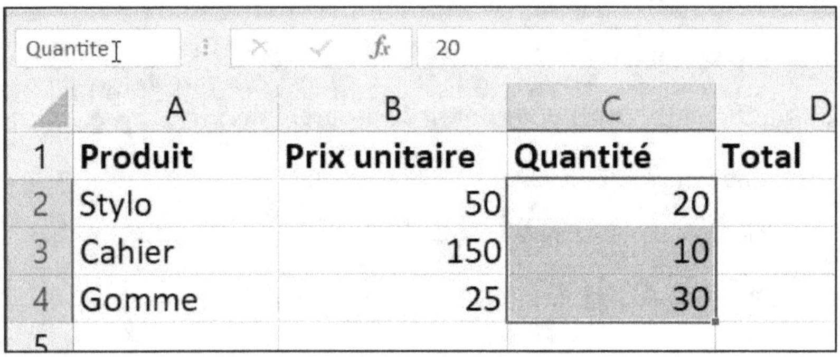

	A	B	C	D
1	**Produit**	**Prix unitaire**	**Quantité**	**Total**
2	Stylo	50	20	
3	Cahier	150	10	
4	Gomme	25	30	

12.4.4. Utiliser les plages nommées dans des formules :

- Sélectionnez la cellule D1 et tapez "Total", puis Appuyez sur "Entrée".
- Sélectionnez la cellule D2.
- Tapez =Prix_Unitaire*Quantité et Appuyez sur "Entrée". La cellule D2 affichera "1000" (50 * 20).

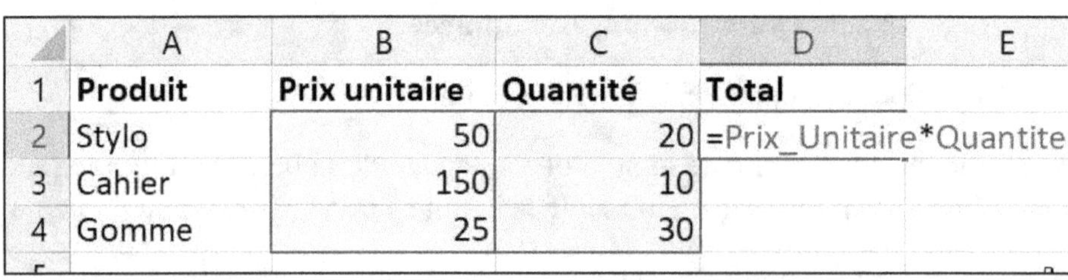

	A	B	C	D	E
1	**Produit**	**Prix unitaire**	**Quantité**	**Total**	
2	Stylo	50	20	=Prix_Unitaire*Quantite	
3	Cahier	150	10		
4	Gomme	25	30		

- Utilisez La poignée de recopie pour copier la formule de D2 à D4. Les cellules D3 et D4 afficheront les totaux respectifs pour les cahiers et les gommes.

	A	B	C	D
1	**Produit**	**Prix unitaire**	**Quantité**	**Total**
2	Stylo	50	20	1000
3	Cahier	150	10	1500
4	Gomme	25	30	750

12.4.5. Gérer les plages nommées :

- Cliquez sur l'onglet "Formules" dans le ruban en haut de l'écran.
- Dans le groupe "Noms définis", Cliquez sur "Gestionnaire de noms".

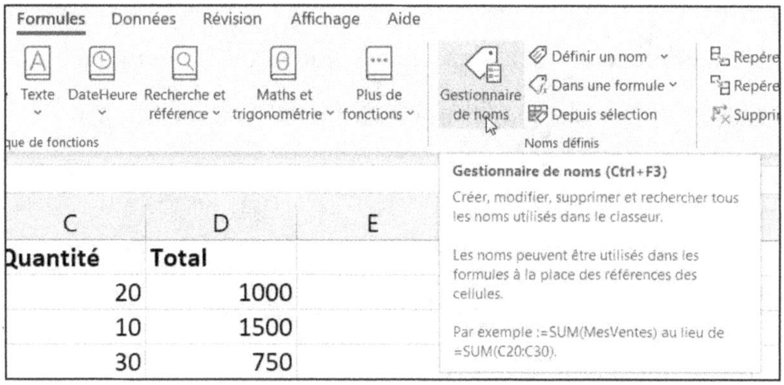

- La fenêtre "Gestionnaire de noms" s'ouvre. Vous pouvez y voir, éditer ou supprimer les plages nommées.
- Pour éditer un nom, sélectionne-le, Cliquez sur "Modifier" et apporte les modifications nécessaires.

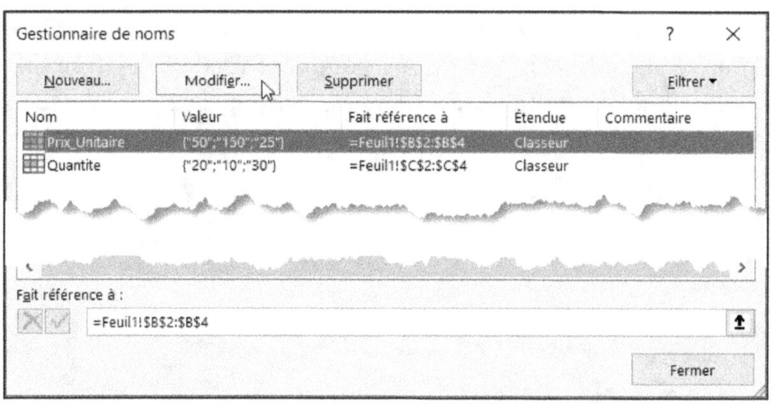

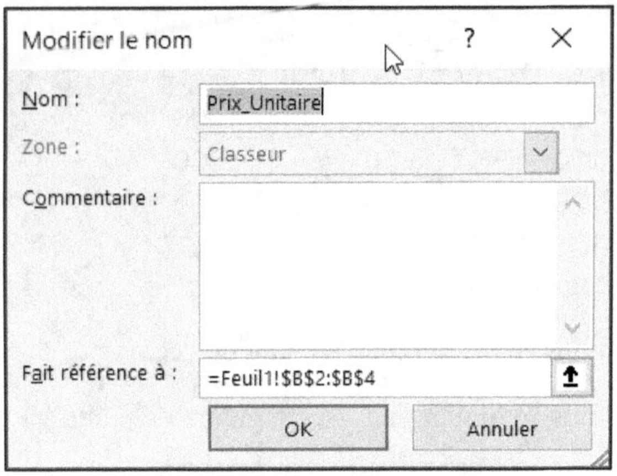

- Pour supprimer un nom, sélectionne-le et Cliquez sur "Supprimer".

12.4.6. Utiliser des plages nommées pour la navigation :

- Cliquez sur la flèche à droite de la zone de nom pour afficher la liste des plages nommées.
- Cliquez sur un nom pour sélectionner rapidement la plage correspondante dans la feuille de calcul.

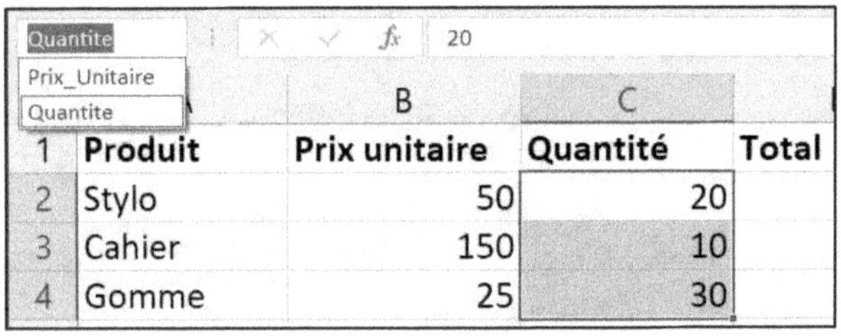

Résumé de la leçon : Vous savez maintenant comment créer, gérer et utiliser les plages nommées dans Excel. Les plages nommées rendent les formules plus lisibles et facilitent la gestion des données, surtout dans les classeurs complexes.

12.5- Utiliser les options de tri avancées

Introduction : Les options de tri avancées dans Excel vous permettent de trier des données selon plusieurs critères et dans différents ordres. Cela est particulièrement utile lorsque vous avez des ensembles de données complexes et que vous voulez organiser l'information de manière précise. Cette leçon vous montrera comment utiliser ces options de tri avancées.

Exemple Pratique : Nous allons entrer des données, utiliser les options de tri avancées pour organiser ces données selon plusieurs critères.

Étapes à réaliser :

12.5.1. Ouvrir Excel :

- Cliquez sur l'icône d'Excel pour ouvrir le programme.
- Créez un nouveau classeur :

"Fichier" > "Nouveau" > "Classeur vierge".

12.5.2. Entrer des données de base :

- Dans la feuille de calcul, entre les données suivantes :
- A1: "Nom", B1: "Département", C1: "Score", D1: "Date d'embauche"
- A2: "Alice", B2: "Ventes", C2: "85", D2: "01/02/2020"
- A3: "Bob", B3: "Marketing", C3: "78", D3: "15/03/2019"
- A4: "Charlie", B4: "Ventes", C4: "92", D4: "22/07/2021"
- A5: "David", B5: "Marketing", C5: "88", D5: "30/11/2018"
- A6: "Eva", B6: "Ventes", C6: "75", D6: "10/01/2020"

12.5.3. Accéder aux options de tri avancées :

- Sélectionnez la plage de données A1:D6.
- Cliquez sur l'onglet "Données" dans le ruban en haut de l'écran.
- Dans le groupe "Trier et filtrer", Cliquez sur "Trier".

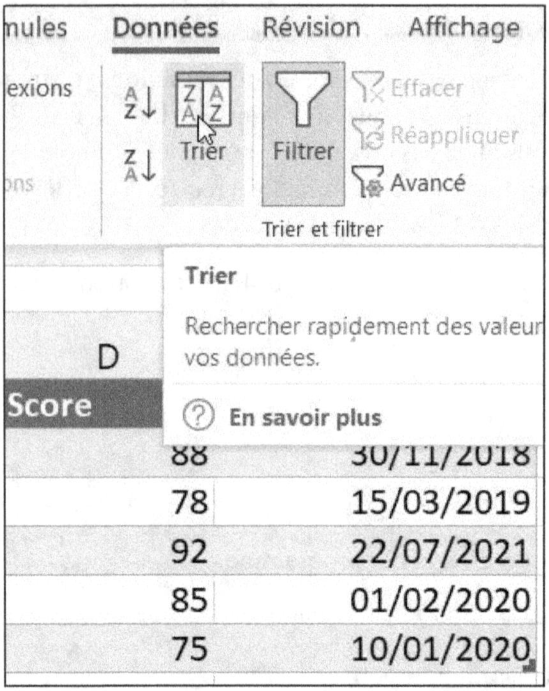

12.5.4. Ajouter un premier critère de tri :

- Dans la fenêtre "Trier", sous "Colonne", Choisissez "Département".

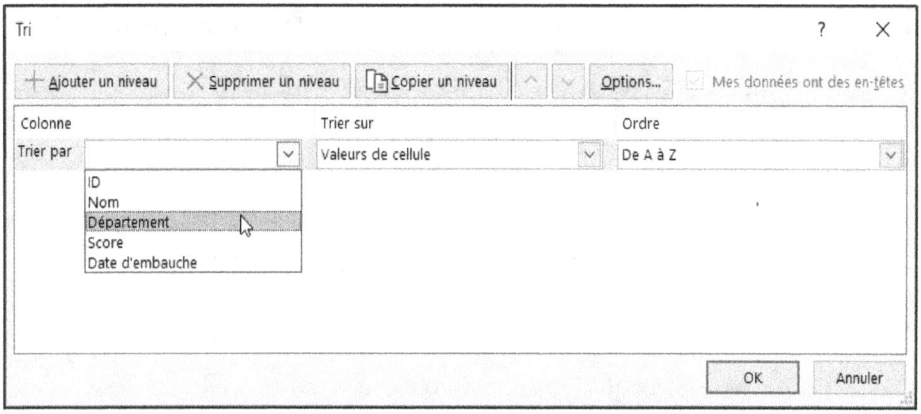

- Sous "Trier sur", Assurez-vous que "Valeurs" est sélectionné.
- Sous "Ordre", Choisissez "A à Z" pour trier les départements par ordre alphabétique.

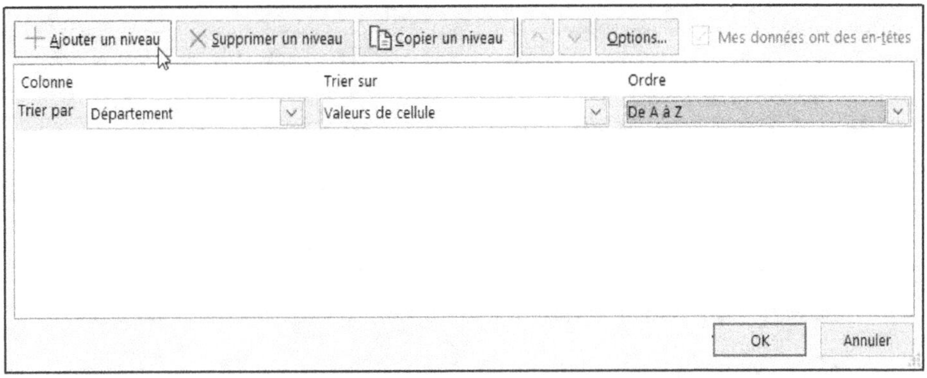

- Cliquez sur "Ajouter un niveau" pour ajouter un deuxième critère de tri.

12.5.5. Ajouter un deuxième critère de tri :

- Sous "Colonne", Choisissez "Score".
- Sous "Trier sur", Assurez-vous que "Valeurs" est sélectionné.
- Sous "Ordre", Choisissez "Du plus grand au plus petit" pour trier les scores en ordre décroissant au sein de chaque département.

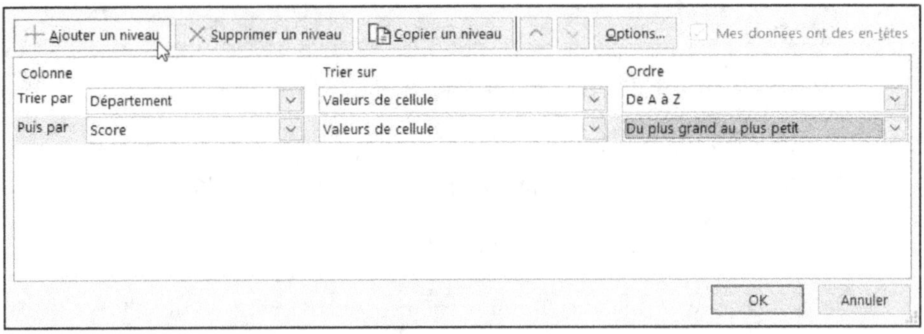

- Cliquez sur "Ajouter un niveau" pour ajouter un troisième critère de tri.

12.5.6. Ajouter un troisième critère de tri :

- Sous "Colonne", Choisissez "Date d'embauche".
- Sous "Trier sur", Assurez-vous que "Valeurs" est sélectionné.
- Sous "Ordre", Choisissez "Du plus ancien au plus récent" pour trier les dates d'embauche en ordre chronologique au sein de chaque groupe trié précédemment.

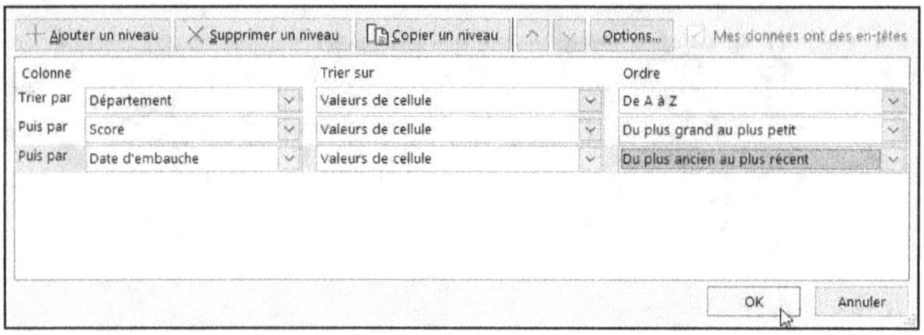

12.5.7. Appliquer le tri :

- Cliquez sur "OK" pour appliquer les critères de tri.
- Les données seront triées en premier par département, puis par score décroissant, et enfin par date d'embauche croissante.

	A	B	C	D	E
1	ID	Nom	Département	Score	Date d'embauche
2	3	David	Marketing	88	30/11/2018
3	1	Bob	Marketing	78	15/03/2019
4	2	Charlie	Ventes	92	22/07/2021
5	0	Alice	Ventes	85	01/02/2020
6	4	Eva	Ventes	75	10/01/2020
7					

12.5.8. Utiliser des tris personnalisés :

- Si vous voulez trier par une liste personnalisée (par exemple, "Marketing", "Ventes"), Cliquez sur "Options..." dans la fenêtre "Trier".
- Sélectionnez "Liste personnalisée".
- Dans la fenêtre "Listes personnalisées", tapez vos valeurs dans l'ordre souhaité (par exemple, "Marketing", "Ventes") et Cliquez sur "Ajouter", puis sur "OK".
- Sélectionnez la liste personnalisée créée dans "Ordre" et Cliquez sur "OK" pour appliquer le tri.

Résumé de la leçon : Vous savez maintenant comment utiliser les options de tri avancées dans Excel pour organiser vos données selon plusieurs critères et dans différents ordres. Ces compétences vous permettront de gérer des ensembles de données complexes et de les organiser de manière précise et logique.

12.6- Importer et exporter des données

Introduction : L'importation et l'exportation de données dans Excel vous permettent de travailler avec des informations provenant de différentes sources et de partager vos données avec d'autres applications. Cette leçon vous montrera comment importer des données dans Excel à partir de fichiers externes et comment exporter vos données vers différents formats.

Exemple Pratique : Nous allons importer des données à partir d'un fichier CSV et d'une base de données Access, puis exporter les données d'Excel vers un fichier CSV.

Étapes à réaliser :

12.6.1. Importer des données

- **Ouvrir Excel :**
- Cliquez sur l'icône d'Excel pour ouvrir le programme.
- Créez un nouveau classeur :

"Fichier" > "Nouveau" > "Classeur vierge".

12.6.2. Importer des données à partir d'un fichier CSV

- **Importer des données à partir d'un fichier CSV :**
- Cliquez sur l'onglet "Données" dans le ruban en haut de l'écran.
- Dans le groupe "Obtenir et transformer les données", Cliquez sur "À partir d'un fichier" puis sur "À partir d'un fichier texte/CSV".

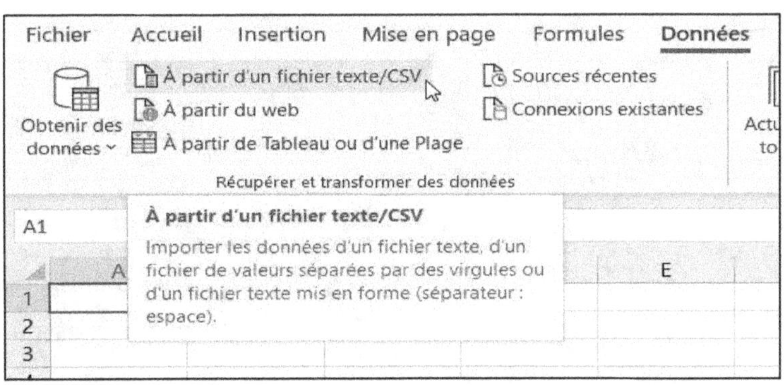

- Une fenêtre s'ouvre vous permettant de sélectionner un fichier. Choisissez le fichier CSV que vous souhaitez importer (par exemple, "data.csv") et Cliquez sur "Importer".

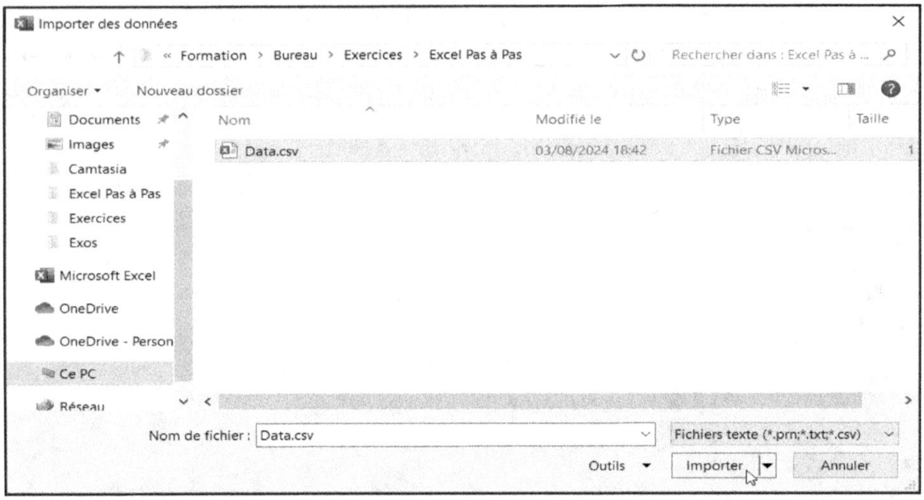

- Une fenêtre d'aperçu des données s'ouvre. Vérifiez les données et Cliquez sur "Charger" pour les importer dans une nouvelle feuille de calcul.

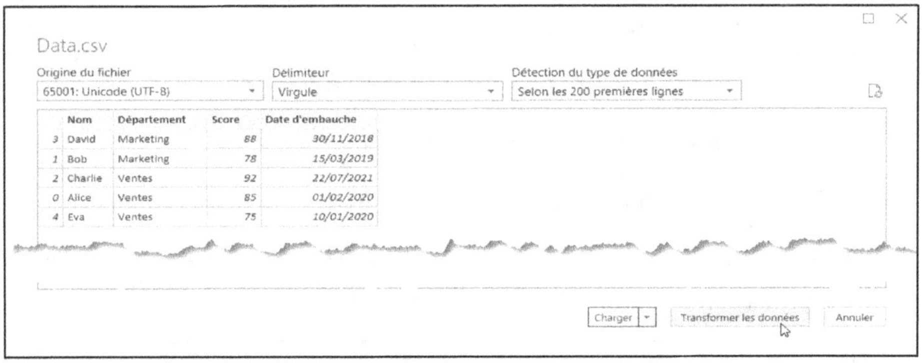

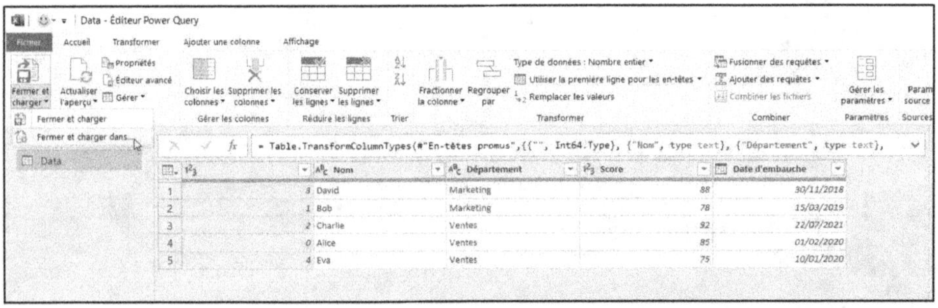

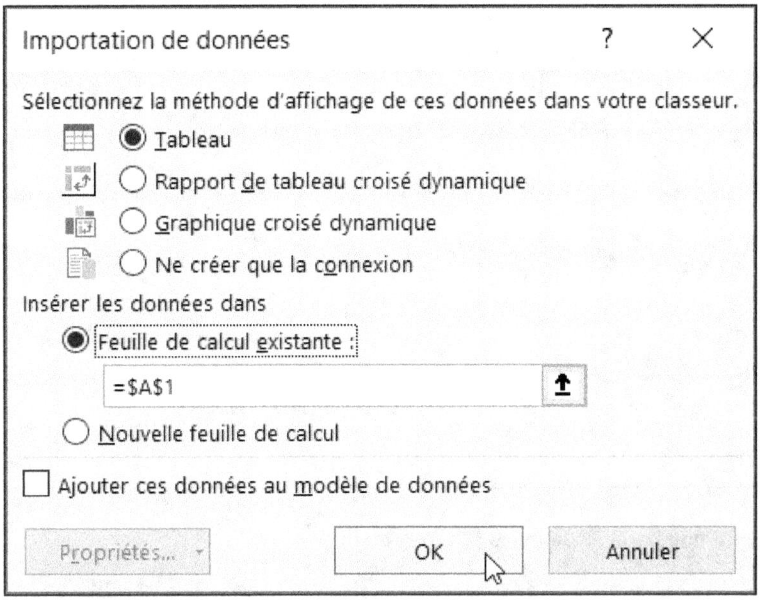

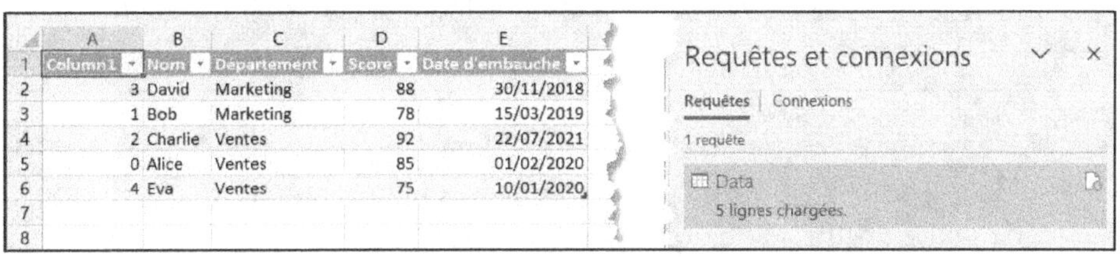

12.6.3. Importer des données à partir d'une base de données Access

- **Importer des données à partir d'une base de données Access :**
- Cliquez sur l'onglet "Données".
- Dans le groupe "Obtenir et transformer les données", Cliquez sur "À partir d'une base de données" puis sur "À partir de la base de données Access".

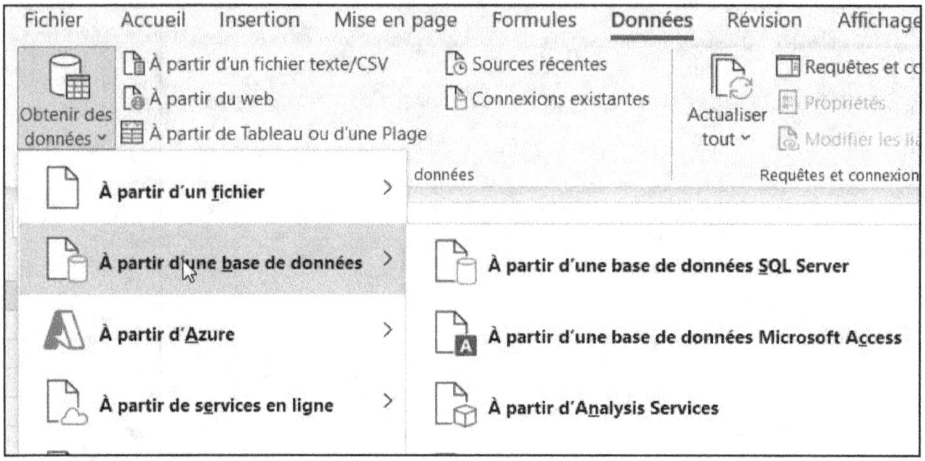

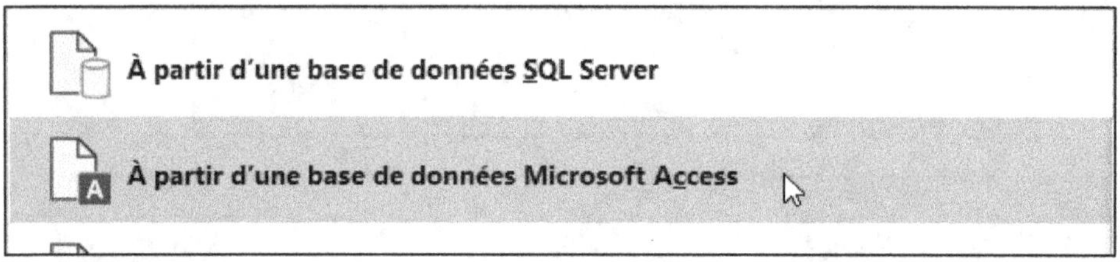

- Une fenêtre s'ouvre vous permettant de sélectionner un fichier. Choisissez le fichier Access que vous souhaitez importer (par exemple, "database.accdb") et Cliquez sur "Importer".

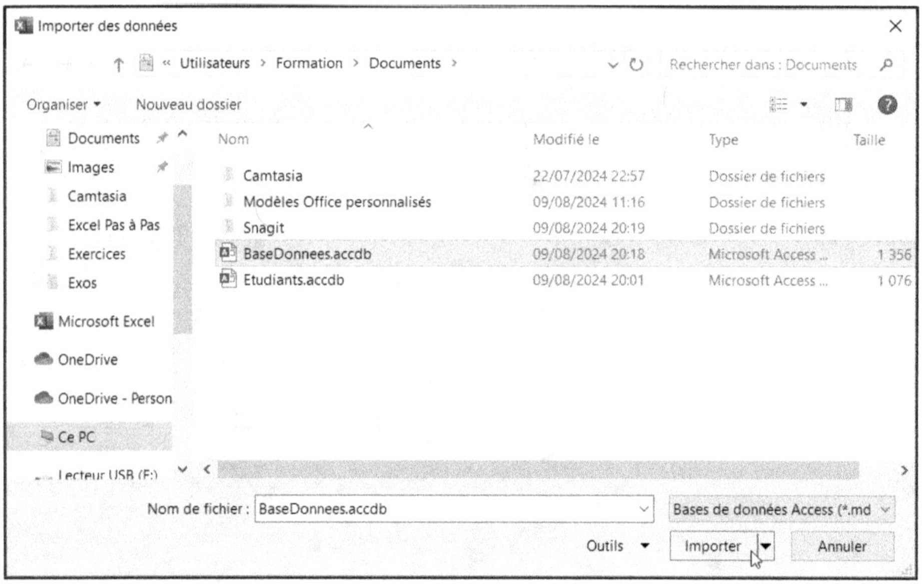

- Une fenêtre de navigation des bases de données s'ouvre. Sélectionnez les tables ou les requêtes que vous souhaitez importer et Cliquez sur "Charger".

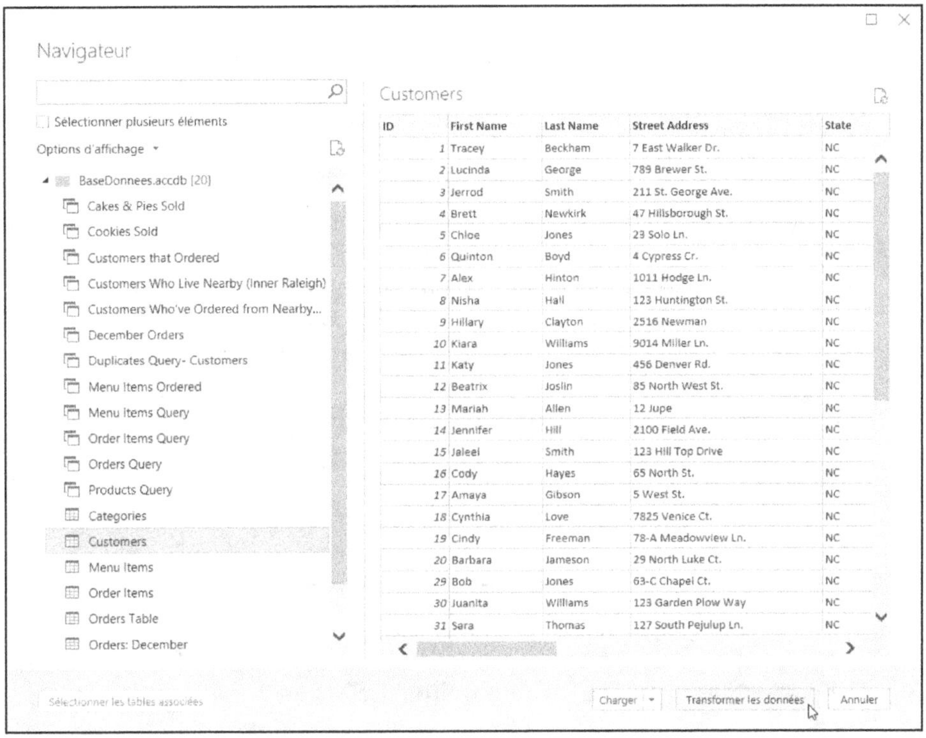

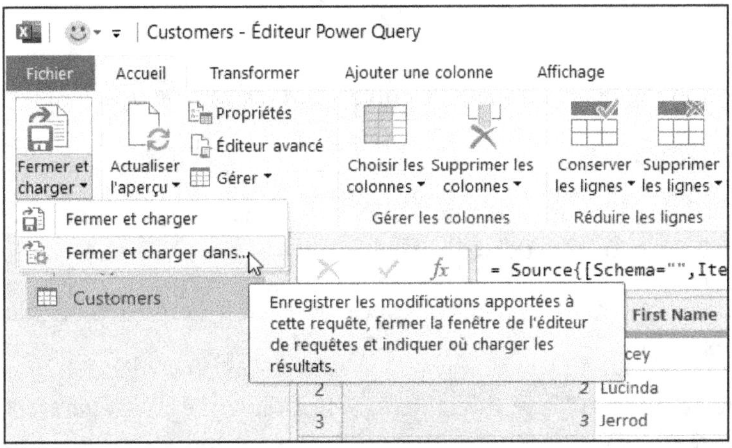

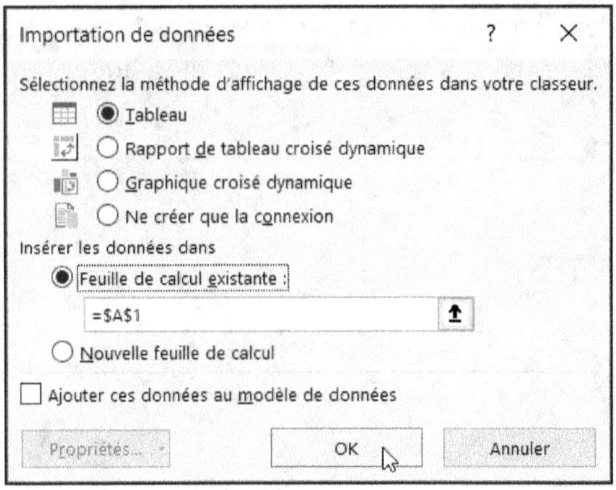

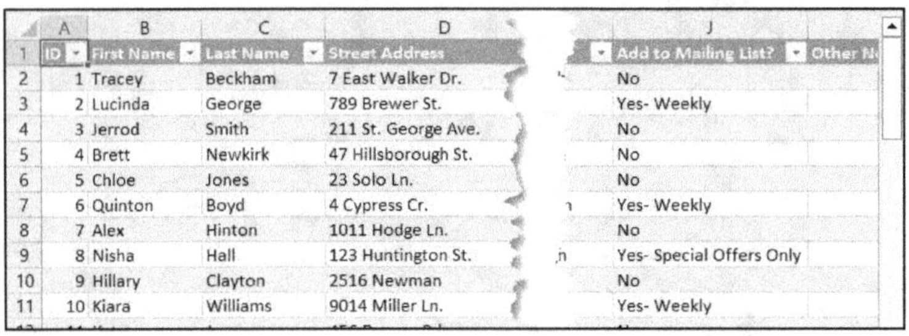

ID	First Name	Last Name	Street Address	Add to Mailing List?
1	Tracey	Beckham	7 East Walker Dr.	No
2	Lucinda	George	789 Brewer St.	Yes- Weekly
3	Jerrod	Smith	211 St. George Ave.	No
4	Brett	Newkirk	47 Hillsborough St.	No
5	Chloe	Jones	23 Solo Ln.	No
6	Quinton	Boyd	4 Cypress Cr.	Yes- Weekly
7	Alex	Hinton	1011 Hodge Ln.	No
8	Nisha	Hall	123 Huntington St.	Yes- Special Offers Only
9	Hillary	Clayton	2516 Newman	No
10	Kiara	Williams	9014 Miller Ln.	Yes- Weekly

12.6.4. Exporter des données

- **Exporter des données vers un fichier CSV :**
- Sélectionnez la feuille de calcul ou la plage de données que vous souhaitez exporter.
- Cliquez sur l'onglet "Fichier" dans le coin supérieur gauche de l'écran.
- Sélectionnez "Enregistrer sous".
- Choisissez l'emplacement où vous voulez enregistrer le fichier (par exemple, "Ce PC" ou "OneDrive").
- Dans le champ "Nom de fichier", Donnez un nom à votre fichier (par exemple, "export.csv").
- Dans la liste déroulante "Type de fichier", Sélectionnez "CSV (séparateur : point-virgule) (*.csv)".

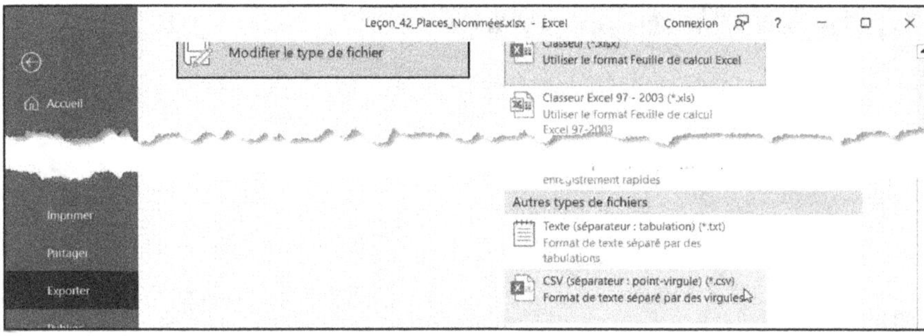

- Cliquez sur "Enregistrer". Les données seront exportées dans un fichier CSV.

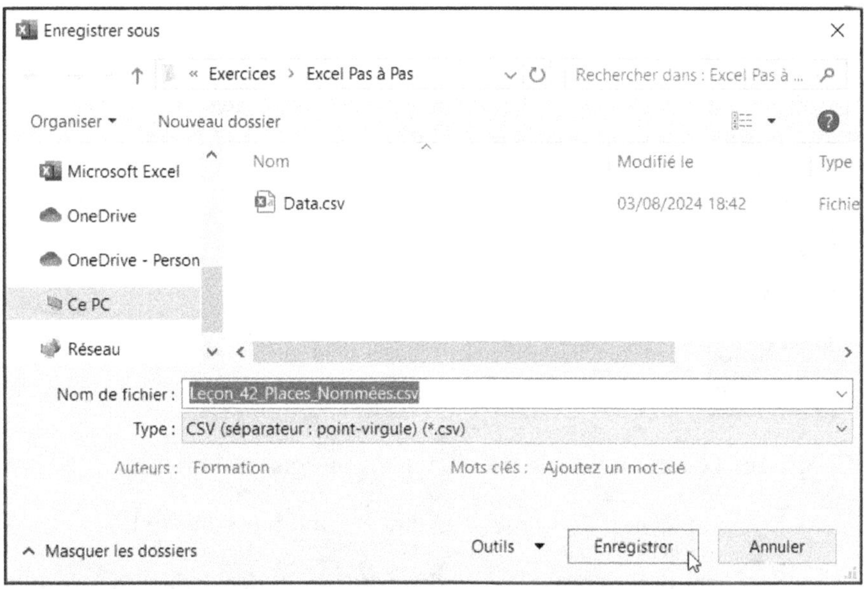

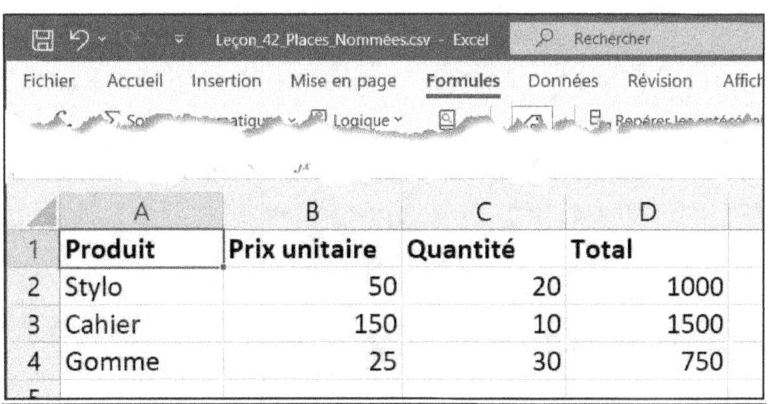

- **Exporter des données vers d'autres formats (Excel, PDF, etc.) :**
- Sélectionnez la feuille de calcul ou la plage de données que vous souhaitez exporter.
- Cliquez sur l'onglet "Fichier".
- Sélectionnez "Enregistrer sous".

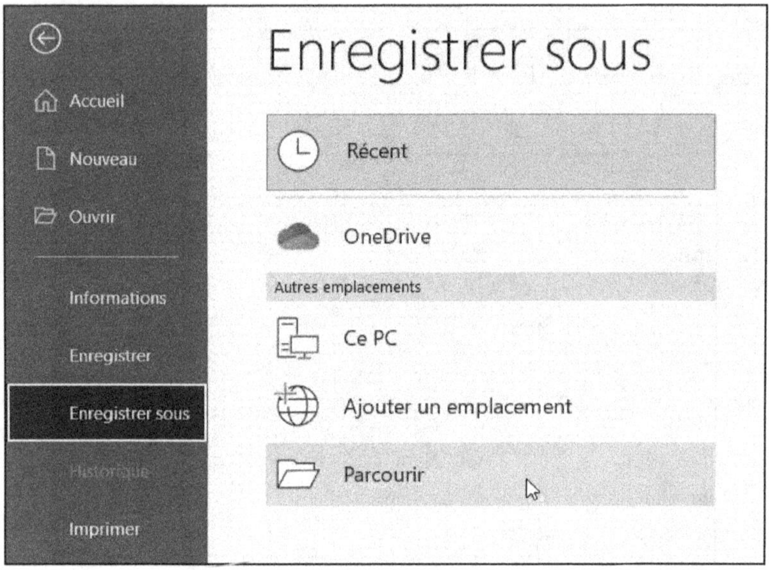

- Choisissez l'emplacement où vous voulez enregistrer le fichier.
- Dans le champ "Nom de fichier", Donnez un nom à votre fichier.
- Dans la liste déroulante "Type de fichier", Sélectionnez le format souhaité (par exemple, "Classeur Excel (*.xlsx)", "PDF (*.pdf)", etc.).

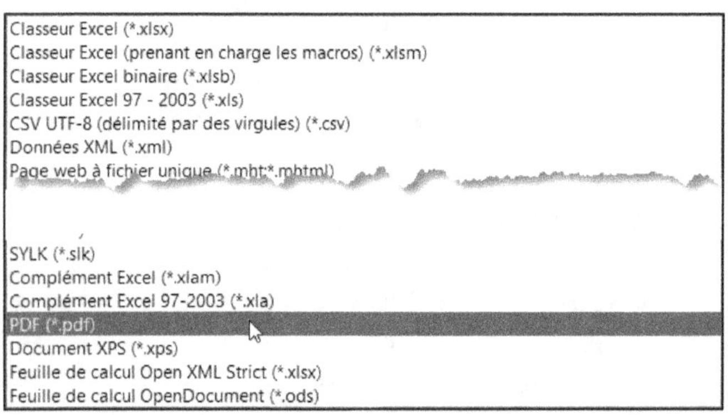

- Cliquez sur "Enregistrer". Les données seront exportées dans le format sélectionné.

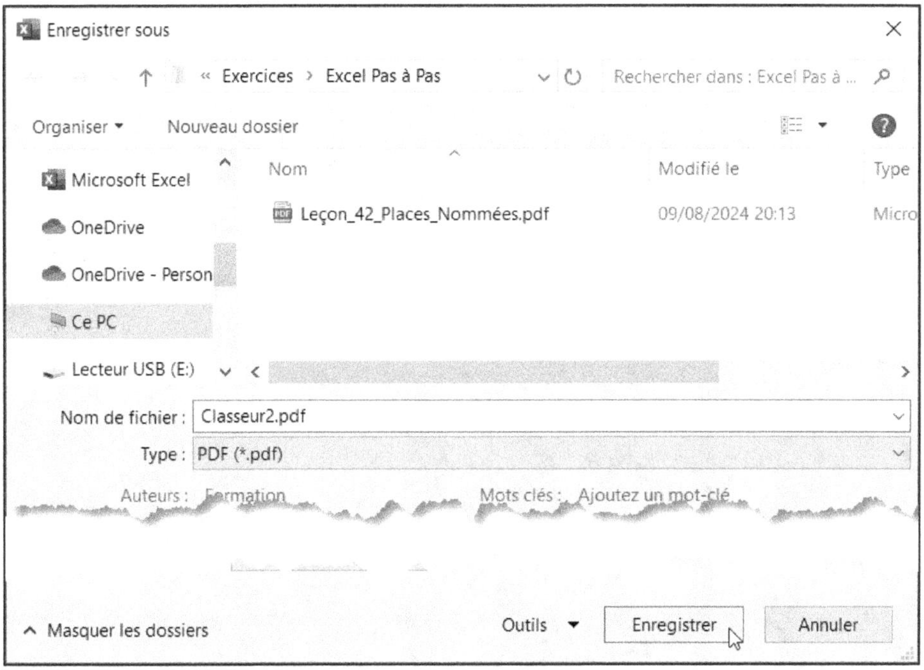

12.6.5. Gérer les connexions de données

- **Gérer les connexions de données :**
- Cliquez sur l'onglet "Données".
- Dans le groupe "Requêtes et connexions", Cliquez sur "Connexions".
- Une fenêtre s'ouvre affichant toutes les connexions de données dans le classeur.
- Vous pouvez gérer les connexions, les actualiser, les modifier ou les supprimer selon vos besoins.

Résumé de la leçon : Vous savez maintenant comment importer et exporter des données dans Excel à partir de différentes sources et vers différents formats. Ces compétences vous permettront de travailler efficacement avec des informations provenant de diverses applications et de partager vos données avec d'autres utilisateurs ou systèmes.

ANNEXES

- Lexique des termes utilisés dans Excel
- Bibliographie et webographie

Lexique des termes utilisés dans Excel :

Voici le lexique des termes Excel classé par ordre alphabétique :

Ce lexique regroupe les termes les plus couramment utilisés dans Excel, classés par ordre alphabétique pour vous aider à trouver rapidement les définitions dont vous avez besoin. N'hésitez pas à vous y référer au cours de votre lecture et de vos exercices.

Cellule : L'unité de base dans une feuille de calcul, où vous entrez les données. Chaque cellule est identifiée par une lettre de colonne et un numéro de ligne (par exemple, A1, B2).

Classeur : Un fichier Excel contient une ou plusieurs feuilles de calcul. Un classeur est l'équivalent d'un document Excel.

Colonne : Une série verticale de cellules identifiées par une lettre (A, B, C, etc.). Les colonnes sont utilisées pour organiser les données verticalement.

Commentaires et Notes : Des annotations que vous pouvez ajouter à des cellules pour fournir des informations supplémentaires ou des explications. Les commentaires sont visibles lorsque vous survolez la cellule.

Feuille de calcul : Une page au sein d'un classeur Excel, composée de cellules organisées en lignes et en colonnes. Chaque classeur peut contenir plusieurs feuilles de calcul.

Filtre : Une fonctionnalité qui permet de masquer temporairement des données dans une feuille de calcul pour afficher uniquement les données qui répondent à des critères spécifiques.

Formule : Une expression qui calcule une valeur à partir des données des cellules. Les formules commencent toujours par un signe égal (=) et peuvent inclure des opérateurs, des références de cellules, et des fonctions (par exemple, =A1+B1).

Fonction : Une formule prédéfinie dans Excel qui effectue des calculs en utilisant des valeurs spécifiques, appelées arguments. Par exemple, SOMME() additionne une série de valeurs.

Graphique : Une représentation visuelle des données contenues dans une feuille de calcul. Excel propose différents types de graphiques, tels que les histogrammes, les graphiques en secteurs, et les graphiques en courbes.

Ligne : Une série horizontale de cellules identifiées par un numéro (1, 2, 3, etc.). Les lignes sont utilisées pour organiser les données horizontalement.

Macros : Une série d'instructions programmées dans Excel qui permettent d'automatiser des tâches répétitives. Les macros sont écrites en VBA (Visual Basic for Applications).

Mises en forme conditionnelles : Une fonctionnalité qui permet de modifier automatiquement l'apparence des cellules en fonction de certaines conditions ou critères.

Plage de cellules : Un groupe de cellules adjacentes sélectionnées, défini par les références de la cellule supérieure gauche et de la cellule inférieure droite (par exemple, A1:B5).

Protéger une feuille/classeur : Une fonctionnalité qui permet de limiter les modifications non autorisées d'une feuille de calcul ou d'un classeur entier, en appliquant des restrictions ou des mots de passe.

Référence absolue : Une référence de cellule qui reste constante, même si la formule est copiée ailleurs. Elle est indiquée par le symbole $ (par exemple, $A$1).

Référence de cellule : L'identification d'une cellule ou d'une plage de cellules dans une formule ou une fonction, indiquée par sa lettre de colonne et son numéro de ligne (par exemple, A1, C3:C7).

Référence mixte : Une référence de cellule qui est partiellement relative et partiellement absolue, comme $A1 ou A$1. La partie fixe de la référence ne change pas lorsque la formule est copiée.

Référence relative : Une référence de cellule qui change lorsqu'une formule est copiée d'une cellule à une autre. Par exemple, si vous copiez la formule =A1+B1 d'une cellule à une autre, elle devient =A2+B2.

Ruban : L'interface principale d'Excel, située en haut de la fenêtre, qui regroupe les onglets et les outils en différentes catégories fonctionnelles, comme "Accueil", "Insertion", et "Données".

Table de données : Un tableau structuré dans Excel qui facilite le tri, le filtrage, et l'analyse des données. Les tables de données incluent des fonctionnalités spécifiques comme les références structurées et les formats automatiques.

Tableaux croisés dynamiques : Un outil puissant dans Excel qui permet de résumer, analyser, explorer, et présenter les données de manière interactive. Un tableau croisé dynamique permet de regrouper les données par catégories et de les analyser selon différents critères.

Tri : Une fonctionnalité qui organise les données dans un ordre spécifique, croissant ou décroissant, selon une ou plusieurs colonnes.

Validation des données : Un outil qui permet de contrôler le type de données que les utilisateurs peuvent entrer dans une cellule ou une plage de cellules, assurant ainsi l'intégrité des données.

Ce lexique vous aidera à comprendre les termes spécifiques utilisés dans le monde d'Excel et à naviguer plus facilement à travers les chapitres de ce manuel. N'hésitez pas à revenir à cette page chaque fois que vous rencontrez un terme ou un concept que vous ne maîtrisez pas encore.

Bibliographie

- Excel 2021, Collectif, Ed. ENI, 2022, 566 pages
- Excel (versions 2019 et Office 365), Collectif, Ed. ENI, 2019, 226 pages
- Excel 2019 Bible (English Edition), Michael Alexander, Richard Kusleika et John Walkenbach, Ed. Wiley, 2018, 1062 pages.

Webographie

- Ultimate Microsoft Excel Course: Beginner to Excel Expert https://www.udemy.com/course/ultimate-microsoft-excel-course-beginner-to-excel-expert
- Microsoft Excel - Excel from Beginner to Advanced https://www.udemy.com/course/microsoft-excel-2013-from-beginner-to-advanced-and-beyond/
- Excel : Fonctions de recherche https://www.udemy.com/course/excel-fonctions-de-recherche/
- https://www.excel-easy.com/

Youtube

- **Leila Gharani** https://www.youtube.com/@LeilaGharani
- **SimonSezIt** https://www.youtube.com/@SimonSezIT

TABLE DES MATIÈRES

A. À qui s'adresse ce livre ? 9
B. Comment utiliser ce manuel ? 11
C. Présentation des outils nécessaires (version d'Excel, configuration système) 13
D. Présentation des rubans Excel 15
E. Description des différentes parties de l'interface Excel 19

Chapitre 1 : Premiers pas avec Excel 25
1.1 Introduction à Excel 27
1.2 Naviguer dans Excel 31
1.3 Créer un nouveau classeur 35
1.4 Sauvegarder un classeur 41
1.5 Ouvrir un classeur existant 47

Chapitre 2 : Comprendre la structure d'Excel 51
2.1- Comprendre les cellules, lignes et colonnes 53
2.2- Saisir des données dans les cellules 59
2.3- Modifier et supprimer des données 65
2.4- Ajouter et supprimer des lignes et des colonnes 71

Chapitre 3 : Mise en forme des données 81
3.1- Formater les cellules (texte, nombre, date) 83
3.2- Ajuster la largeur des colonnes et la hauteur des lignes 93
3.3- Utiliser les mises en forme conditionnelles 101

Chapitre 4 : Travailler avec les formules 111
4.1- Utiliser les formules de base (somme, moyenne, minimum, maximum) 113
4.2- Recopier une formule avec la poignée de recopie 121
4.3- Utiliser les références relatives et absolues 125

Chapitre 5 : Gestion avancée des données 129
5.1- Créer une liste déroulante 131
5.2- Trier les données 139
5.3- Filtrer les données 143
5.4- Utiliser les fonctions de texte (CONCATENER, GAUCHE, DROITE) 149
5.5- Utiliser les fonctions logiques (SI, ET, OU) 153
5.6- Utiliser les fonctions de recherche (RECHERCHEV, RECHERCHEH) 159

Chapitre 6 : Visualisation des données...165
6.1- Créer et personnaliser un graphique simple...167
6.2- Créer des graphiques avancés (histogrammes, secteurs)...177
6.3- Créer des diagrammes et organigrammes...187

Chapitre 7 : Gestion des feuilles de calcul...197
7.1- Insérer et supprimer des feuilles de calcul...199
7.2- Renommer et déplacer des feuilles de calcul...205
7.3- Créer des liaisons entre différentes feuilles...211

Chapitre 8 : Impression et partage des documents...217
8.1- Insérer des en-têtes et des pieds de page...219
8.2- Imprimer un classeur ou une sélection...225
8.3- Partager un classeur...231
8.4- Utiliser les commentaires et les notes...235

Chapitre 9 : Utilisation avancée des fonctions...239
9.1- Utiliser les fonctions de date et heure (AUJOURD'HUI, MAINTENANT)...241
9.2- Utiliser les fonctions financières de base (VPM, NPM)...247
9.3- Utiliser les fonctions statistiques (NB, NBVAL, NB.SI)...251
9.4- Utiliser les formules matricielles...257
9.5- Gérer les erreurs dans les formules...261

Chapitre 10 : Analyse des données...267
10.1- Utiliser les tableaux croisés dynamiques...269
10.2- Utiliser les outils d'analyse de données (Analyse rapide)...279
10.3- Créer des tableaux de bord simples...283

Chapitre 11 : Automatisation et personnalisation...291
11.1- Créer et utiliser des macros simples...293
11.2- Personnaliser le ruban et la barre d'outils Accès rapide...301
11.3- Créer et utiliser des modèles...309
11.4- Personnaliser les options d'affichage...317

Chapitre 12 : Sécurité et gestion des classeurs...327
12.1- Protéger une feuille ou un classeur...329
12.2- Utiliser les outils de validation des données...337
12.3- Créer une table de données...347
12.4- Utiliser les plages nommées...357
12.5- Utiliser les options de tri avancées...361
12.6- Importer et exporter des données...365

Annexes 375
Lexique des termes utilisés dans Excel : 377
Bibliographie 381
TABLE DES MATIÈRES..383

Structures éditoriales du groupe L'Harmattan

L'Harmattan Italie
Via degli Artisti, 15
10124 Torino
harmattan.italia@gmail.com

L'Harmattan Hongrie
Kossuth l. u. 14-16.
1053 Budapest
harmattan@harmattan.hu

L'Harmattan Sénégal
10 VDN en face Mermoz
BP 45034 Dakar-Fann
senharmattan@gmail.com

L'Harmattan Cameroun
TSINGA/FECAFOOT
BP 11486 Yaoundé
inkoukam@gmail.com

L'Harmattan Burkina Faso
Achille Somé – tengnule@hotmail.fr

L'Harmattan Guinée
Almamya, rue KA 028 OKB Agency
BP 3470 Conakry
harmattanguinee@yahoo.fr

L'Harmattan RDC
185, avenue Nyangwe
Commune de Lingwala – Kinshasa
matangilamusadila@yahoo.fr

L'Harmattan Congo
219, avenue Nelson Mandela
BP 2874 Brazzaville
harmattan.congo@yahoo.fr

L'Harmattan Mali
ACI 2000 - Immeuble Mgr Jean Marie Cisse
Bureau 10
BP 145 Bamako-Mali
mali@harmattan.fr

L'Harmattan Togo
Djidjole – Lomé
Maison Amela
face EPP BATOME
ddamela@aol.com

L'Harmattan Côte d'Ivoire
Résidence Karl – Cité des Arts
Abidjan-Cocody
03 BP 1588 Abidjan
espace_harmattan.ci@hotmail.fr

Nos librairies en France

Librairie internationale
16, rue des Écoles
75005 Paris
librairie.internationale@harmattan.fr
01 40 46 79 11
www.librairieharmattan.com

Librairie des savoirs
21, rue des Écoles
75005 Paris
librairie.sh@harmattan.fr
01 46 34 13 71
www.librairieharmattansh.com

Librairie Le Lucernaire
53, rue Notre-Dame-des-Champs
75006 Paris
librairie@lucernaire.fr
01 42 22 67 13

www.ingramcontent.com/pod-product-compliance
Lightning Source LLC
LaVergne TN
LVHW011144061026
849535LV00003B/587